# 商 業 自 動 化

## 王 士 峰

學歷：國立臺灣大學理學
士、淡江大學管理
科學碩士、博士
經歷：國立臺灣大學講師
、淡江大學資訊工
程研究所副教授
現職：中國工商專校企業
管理科主任

## 王 士 紘

學歷：國立臺灣大學土木
工程學士、碩士、
美國 Clemson 大
學土木工程博士
經歷：伊利諾大學訪問學
者、淡江大學水資
源與環境工程研究
所所長
現職：淡江大學水資源與
環境工程研究所副
教授

三 民 書 局 印 行

國家圖書館出版品預行編目資料

商業自動化／王士峰, 王士紘編著. --
三版. --臺北市：三民，民87
面；　　公分
參考書目：面
ISBN 957-14-2393-9 (平裝)

1.商業—自動化

490.29　　　　　　　　　　84012689

國際網路位址　http://sanmin.com.tw

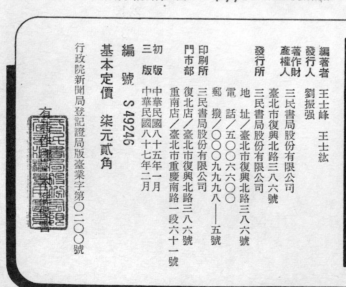

© 商業自動化

編著者　王士峰　王士紘
發行人　劉振強
著作財產權人　三民書局股份有限公司
發行所　三民書局股份有限公司
　　　　地址／臺北市復興北路三八六號
　　　　電話／五○○六六○○
　　　　郵撥／○○○九九九八——五號
印刷所　三民書局股份有限公司
門市部　復北店／臺北市復興北路三八六號
　　　　重南店／臺北市重慶南路一段六十一號
初版　中華民國八十五年一月
三版　中華民國八十七年二月
編號　S 49246
基本定價　柒元貳角
行政院新聞局登記證局版臺業字第○二○○號

有著作權·不准侵害

ISBN 957-14-2393-9 (平裝)

# 序

　　自經濟部商業司推動商業自動化專案後，商業自動化逐漸受到大專院校管理類科系之重視。作者於民國82年起即在南台工商專校開授商業自動化之課程。然坊間並無適當之教科書可供使用，因此，作者乃參酌有關之著作及上課之講義，編纂成本書，可供一學年四個學分或一學期三個學分之商業自動化科目之用。

　　本書架構共分三篇十一章，涵蓋觀念篇、技術篇與應用篇。觀念篇乃就資訊資源管理與策略資訊系統等主題加以介紹；技術篇則針對條碼、POS、EDI、EOS、VAN、信用卡與IC卡等商業自動化常用到的技術予以探討；應用篇則介紹金融業、網路與物流管理之應用情況。每章並附習題以供學生習作。

　　本書之撰寫參酌諸多先進之著作，尤其是承蒙行政院第五組汪組長雅康（前經濟部商業司司長）、中華民國條碼策進會林執行長暉，及經濟部商業司賴副司長杉桂等先進之指導甚多，謹此致謝。

　　作者並感謝南台工商專校張校長信雄博士、中國工商專校上官永欽董事長，及黃校長加昌博士之厚愛與照顧。

　　本書之撰寫乃利用課餘完成，疏漏之處尚盼博雅君子匡正是幸。

王士峰

謹誌於德和居

84年11月

# 商業自動化

## 目　錄

# 第三章 策略資訊系統規劃技術

# 第四章 商品條碼系統

# 第五章 POS系統

# 第六章　電子資料交換與加值網路

# 第七章　塑膠貨幣（一）──磁條卡

# 第八章　塑膠貨幣（二）──IC 卡

# 第一章 商業自動化概述

## 第一節 商業之意義

就人類經濟發展而言，農、林、漁、牧、礦等業其生產力乃借轉換自然性動力如自然力及人力等資源而產生，我們可稱為初級產業(Primary Industries)。在工業社會 (Industrial Society)，製造業與營造業為最主要之產業，其生產力乃借創造性能源如電力、核能等資源之轉換而產生，我們可稱之為次級產業(Secondary Industries)。在後工業社會(Post industrial Society)，服務業為最主要之產業，其生產力乃借服務之提供代替商品之提供，我們可稱之為三級產業(Tertiary Industries)。在資訊社會(Information Society)，則以資訊工業(Information Industries)、知識工

```
        ┌ 分配性服務業：以運送、儲存等而提高價值者，如
        │             倉儲業、運輸業。
        │ 生產者服務業：以提供生產者服務而提高價值者，
        │             如金融業、法律及工商服務業。
服務業 ─┤
        │ 消費者服務業：以服務消費者為目的者，如零售
        │             業、批發業、餐旅業。
        └ 社會服務業：以社會大眾為服務導向者，如醫院。
```

圖 1-1 三級產業分類圖

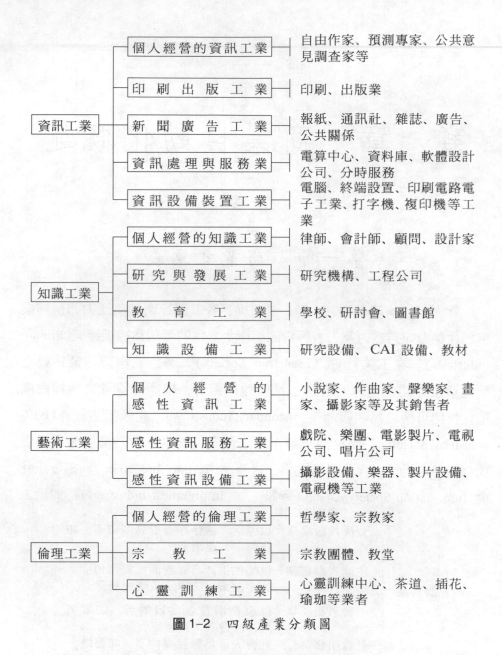

**圖 1-2　四級產業分類圖**

業（Knowledge Industries）、藝術工業（Arts Industries）及倫理工業（Ethics Industries）等為最主要之產業，我們可稱之為四級產業（Quaternary Industries）。

　　廣義而言，除初級與次級之產業外，三級產業與四級產業皆可視為商業之範圍。以三級產業而言，包括了分配性服務業、生產者服務業、消費者服務業與社會服務業等，如圖 1–1 所示。至於四級產業，我們以圖 1–2 說明之。

　　狹義而言，商業就是流通業，包括批發業與零售業。由於產業生態的變化，各種新興的經營方式不斷出現，流通業的型態亦產生了變革，如圖 1–3 所示。說明如下：

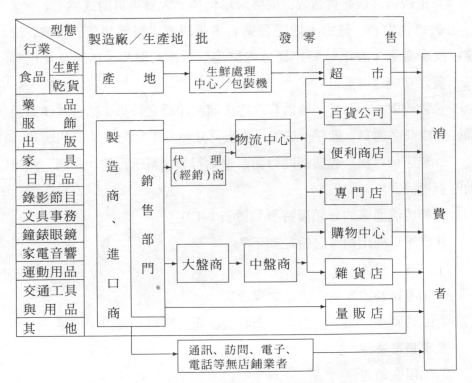

資料來源：賴杉桂，〈我國商業發展現況與展望〉並略加修改。

圖 1–3　商業之範疇

　1.超市: 乃以地域性飲食與日用品爲主要經營訴求, 並以低價銷售爲手段。

　2.百貨公司: 屬於綜合民生消費型之零售業。

　3.便利商店: 主要提供消費者更長的服務時間, 以生活必需品爲主, 組織型態則走向連鎖。

　4.專門店: 主要提供特定之商品爲主要型態, 如服飾店、藥房、眼鏡等。

　5.雜貨店: 屬於傳統零售店, 資金小且獨立經營, 賣場面積小。

　6.量販店: 以進貨量大、價格大眾化加上大賣場自助式爲主。

　7.購物中心: 是由土地開發業者事先規劃, 將零售店、餐飲、服飾、娛樂等聚集在某一特定區域內之型態。結合購物、休閒及文化等爲一多元功能之型態。

　8.物流中心: 乃是一種爲有效達成商品流通之目標, 結合軟硬體設備, 達成商品進貨、儲存、加工、撿取、分類及主動配送功能的組織。

　9.無店鋪行銷: 包括訪問行銷、電話行銷、電子行銷、郵購、及自動販賣機等。

　我們將流通業的分類與特徵列於表 1–1 中。

　我們可以列出商業之特性如下❶:

　1.批發業特性

　　(1)連結製造業與零售業之媒介

　　(2)具開發商品、協助零售商發展、商品調整及資訊網機能

　2.零售業特性

　　(1)現金銷售

　　(2)勞動密集度較高

---

❶　賴杉桂,〈我國商業發展現況與展望〉。

**表**1-1　我國流通業之分類與特徵

| 業別 | 業　態 | 代表公司 | 特　徵 | 賣場面積 | 顧客對象 |
|---|---|---|---|---|---|
| 批<br><br>發<br><br><br>物<br><br><br>流 | 傳統批發 | 迪化街批發市場 | 小本經營，家數眾多 | 一百坪以下 | 大中小盤商或一般消費者 |
| | 倉儲批發 | 萬客隆、貝汝流通 | 大賣場，自助式 | 一千坪至五千坪間 | 零售商或公司會員 |
| | 物流配送 | 捷盟行銷／全臺物流 | 主要爲企業集團之連鎖便利商店配送 | 二千坪以上 | 統一超商／全家便利商店 |
| | 發貨中心 | 三商發貨中心 | 爲企業集團之零售點或門市部配送 | － | 全省三商百貨門市 |
| | 配銷處 | 南僑化工 | 配送本身公司所生產的產品給零售業者 | － | 南僑、寶僑、名坊 |
| 零<br><br>售<br><br><br>業 | 傳統零售店 | 阿公阿媽店、雜貨店 | 資金小且獨立經營 | 二十坪以下 | 一般消費者 |
| | 超級市場 | 松青、頂好惠康、臺北農產運銷 | 自助式，以綜合食品爲中心 | 一百坪至六百坪之間 | 一般消費者 |
| | 百貨公司 | 遠東、中興、永琦、太平洋崇光 | 高級綜合商品爲主 | 三千坪至二萬坪之間 | 一般消費者 |
| | 便利商店 | 統一超商、全家便利、安賓超商 | 長時間開店、個人便利性需求爲主、明亮 | 三十坪至七十坪之間 | 一般消費者 |
| | 量販店 | 遠東愛買、家樂福 | 大賣場、進貨量大、價錢大眾化、自助式 | 五百坪至三千坪之間 | 一般消費者 |
| | 專賣店 | 大宇名店、全國電子、金石堂 | 專賣特定用品、具特殊風格或款式多 | 二十坪至二百坪之間 | 一般消費者 |
| | 無店鋪販賣 | 美商安麗、郵購、電視臺〔電子〕購物 | 訪問銷售或郵購、自動販賣機型式銷售 | 無店鋪賣場 | 一般消費者 |

資料來源：資策會 MIC，1993 年 9 月。

(3)周轉率較快

(4)消費者導向程度較高

(5)業內各業態相互替代情形普遍

(6)國際化程度日漸普遍

(7)連鎖化日漸普遍

從廣義之商業而言，凡是能提供包括：

1.與交易有關的「商流」

2.與商品配送有關的「物流」

3.與轉帳支付有關的「金流」

4.與決策有關的「資訊流」

以上四種功能之產業即是商業的範圍。如圖 1-4。

商業活動的四流，通常由交易活動的開始，產生了傳票、報價單、契約、發票等，稱之為商流。接著是商品的交付輸送或配送，稱之為物流。而交付款項或帳款之轉付等活動，稱之為金流。在這三個活動中，則是資訊之取得、傳輸、產生及應用等活動貫穿其中，稱之為資訊流。因此，基本上流通業就是在追求如何使這四流更快速、更正確與更經濟。

# 第二節　資訊技術與商業自動化

目前在電腦與通訊技術的高度發展與結合之下，面對智慧型終端機、光纖技術、直播衛星、電子郵遞、傳真傳輸、電腦化資訊系統、數據技術、光碟技術等快速的發展，已造成了一個新的資訊環境，它的特徵可以列述如下：

1.資訊流通量成指數的增加。

2.通訊時間與距離的差距減少。

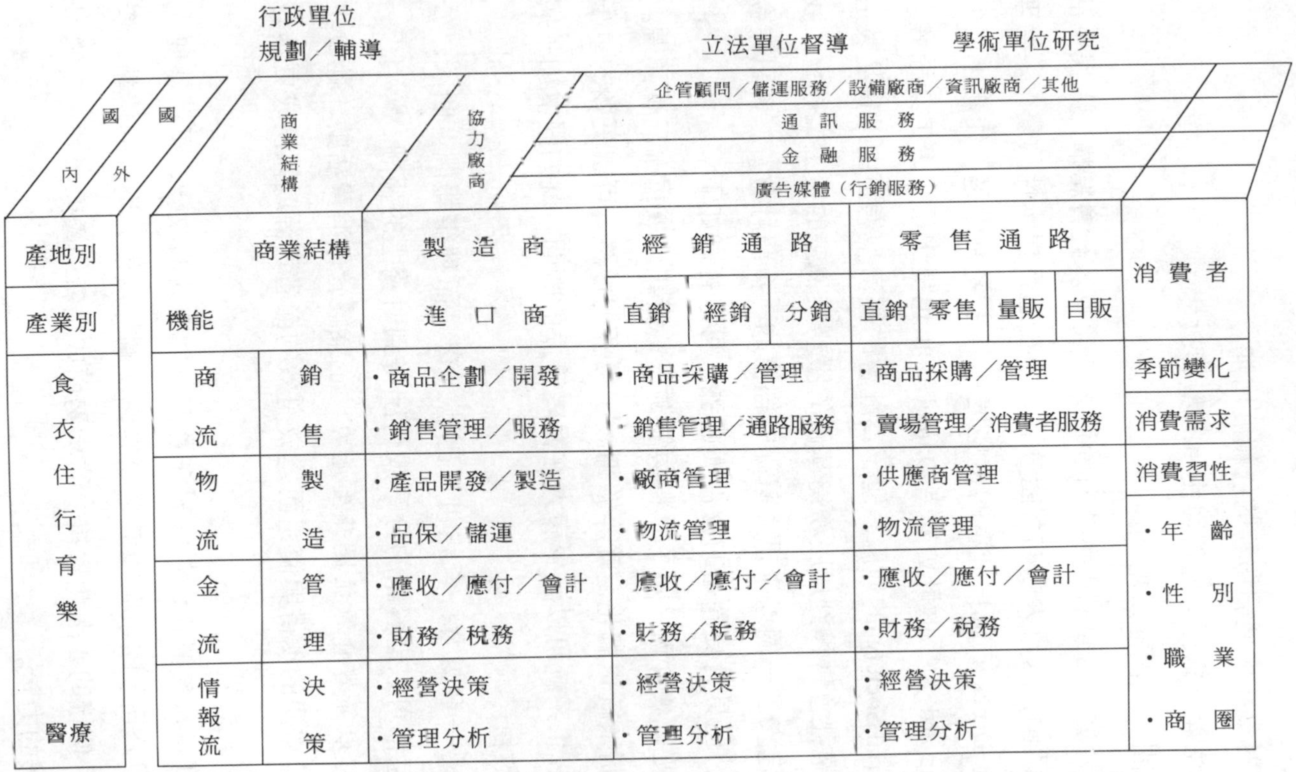

行政單位
規劃／輔導

協力廠商

立法單位督導

學術單位研究

企管顧問／儲運輔服務／設備廠商／資訊廠商／其他
通訊服務
金融服務
廣告媒體（行銷服務）

| 機能 | 商業結構 | 製造商 進口商（製造・進口） | 經銷通路（直銷・經銷・分銷） | 零售通路（直銷・零售・量販・自販） | 消費者 |
|---|---|---|---|---|---|
| 商流 | 銷售 | ·商品企劃／開發<br>·銷售管理／服務 | ·商品採購／管理<br>·銷售管理／通路服務 | ·商品採購／管理<br>·賣場管理／消費者服務 | ·季節變化<br>·消費需求<br>·消費習性 |
| 物流 | 製造 | ·產品開發／製造<br>·品保／儲運 | ·廠商管理<br>·物流管理 | ·供應商管理<br>·物流管理 | |
| 金流 | 管理 | ·應收／應付／會計<br>·財務／稅務 | ·應收／應付／會計<br>·財務／稅務 | ·應收／應付／會計<br>·財務／稅務 | ·年齡<br>·性別<br>·職業<br>·商圈 |
| 情報流 | 決策 | ·經營決策<br>·管理分析 | ·經營決策<br>·管理分析 | ·經營決策<br>·管理分析 | |

國外／國內　產地別
產業別：食・衣・住・行・育・樂・醫療

資料來源：《產業自動化簡訊》，1991 年 7 月。

圖 1-4　商業之四流結構

3.社會對資訊與通訊服務的依賴度增加。

4.資訊生產、儲存、處理與使用的型態改變。

5.國際間資訊流通量增加。

今日的社會，已面臨工業革命後巨大的變革。社會結構、人民生活方式、經濟活動，以及人類的智能發展，都在進行根本性的變化。管理學大師 Peter Drucker 認為社會的這些變化其主要原因是「知識工業的成長」。Harvard 大學的社會學者 Daniel Bell 也提出了「後工業社會」（Post-industrial Society）的理論，他認為社會的經濟型態正由以貨品製造業為主的工業社會轉移到以服務為基礎的服務業為主的後工業社會。我們的社會已進入了一個以資訊為基礎的經濟的「資訊社會」。資訊在今日的社會中，已具有更深遠的特性與意義，可以歸納如下：

1.*資訊是一種資源*：除了原料與能源外，資訊已成為第三種資源。例如交通控制系統電腦化，就等於鋪設了更多的道路，可讓更多的車子通過；醫療資訊系統可以減少病人在醫院等候的時間，就如同增加了病床與醫生的數目。

2.*資訊是一種財貨*：資訊可以出售、交易而獲得報酬。個人、公司、甚至國家都可以借資訊的分享或付出得到財務上的報酬。

3.*資訊可以節省資源並提升生產力*：企業經營、消費活動、社會生活等都可以藉資訊的獲得與使用而達成有效的節省資源或轉換成更具有生產力的效果。

4.*資訊可以改變關係*：對資訊注意或流通方式的改變，可以轉變人與人、公司與公司、國家與國家之間的傳統關係及權力均衡的情勢。資訊甚至影響了傳統的「南北對抗」的均勢而成為新的國際談判、商業與政府間的協議的力量。

因此，大至國家，小至企業或個人，資訊已成為大家必須加以規劃、保護及控制的重要資源。本書即在討論企業如何利用、規劃、保護

及控制資訊資源，以達成企業之目標。

二十世紀的今天，各行業的發展都非常迅速，由於各種事業的活動，產生了許多資訊，如經濟活動產生經濟方面的資訊，科技活動產生科技方面的資訊；而另一方面又隨著各種活動的需要，對資訊的需求，在質與量上都不斷的增加。因此，資訊工業已成為目前最重要的核心工業。而傳統的資訊媒介，已逐漸加入資訊技術（Information Technology）而改變了功能，如表 1–2 所示。

表 1–2　資訊技術與資訊媒介

| 資　　訊 | 資　訊　技　術 |
|---|---|
| 報　　紙 | 文字處理與本文編輯 |
|  | 家用終端機出版 |
| 雜　　誌 | 線上編輯 |
| 電　　視 | 電傳視訊 |
| 影　　片 | 電腦圖形 |
| 收音機與電視機 | 電腦操作的衛星傳輸 |
| 教育出版品 | 電腦輔助教學套裝軟體 |
| 電　　話 | 電腦聲音識別 |
| 電　　報 | 資料網路 |

根據調查顯示❷，雖然國內服務業應用資訊技術之投資與日俱增，但目前國內電腦應用投資僅占國民生產毛額之比例約為 0.8%，與先進國家之 1.5% 至 2% 之比例少了許多。且應用範圍亦僅以會計業務、人事薪資、庫存物料、銷售管理、財務會計與訂單管理等基本業務處理為主❸。因此，無論在資訊技術之投資層面與資訊技術之應用層面都明顯的不足。

目前商業面臨同業及外國商品之激烈競爭、勞動成本過高、員工流

---

❷　行政院資訊發展推動小組，《政府業務電腦化報告書》，民 82 年。
❸　《資訊工業年鑑》，民 83 年。

動率增加與市場商情資訊蒐集困難之下，如何利用資訊技術來整合商業
的功能，加速商品流通效率，降低經營成本，提高市場競爭力等已成為
國內商業自動化之最重要目標。有鑑於此，國內主導商業發展的經濟部
商業司，特別擬定十年之商業自動化發展專案。自80年7月起，預計投
入25億元及1850人年之人力。預期之成果如下：

　1.條碼應用普及率：90%以上（食品、雜貨、日用品）

　2.自動化商店1萬家以上

　3.輔導建立全國商品資料庫

　4.建立商業 EDI（電子資料交換）標準及文件表單標準

　5.訂定實體流通規格標準

　6.研擬商業管理相關規格

　7.使用 EDI（電子資料交換）之家數：

　　⑴廠商3千家以上

　　⑵零售點1萬家以上

　8.輔導建立示範性：

　　⑴加值網路中心（VAN）二處

　　⑵物流中心（D.C.）二處

　9.培育自動化專家，顧問師，管理師等2000名以上；招訓企業經理
　　人才3000人次／年

　10.培訓自動化人才2000–3000名以上

　根據調查❹，目前國內商業資訊化之發展可歸納以下幾項：

　1.資訊化之支出：從1990年之9.6億，至1993年之25億。

　2.業者對電子資料交換、銷售點管理系統與加值網路等是資訊化的
目標。

---

❹　資訊工業策進會，《我國流通業資訊化市場與應用》，民83年3月。

3.系統小型化、單品管理、即時變價和客層分析是業者應用軟體今後之方向。

4.資訊科技之應用，是提供顧客最好服務、提升市場競爭優勢和分析市場資訊之必要經營工具。

而一般業者對於資訊化所應用到主要之資訊技術，可列述如下：

1.商品條碼：利用黑白相間且粗細不同的線條來代表商品之編號，這是自動化的第一步。

2.POS 系統：POS 即 Point of Sales 之簡稱，即銷售點管理系統。在銷售當時，利用掃描器讀入商品條碼、數量等，可配合顧客、產品或供應商等資料檔，而掌握了資訊，配合進、銷、存等作業而達到正確制定決策之目標。

3.EOS 系統：EOS 即電子訂購系統（Electronic Ordering System），係利用掌上型終端機，在貨架上直接輸入欲訂購之商品，經由電話線傳送至發貨中心或供應商，而完成訂貨之程序。

4.塑膠貨幣：零售業者常面臨信用卡、認同卡等磁條卡之應用，因此信用卡等之簽帳系統也是一個應用的需求。再加上 IC 卡的日益重要，其相關的技術亦顯得愈來愈迫切。

5.EDI：EDI 即電子資料交換（Electronic Data Interchange），乃為達到電子商務（Electronic Commerce），而在電腦間之資料透過共同標準格式加以整合之技術。

6.VAN：VAN 即加值網路（Value Added Network）即透過資訊網路公司提供之網路架構，而獲得必要之資訊及服務，可降低設備之投資。

7.電子銀行：企業可透過銀行所提供之電子銀行之服務而達到客帳管理與資金調度管理之功能。

整個資訊化之應用技術，以圖 1-5 說明之。

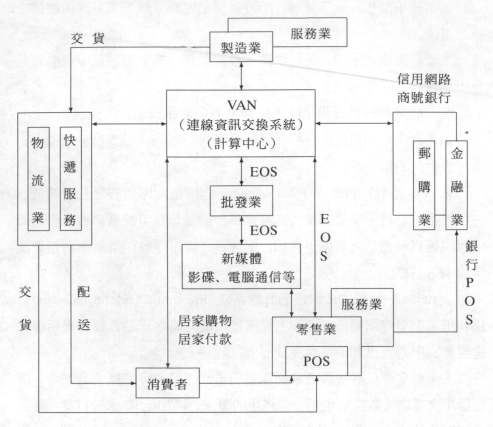

資料來源:《商業自動化資訊手冊》, 1992 年 7 月。

**圖 1-5 流通業資訊化應用技術**

　　我們以表 1-3 列出國內流通業者應用軟體之資訊化情況, 整體而言, 資訊化之項目以人事薪資、財務會計、進銷存的使用比例較高。

表1-3　國內流通業者應用軟體資訊化現況

單位: 家數

| 資訊化方式\\項目 | 目前已資訊化 | | | | |
|---|---|---|---|---|---|
| | 自 行開 發 | 總公司供 應 | 委 託開 發 | 訂 製軟 體 | 買套裝軟 體 |
| 人事、薪資 | 41 | 3 | 15 | 10 | 9 |
| 財務、會計、帳款 | 29 | 9 | 17 | 12 | 17 |
| 庫存管理 | 34 | 6 | 20 | 9 | 6 |
| 廠商管理(品管、商品變價) | 30 | 3 | 20 | 7 | 4 |
| 產品管理(分類、陳列方式) | 21 | 2 | 11 | 5 | 4 |
| 顧客管理(顧客分析、調查方式) | 30 | 5 | 11 | 2 | 5 |
| 銷售點管理系統(POS) | 16 | 5 | 20 | 5 | 2 |
| 電子訂貨系統(EOS) | 18 | 1 | 11 | 2 | 0 |
| 禮券管理 | 15 | 5 | 5 | 1 | 1 |
| 專櫃管理 | 16 | 3 | 6 | 2 | 1 |
| 採購管理 | 22 | 4 | 17 | 6 | 5 |
| 銷售分析管理 | 39 | 6 | 16 | 6 | 2 |
| 加值網路(VAN) | 6 | 1 | 4 | 0 | 1 |
| 其他 | 0 | 0 | 2 | 0 | 0 |

註: 有效樣本85份

資料來源: 徐慧中、江衍勳,〈我國流通業資訊化概況邁向高峯〉,《資訊與電腦》, 1995 年 7 月。

# 第三節　本書架構

本書共分三篇,即概念篇、技術篇與應用篇等。分別說明如下:

## (一) 概念篇

主要介紹資訊如何幫助提升競爭優勢及如何進行資訊資源管理。商業自動化之目的即在掌握資訊之及時性、正確度與適切性,從而能使各級管理人員制定正確之決策。因此,近年來有許多資訊技術之開發就是朝此目標而努力。例如策略資訊系統(Strategic Information System, SIS)就是一個利用資訊技術幫助提升企業競爭優勢的技術。因此,本書第一

篇就是在介紹並探討資訊之策略地位及其規劃與管理之模式與架構,包括資訊資源管理與策略資訊系統規劃等內容。

## (二)技術篇

商業自動化的技術,基本上是屬於資訊技術的範圍,包括:商品條碼系統、銷售點管理系統(Point of Sales, POS)、電子資料交換(Electronic Data Interchange, EDI)、電子訂購系統(Electronic Ordering System, EOS)、加值網路(Value Added Network, VAN)、塑膠貨幣(包括信用卡、認同卡、IC 卡等)等。這些技術已廣泛的使用於商業中,在此篇中將分別介紹這些技術及其相關知識。

## (三)應用篇

在本書第三部分將介紹商業自動化之應用,包括金融業應用(電子銀行之應用)、網路應用與物流業之應用等。

本書之架構,如圖 1-6 所示。共分十一章,說明如下:

1.商業自動化概論:包括商業之意義、資訊技術與商業自動化及本書之架構等內容。

2.資訊資源管理:包括資訊系統之演進及應用、企業電腦化帶來之衝擊、資訊系統之控制與阻力管理、資訊資源管理之挑戰、資訊與企業競爭優勢與策略資訊系統之個案研究等加以說明。

3.策略資訊系統規劃技術:包括策略攻擊矩陣規劃法、關鍵成功因素之意義與特性、關鍵成功因素之導出與一頁管理法等加以說明。

4.商品條碼系統:包括商品條碼簡介、條碼編碼系統、條碼之應用、條碼之效益、條碼周邊設備與原印條碼之管理等項目予以探討。

5.POS 系統:包括 POS 之意義、POS 與商品主檔之應用、POS 系統導入之程序、商品陳列電腦化系統、多媒體POS 之應用與實案研究

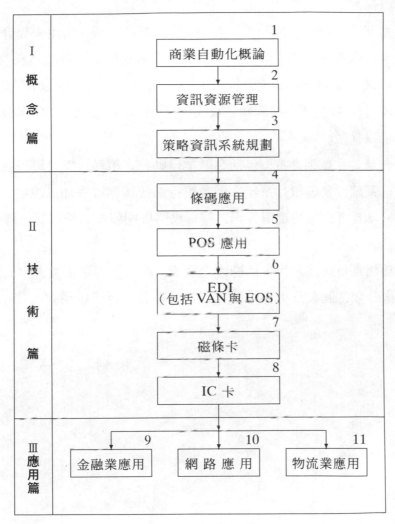

圖1-6　本書架構

—— 百貨業自動化系統等加以說明。

　　6.電子資料交換與加值網路：包括電子資料交換之意義與背景、電子資料交換之目的與程序、EDI 之效益、EDI 與商業標準協定、各國推動 EDI 應用狀況、加值網路、電子訂購系統與商業電子資料交換之應

用等加以探討。

7.塑膠貨幣㈠——磁條卡：包括塑膠貨幣之種類、信用卡簡介、國內信用卡之發展與種類、信用卡作業體系與其他磁條卡等項目探討。

8.塑膠貨幣㈡—— IC 卡：包括IC 卡之意義與種類、各國IC 卡發展概況、IC 卡之特性與應用範圍、我國IC 卡發展概況、金融IC 卡概述與結論等予以探討。

9.金融業自動化應用：包括金融業自動化之趨勢、無人銀行系統、語音銀行系統、家庭銀行系統、企業銀行系統與結論等加以說明。

10.網路應用：包括電傳視訊、關貿網路與國際電腦網路等三種應用實例介紹。

11.物流自動化應用：包括物流之意義、物流管理之挑戰、物流中心之發展與分類、個案分析與物流中心之管理等項目予以探討。

# 習　題

1.何謂初級、次級、三級與四級產業?

2.何謂流通業? 試舉出其業態。

3.何謂流通業之四流?

4.商業自動化中應用到哪些資訊技術? 試說明之。

5.解釋名詞:

　　(1)POS　(2)條碼　(3)EOS　(4)EDI　(5)VAN　(6)物流中心

　　(7)無店鋪行銷

# 第二章 資訊資源管理

## 第一節 資訊系統之演進及應用

管理活動的層級一般分為三級，即策略規劃、管理控制及作業控制，如圖 2-1 所示。

圖 2-1 管理活動層級

這三個層級之活動、資訊需求及其決策特性都不同，說明如下：

## （一）作業控制層級

作業性管理階層人員的工作大都已規定好在一天內或一週內完成，更長者如三個月，但這類工作期間通常是短期的，表達的資訊是詳盡的

且具精確性，其資訊是作回饋（Feedback）用的。如在銷售系統中，管理者通常於每季季末，要求銷售部門提供當季的銷售報告。管理者可根據報告比較本季業務員的銷售績效。

這個階層產生的資訊是個別性的且較為客觀，其管理問題具結構性，其作業屬預先規範的型態。

## （二）管理控制層級

管理控制階層的管理者集中全力於達成一系列的目的，這些目的是由策略管理階層已設定好的目標。這類資訊的提供是比較定期性或經常性的，通常期間低於一年。管理者需要一個期間及各種狀況的報告，同時涉及的範圍較大。如在銷售系統中，銷售管理者，可能需要公司的銷售報告，這份報告則反應出每區各種產品銷售額。其結果也經常用圖形分配圖表達。

這類管理者在執行政策時，需用個人判斷及直覺分析資訊，如銷售分析、生產排程及預算的分配及需處理例外的問題。

## （三）策略規劃層級

在策略管理階層中，管理活動是目標導向，其資訊需求傾向於較長時間，未來的且不確定性的報告或是趨勢分析等。如公司總經理要求的銷售分析報告，可能是五年來，公司每一種產品的銷售趨勢或是產業內，競爭廠商的銷售趨勢，其表達方式則用圖形或表格等。

這類管理者其決策特性屬於長時間及不確定，因此風險較高。如長期目標規劃、財務投資趨勢、廠房地點決定與企業購併等。他們從事長程規劃和預測的工作，時常藉各項資訊，把影響企業生存與發展的因素納入掌握及進一步的控制下，達到將環境的不確定性轉變成更明確，俾進一步掌控。

　　我們以表 2-1 來說明各管理階層之資訊需求。表 2-2 則列出不同管理層級資訊的特性。

**表 2-1　各管理階層管理者資訊需求**

| 管理層次 | 管理活動 | 資訊需求 | 實　例 |
|---|---|---|---|
| 策略規劃 | ·長程計畫<br>·趨勢分析<br>·問題與機會分析 | ·外部資訊<br>·預測與模擬<br>·查詢<br>·長期性報告 | ·多角化<br>·財務投資趨勢<br>·企業形象<br>·社會責任 |
| 管理控制 | ·分配資源至特定任務<br>·制訂規則<br>·衡量績效<br>·政策執行 | ·預測<br>·規則性報告<br>·大部分定期性報告<br>·例外報告<br>·歷史性資料 | ·銷售分析<br>·投資組合<br>·市場區隔<br>·人事制度 |
| 作業控制 | ·利用資源<br>·依據規則達成工作任務 | ·短期定期報告<br>·結構化決策<br>·程序指示<br>·詳細財務報告 | ·帳務處理<br>·生產排程<br>·每季銷售統計表 |

**表 2-2　不同管理階層資訊的特性**

| 資訊特性 | （低階）<br>作業控制 | （中階）<br>管理控制 | （高階）<br>策略規劃 |
|---|---|---|---|
| 來源 | 大部分為內部 ←———————→ | | 外部 |
| 範圍 | 有很好的定義、較窄 ←————→ | | 非常廣 |
| 整合性 | 詳細 ←————————————→ | | 整合（粗略） |
| 時間水平 | 歷史性 ←————————————→ | | 未來 |
| 及時性 | 舊 ←————————————→ | | 非常迫切 |
| 正確性之需求 | 高 ←————————————→ | | 低 |
| 使用的頻率 | 非常頻繁 ←————————→ | | 不頻繁 |

在電腦使用的初期，1960 年代有了所謂的電子資料處理系統(Electronic Data Processing, EDP)的出現；1970 年代，有了管理資訊系統(Management Information Systems, MIS)的出現；到了 1980 年代又有了決策支援系統(Decision Support System, DSS)及專家系統(Expert System, ES)。EDP, MIS, DSS, ES 代表了資訊系統四個代別的應用，分別說明如下：

## （一）電子資料處理（Electronic Data Processing, EDP）

EDP 就是一種資料處理系統，它是一種單一功能，且處理日常例行的交易資料，並產生報表之系統。如圖 2-2 所示，是 EDP 常見的功能，包括交易處理、報表列印及查詢處理等。EDP 的特性是使用檔案(Files)以產生資訊。

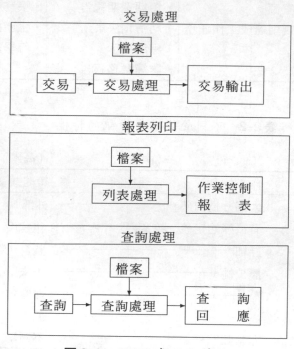

圖2-2　EDP 處理之特性

例如薪資系統、存款控制系統等都是處理單一功能的 EDP 系統的應用。

## （二）管理資訊系統（Management Information Systems, MIS）

管理資訊系統可定義為：「MIS 是一種資料處理之系統，此系統中包含了硬體、軟體、人員及技術，它的目的是提供資訊，幫助整合子系統，以達成組織的目的」。我們可用圖 2-3 來說明。而 MIS 與 EDP 最大的不同是它使用了資料庫（Data Base）取代了檔案。

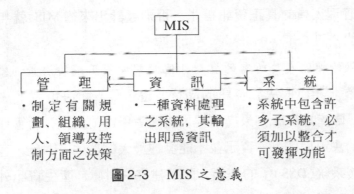

圖 2-3　MIS 之意義

企業面臨動態、且複雜的競爭環境下，如何獲得競爭優勢，並進而創造利潤，資訊的運用是一個非常重要的關鍵。因此，企業也就逐漸利用電腦，有系統的將資料蒐集、整理、分析，因而發展出一套管理資訊系統（MIS），這是一個必然的趨勢。但是，一個 MIS 的建立，是要花費大量時間及金錢的，如果企業沒有正確的資訊觀，那麼設計出來的 MIS 是註定要失敗的。

企業對 MIS 常有許多的誤解，而產生一些迷思，列舉如下：

1.資訊愈多愈好：許多管理人員為了「安全」的理由，喜歡握有許多資訊，造成了資訊泛濫，整天埋沒於「資訊海」之中，一個管理資訊系統非但無法提供管理人員決策性的資訊，反而淪為一個資訊管理系統

（IMS）。事實上，一個MIS最重要的就是馭繁就簡，建立一個「資訊篩選系統」，提供最迫切與最適切的資訊，提供給管理人員。因此近年來常有所謂的「關鍵成功因素法」、「一頁管理」等技術的提出，就是針對這個迷思因應而生，希望提供最重要的資訊給管理者。

2.*管理人員知道自己需要何種資訊*：許多MIS的設計人員，常常以為管理人員知道需要（Needs）何種資訊，而事實上，一般管理人員可能根據直覺或習慣而想要（Wants）何種資訊，而無法正確的描述自己的資訊需求。因此，MIS的設計者，在分析階段，必須用種種的技術來導引出（Elicit）管理人員的真正資訊需求。否則設計出來的MIS就無法產生出最有效的資訊。

3.*提供給管理人員所需的資料，他們就會下正確的決策*：事實上，決策的品質並非僅取決於資訊的品質，還必須兼顧決策者下決策的程序。因此，傳統的MIS如果僅僅提供管理者所需的資訊，而管理者在不知道正確的決策程序下，資訊並不能發揮最大的功效。因此，有所謂的「決策支援系統（DSS）」的技術，除了建立資料庫，產生資訊外，也建立了模式庫，而支援決策者在決策程序中正確的下決策。

## （三）決策支援系統（Decision Support System, DSS）

決策支援系統是以電腦為基礎，透過交談的方式，以協助決策者使用資料及模式，以解決非結構化的決策問題。其特性如下：

1.*人機交談*：使用者提出假設問題（What … if），由DSS加以分析或進行敏感度分析，再由使用者繼續提出問題，而反覆進行。此種進行方式，乃透過極為「使用者友善（User-friendly）」的人機交談技術。

2.*使用資料庫*：將許多的資料利用資料庫管理系統，而須先建立於資料庫中，以便查詢及計算分析之用。

3.*使用模式庫*：DSS與MIS最大的不同就是DSS使用了模式庫

（Model Base），也就是將決策活動中所應用到的數量分析模式，建立成模式庫，以便隨時使用。

4.解決非結構化的問題：所謂非結構化的問題係未事先設定的決策規則與作業程序。計算與分析部分由機器執行，而由人作判斷及提出假設性問題，透過 DSS 作為人們下決策之支援工具。近年來有所謂「高階主管資訊系統」（Executive Information System, EIS），其實就是一種 DSS 的應用特例。

EIS 的定義敘述如下：「EIS 是由高層主管所運用，在組織的規劃及控制過程中使資訊的使用更有效率的系統。」EIS 涵蓋了資訊貯藏器的使用，該貯藏器包含了過去、現在及預期未來將用的適當資訊。而 EIS 的目標為：

1.避免大量未經包裝的資訊湧進高階主管的桌上，而造成埋沒於「資訊海」中。

2.高階主管確實享受到適切的、及時的、有用的資訊。

3.使管理階層能夠集中注意力於組織的關鍵成功因素。（Critical Success Factors, CSF）

4.使資訊更容易瞭解，與他人的溝通聯繫更為容易。

一般而言，EIS 通常具備以下之功能：

1.非鍵盤操作方式。

2.菜單驅動管理。

3.逐步查詢能力。

4.例外報表。

5.多視窗處理。

6.趨勢比較分析。

7.圖形處理。

8.模擬分析。

9.預測分析。

## （四）專家系統（Expert System, ES）

專家系統是一種將專家的知識和經驗建構於電腦中，再經過事先設計之推理能力功能，而以類似專家解決問題的方式對某一特定問題領域提供建議或解答，並解釋之一種系統。其特性如下：

1.用於特定的領域：每個專家系統的領域都非常狹隘，主題都是特定的。

2.含有知識庫：ES 與 DSS 或 MIS 最大的不同點是知識庫（Knowledge Base）的使用。它可將專家的知識擷取而表現於電腦中，幫助使用者解釋及推理。

3.具有「為何」及「如何」之功能：強大的推理能力與知識庫之配合，使得 ES 之可信度提高，可解答「為何」（Why）及「如何」（How）之問題。

專家系統的架構以圖 2-4 說明之。

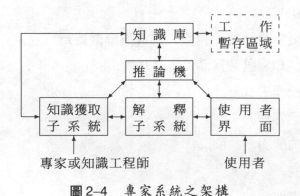

圖 2-4　專家系統之架構

我們將專家系統和傳統系統之比較列於表 2-3 中，以供參考。

表2-3　專家系統與傳統系統之比較

| 傳統系統 | 專家系統 |
|---|---|
| ・知識與程序合併在一個循序程式裡。 | ・知識庫明顯地與處理程序架構分開。 |
| ・不會解釋輸入資料爲何需要或結論如何得到。 | ・解釋功能是 ES 的特性之一。 |
| ・在知識庫內改變是很無聊的。 | ・規則的更改很容易完成。 |
| ・當它完整時，系統才可操作。 | ・系統只要在一些規則下即可執行。 |
| ・執行是一個步驟接著一個步驟。 | ・執行是採用邏輯及啓發式的。 |
| ・需要完整的資訊來操作。 | ・在不完整或不確定的資訊下也可操作。 |
| ・有效處理大的資料庫。 | ・有效處理大的知識庫。 |
| ・資料的表示及使用。 | ・知識表示及使用。 |
| ・效率是主要目標。 | ・效益（Effectiveness）是主要目標。 |
| ・容易處理量化資料。 | ・容易處理策略性資料。 |

　　最後我們綜合以上資訊系統的種類 EDP, MIS, DSS, ES 等四種，其應用於三個管理活動層級中之情形以圖2-5 表之。

圖2-5　四種資訊系統之應用

　　EDP 單一功能及使用檔案之特性可應用在作業控制層級，用以取代組織中基本且例行之人工作業。但是管理控制涉及多個系統之整合，它

要維持資料在不同檔案中的一致性，因此須用資料庫來解決，那麼MIS就可以用來幫助管理控制。而策略規劃涉及數量模式的引用及判斷，因此需要模式庫來解決，因此，DSS 就可以用來幫助支援策略規劃之用。專家系統用以解決特定領域之問題，三個層級活動中如有遇到需要專家知識時，皆可用到 ES 來協助解決特定之管理問題。

　　以商業為例，我們將零售業、批發業、旅館業、餐飲業、管理顧問業、廣告業、徵信業、產品包裝設計業、機器設備租賃業、房屋仲介業、資訊服務業、環境衛生服務業及遊樂園業等應用這四種資訊系統之舉例列於表2–4 中。

**表 2–4　各行業應用資訊系統舉例**

| 資訊科技程度／行業 | EDP | MIS | DSS | ES |
|---|---|---|---|---|
| 零售業 | ・電子收銀機<br>・光學掃描機<br>・文書處理及資料查詢<br>・傳真機 | ・商品銷售管理<br>・電子資料交換（EDI）<br>・電子轉帳系統 | ・店址選擇軟體系統<br>・收銀臺數模擬（等候線）<br>・室內布置模擬系統 | ・自動訂貨系統（EOS） |
| 批發業 | ・電子收銀機<br>・光學掃描機<br>・文書處理及資料查詢<br>・傳真機 | ・商品銷售管理<br>・電子資料交換（EDI）<br>・電子轉帳系統 | ・店址選擇軟體系統<br>・收銀臺數模擬（等候線）<br>・室內布置模擬系統 | ・自動訂貨系統（EOS） |

（續表2-4）

| | | | |
|---|---|---|---|
| 旅館業 | ・電子收銀機<br>・會計帳務處理系統<br>・文書處理及資料查詢<br>・客戶訂單處理<br>・傳真機 | ・客房訂位管理系統<br>・成本分析<br>・銷售分析<br>・存貨控制 | ・店址選擇軟體系統<br>・銷售預測系統<br>・室內布置模擬系統 | ・自動材料補充訂購系統 |
| 餐飲業 | ・會計帳務處理系統<br>・電子收銀機<br>・自動點菜系統及訂單處理<br>・文書處理<br>・傳真機 | ・客戶分析系統<br>・存貨控制系統<br>・成本分析 | ・室內布置模擬系統<br>・收銀臺數模擬（等候線） | |
| 管理顧問業 | ・會計帳務系統<br>・文書處理及資料查詢<br>・訂單處理 | ・客戶資料管理<br>・銷售分析<br>・成本分析 | ・問題診斷 | ・問題解決 |
| 廣告業 | ・會計帳務系統<br>・文書處理及資料查詢<br>・訂單處理<br>・傳真機 | ・客戶資料管理<br>・銷售分析<br>・成本分析 | ・廣告方案評估<br>・電腦輔助設計系統 | ・廣告方案選擇 |
| 徵信業 | ・會計帳務系統<br>・文書處理及資料查詢<br>・訂單處理<br>・傳真機 | ・客戶資料管理<br>・銷售分析<br>・成本分析 | ・問題診斷與報價成本評估<br>・法令查詢評估系統 | |
| 產品包裝設計業 | ・會計帳務系統<br>・文書處理及資料查詢<br>・訂單處理<br>・傳真機 | ・客戶資料管理<br>・銷售分析<br>・成本分析 | ・設計方案評估<br>・電腦輔助設計系統 | ・設計方案選擇 |

（續表 2-4）

| | | | | |
|---|---|---|---|---|
| 機器設備租賃業 | ・會計帳務系統<br>・文書處理及資料查詢<br>・訂單處理<br>・傳真機 | ・客戶資料管理<br>・銷售分析<br>・成本分析 | ・租賃方案評估 | ・租賃方案選擇 |
| 房屋仲介業 | ・會計帳務系統<br>・文書處理及資料查詢<br>・訂單處理<br>・傳真機 | ・客戶資料管理<br>・銷售分析<br>・成本分析<br>・屋情資料庫查詢分析系統 | ・買賣撮合系統<br>・房價估價系統<br>・分店店址選擇系統<br>・法令查詢系統 | ・仲介案之稽核系統 |
| 資訊服務業 | ・會計帳務系統<br>・文書處理及資料查詢<br>・訂單處理<br>・傳真機 | ・客戶資料管理<br>・銷售分析<br>・成本分析 | ・軟體偵測除錯系統<br>・電腦輔助設計系統 | ・程式自動撰寫系統 |
| 環境衛生服務業 | ・會計帳務系統<br>・文書處理及資料查詢<br>・訂單處理<br>・傳真機 | ・客戶資料管理<br>・銷售分析<br>・成本分析 | ・廢棄物處理成本效益評估系統 | |
| 遊樂園業 | ・會計帳務系統<br>・文書處理及資料查詢<br>・訂單處理<br>・傳真機<br>・票務處理系統 | ・客戶資料管理<br>・銷售分析<br>・成本分析 | ・顧客品質評估系統 | |

資料來源：經濟部商業司，〈國內服務業關鍵技術相關理論與現況分析〉，<br>　　　　　民83年，pp. 30-33。

## 第二節 企業電腦化帶來之衝擊

人工作業系統經過電腦化後，不但系統內資料處理方式及其相關設備明顯不同，人們在系統內所扮演的功能角色也發生改變。而電腦化為企業帶來之衝擊可以分為人員、組織、成本及控制等四個層面來探討。茲分別說明如下：

### (一) 員工層面

可分為以下七點說明：

1.**創造就業機會**：電腦行業興起後，創造許多電腦製造、行銷、維修服務及相關零件業的就業機會；企業本身為進行電腦化，也雇用系統分析師、程式設計師、電腦操作員等從業人員。

2.**取代人工作業**：企業電腦化以後，一向由人工處理的業務，逐漸由電腦取代執行。

3.**增加在職／職前電腦教育訓練之必要性**：企業紛紛電腦化後，員工必須重新接受在職或職前訓練，以建立資料處理的基本概念，而且工作項目與電腦愈關係密切者，須接受更多電腦訓練課程，培養有效運用電腦的能力。通常新進人員在勝任公司內部電腦化作業之前，須接受長時間訓練。

4.**降低員工重要性**：企業建立電腦作業系統後，由於其取代甚多以往由人處理的作業項目，使內部員工感到本身對公司的重要性降低，引起情緒困擾，甚至聯手抵制電腦自動化作業，有可能降低電腦系統整體運作效率之風險。

5.**喪失人性活力**：電腦引入公司後，很可能使員工扮演類似工廠裝

配線作業員的角色，重複執行單一作業項目，而不知其在整個系統運作中的功能角色與貢獻，逐漸喪失創造力、追求成就等人性活力。

6.電腦成為代罪羔羊：不瞭解電腦系統運作的員工，很容易將其作業上的錯失，歸咎於電腦，認為「都是電腦搞鬼」，「我之所以無法適時更正作業錯誤，都是電腦不能臨機應變，接受我的指揮。」當然，這些都是謬誤的藉口。電腦出錯幾乎都是人為輸入資料的錯誤。

7.學習下達清晰正確的指令：電腦系統本身相當精密複雜，任何人為疏漏都可能導致電腦執行錯誤，所以員工面對電腦時，必須學習如何清晰正確地下達指令，使電腦運作順利。

## （二）組織層面

可以分六點說明：

1.新設電子資料處理部門：企業進行電腦化過程時，往往依需要新設 EDP 部門，專責處理有關業務，並規劃各部門間的資料流程。因此，組織內原有部門可能會因應電腦化，作適當的調整，改變整個組織架構。

2.組織功能之整合：原先組織內各項獨立的功能（例如：應收帳戶、存貨帳戶），經過 EDP 部門規劃後，可能整合在同一個電腦化系統內，共同協調運作。

3.人員調整：配合電腦化作業流程，須將相關作業人員，依工作性質，重新安排調整，個人工作項目亦因而有所改變。

4.調整作業程序：配合電腦的運作特性，須將各項作業程序，重新調整改變。

5.縮短作業時間：由於電腦具有高速運作能力，可以隨時將其內部資料，依管理階層需要，在短時間內重整、組合，提供其決策參考。整個組織內部的溝通、協調、作業亦因而暢通。

## （三）成本層面

企業電腦化過程中，必須投入大筆費用，添購設備等。而電腦化系統亦帶來一些效益，如提高整體之效率而節省成本等。

電腦化系統的成本有二種：一為開發成本，一為操作成本。開發成本是一次完成的，就是系統開發中所用的總成本，它包括專案人員費用，電腦上機、時間與消耗用品（如卡片、報表紙）等。操作成本是電腦化系統開發完成後必須有一個部門管理與操作此系統，此部門必須經常付出的成本，如人員薪水、設備租金、原料耗用、外界支援性服務費用、動力費用、管理費用與折舊等。如圖 2-6 所示。

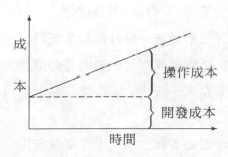

圖 2-6　資訊系統成本圖

電腦化系統的效益，也可分為二種：一為可計量的利潤；一為質的利潤。可計量的利潤是引進電腦化系統後可帶來的直接能計算出的利潤，如用人費用減少、事務成本減少、庫存降低、產量提高、資金周轉率改善等等，都可以用錢來計算。質的利潤是引進電腦化系統後可帶來間接而不能計算出的利潤，如士氣提高、公司形象提升、商譽提高、管理水準提高、顧客滿意度增加等。

## （四）控制層面

企業電腦化之後，會隨著電腦系統的特性，調整其組織結構。因此，組織內的控制機能（Control Mechanisms）也會隨之改變。茲分別說明如下：

1.減少報表記錄：在人工作業系統中，藉以稽核控制的報表憑單，一旦運用電腦後，往往不再流通使用。例如，直接輸入電腦終端機的資料，已由電腦儲存備詢，因此不再留下報表憑單記錄。

2.增加資料處理項目：由於電腦具備卓越的資料處理能力，因此在取消人工作業報表憑單記錄後，電腦反而能處理更多人工作業無法負荷的資料項目，使組織的管理控制功能更臻嚴密。

3.由電腦程式執行控制功能：設計電腦系統時，已由系統分析師與程式設計師共同規劃，將作業流程及相關的控制原則，寫入程式，由電腦自動依據設定之控制原則，取代人工作業、執行公司內部的管理控制機能。

4.增加中央集權控制必要性：在人工作業系統中，由於時間與人力控制幅度限制，通常授權各部門，分別依據其職責執行管理控制。企業電腦化之後，由於其驚人的資料處理能力，即可實行中央集權式的管理控制，加強各部門間的協調整合，提高整體運作效率。

5.加強資料安全管理：由中央單位集中處理資料後，其資料的安全性，與以往分散各部門與個人方式比較，愈顯得重要。因此，必須妥善維護資料的安全，以免整批資料完全外洩。

6.確保個人隱私：公司員工的個人所有資料，皆集中電腦保存，因此如何確保個人隱私，避免未經授權的讀取、竄改，比人工作業時期來得迫切需要。

# 第三節　資訊系統之控制與阻力管理

許多學者曾歸納出一個成功的資訊系統的特質如下:

1.系統符合使用者需求，亦即使用者不會被強迫去適應系統的缺點。

2.使用者樂於接受新系統。

3.系統所提供的資訊即時、正確、有用、完全與可靠。

4.系統的設計是支援使用者，而非取代使用者。

5.控制預算以求名實相符。

6.建立評估制度，使系統在發展階段所作的改變能減少。

7.衡量系統以確使電腦系統是實用的。

8.系統必須能適應需求的改變。

9.在建立系統時必須同時有一套良好的資料安全系統。

10.建立的應用系統必須符合組織的長期系統規劃。

11.在系統建立前先設立衡量準則，以查驗系統的預期利益能否達成。

而一個失敗的系統可以說是不滿足使用者需求的系統。這些失敗的原因包括開發成本過高、系統使用複雜性過高、不能在適當時間取得適當的資料及不能即時更正系統等。我們列出了失敗系統的特質如下:

1.使用者對系統能力及缺點缺乏認識。

2.缺乏電腦人才正確的定義系統。

3.缺乏使用者參與。

4.使用者害怕系統的控制權會落在資料處理人員手中。

5.使用者的人格及對系統的野心掩蓋了組織的需求。

6.員工抗拒改變。

7.衡量績效的準則缺乏計畫。

8.使用者對系統缺乏興趣。

9.高階管理人員對於系統缺乏興趣。

10.營運主管對電腦產生的資訊不能善加利用。

11.在系統發展階段人事流動率高。

12.系統設計及計畫管理的品質不良。

13.對系統沒有歸屬感。

14.對新系統測試階段不夠嚴謹。

15.對使用者而言，電腦系統的設計太過高深。

16.對使用者而言，人為系統的設計不足。

17.管理上，缺乏對資料準備功能建立足夠的準則。

18.組織上的藩籬使工作不能順利展開。

19.系統提供給主管人員太多資訊，使他不能有效使用資料。

20.發展的應用項目不對。

21.系統執行過晚。

22.過於龐大的開發成本。

23.新舊系統的轉換秩序一團混亂，使用者對它缺乏信心。

24.新系統硬體改變頻繁。

　　系統出了問題，可以說是由於控制的注意不夠所引起的。因此建立一個控制系統是資訊系統成功的重要關鍵成功因素之一。一般而言，資訊系統的控制可以分為管理控制與會計控制二個領域。如圖 2-7 所示。

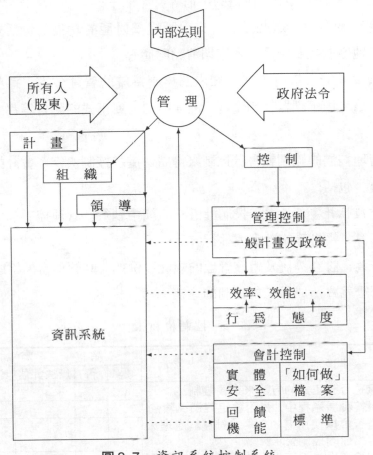

圖 2-7　資訊系統控制系統

　　管理控制是決定 "What" ── 要做什麼，而會計控制則是探討 "How" ── 如何做。會計控制可分四個項目：

　　1.標準（目標或目的）：為了知道程式是否成功，管理當局必須設定一些達成的標準，這些標準是一些可數量化、可衡量的目標。例如，標準可以是每天生產某一定的數量，錯誤率低於 X%等。

　　2.「如何做」的控制文件：這些是已歸檔、詳細的政策與程序，說明如何去執行某特殊的功能。例如，如何記錄交易的會計手冊、如何支

付薪水的薪資手冊或如何授信的手冊等。

3.實質的保護：這些是設計來保護組織財產的功能。包括安全保護，特定地區的控制處理，及定期清點財產等。

4.回饋機能：這些方法告知內部控制系統的管理效率。這些機能的範圍很廣，由感應器（如溫度、濕度控制）到正式的報告等都包括在內。

而管理控制的範圍較會計控制來得廣，這些控制決定了會計控制的外在環境，包括：

1.一般性計畫及政策：控制計畫在組織中執行。管理控制包括了對程序、預算、報告等的計畫與執行。

2.行為：設立控制及組織管理的規範。例如，某管理當局不能執行控制，那麼就會造成員工對控制的違抗。

表2-5　控制檢核表

| 問　　　題 | 答　　案 | | | |
|---|---|---|---|---|
| | 是 | 否 | 無法評估 | 其他 |
| 1.組織是否有正式的方法來定義控制？ | | | | |
| 2.在系統發展過程中，是否曾定義過風險？ | | | | |
| 3.你是否曾以使用者的立場，對資料處理人員提出你的控制要求？ | | | | |
| 4.你的組織中是否有一定的程序來決定控制是否符合成本／效益？ | | | | |
| 5.在組織中自動化系統的使用者，是否接受擔負起在人為系統中的控制工作？ | | | | |
| 6.你是否接受監督控制執行有效性的工作？ | | | | |
| 7.在你的電腦應用系統中，是否建立回饋機能以監督控制？ | | | | |
| 8.是否曾確認每種控制相關的風險，讓使用者能適當地應用控制？ | | | | |
| 9.是否在人為及自動化系統都出現過非控制所能偵測到的問題？ | | | | |
| 10.回饋機能是否經常監督系統？ | | | | |
| 11.當控制出現非同步現象時都能即時修正？ | | | | |

3.態度: 員工對控制的看法與倫理。

4.效率與效果: 對組織在計畫施行的生產力的衡量。

使用者在使用資訊系統時，可以利用表2-5所示之檢核問題，如果答「是」代表有足夠的控制，「否」代表有潛在的控制問題。若回答是負面的，使用者應檢討是否有更好或其他的方法來執行控制。

在整個控制系統中，由於與資訊系統有關的員工很多。而公司的員工由於教育、文化背景的不同，分處於系統的各個角落，對系統也有不同的看法。因此在人與人，人與硬體及人與軟體之間的交互作用就變得很複雜。我們一般用「介面」(Interface)來表示它們之間的交互作用。如圖2-8所示。如果這些介面不能有良性的交互作用，那麼，資訊系統註定是要失敗的。

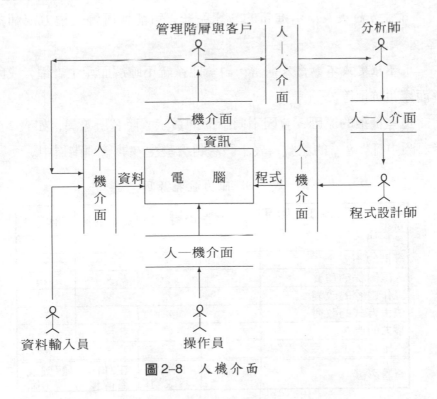

圖2-8　人機介面

而員工之所以會對資訊系統產生抗拒，其原因可歸納成以下七項：

1.地位的喪失：由於資訊系統的使用，使得某些員工喪失了原有的地位。

2.經濟的不安全：員工認為資訊系統的使用，會造成減薪或遭致解僱之威脅。

3.人際關係的轉變：新的管理方法，會使原有的員工組合拆散，必須面對新的人際關係的挑戰。

4.工作內容的改變：資訊系統的使用，致使工作的內容改變，引起不愉快，不熟悉之情形。

5.決策方式的改變：新的資訊系統將使管理階層的決策方式有所改變。

6.權力的喪失：引進新的資訊系統，可能使既得之權力或利益喪失。

7.不確定或不熟悉及誤解：對資訊系統不瞭解而產生恐懼，或因誤解而產生抗拒等。

這些抗拒的原因，會因不同階層的員工，而有所差異，如表2-6所示。圖中打「ˇ」的記號，表示該項目會發生在該管理階層中。

表2-6　阻力抗拒原因

| 抗拒之原因 ＼ 員工之階層 | 高層主管 | 中層主管 | 基層主管 | 操作人員 |
|---|---|---|---|---|
| 地位的喪失 | | | ˇ | ˇ |
| 經濟的不安全 | | | | ˇ |
| 人際關係的轉變 | | | ˇ | ˇ |
| 工作內容的改變 | | ˇ | ˇ | ˇ |
| 決策方式的改變 | ˇ | ˇ | | |
| 權力的喪失 | | ˇ | ˇ | |
| 不確定／不熟悉／誤解 | ˇ | | ˇ | |
| 整體影響 | 無變化 | 工作內容改變 | 工作內容改變 | 解僱或調職 |

這些阻力，如不加以妥善管理，則可能會對系統造成破壞，而造成系統的死亡。

對於抗拒之管理，學者從行為轉變理論之觀點而提出了二個方法。第一種稱之為參與式改變，另一種方式稱之為領導式改變。所謂參與式改變是先讓員工具有新的知識（透過教育、自我訓練或自我觀察等方法），然後逐漸改變態度，進而影響行為（由個人而至群體），達到能接受新的資訊系統的目標。此種方式比較費時間，但風險小。而領導式改變，則是先藉政策的宣告，使全體的行為朝向既定之政策，從而使個人行為亦隨之改變，而個人態度接著改變，最後使得個人的知識也加強而充實了。

我們以圖 2-9 表示此二種抗拒管理方式之比較。參與式較簡單但費時；而領導式則較不費時但較困難。

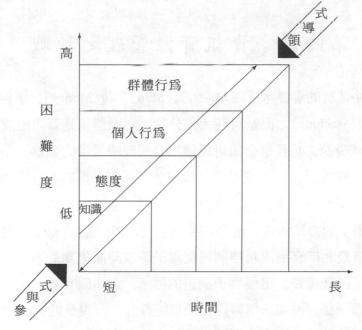

圖 2-9　參與式與領導式改變

我們可以實行一些可行的策略，而幫助加速員工接受新的資訊系統。這些策略列舉如下：

1. 新系統發展過程中，儘量使員工參與。
2. 開放管理階層與員工之間的溝通管道。
3. 提供有關系統改變的資訊。
4. 在系統轉換過程中放慢腳步，使得新系統能再調整。
5. 提供獎金制度以改進產出量。
6. 讓工作環境升級。
7. 將員工工作職稱改變以反應責任的加重。
8. 提供額外的加薪做為主要之誘因。
9. 宣布人事凍結，直到所有調職的員工都已指派完畢。
10. 加強員工的再訓練工作。

# 第四節　資訊資源管理之挑戰

公司中傳統的資源包括四 M —— 人（Man）、錢（Money）、原料（Material）及設備（Machine）。但是目前大部分的公司已體認到資訊已成為公司中的第五個資源，而且是一種可以增加公司競爭優勢的武器。小至公司大至國家，資訊已成為大家必須加以保護、控制、規劃的重要資源。

例如以臺北市而言，土地資源取得不易，交通紊亂的情形，無法用「多鋪道路」的方法解決，但是如果我們能設計一個功能強大的交通資訊系統，讓臺北市交通流量控制得使車子等候時間達到最小，無形中等於多鋪設了許多道路。這個例子明白的顯示，資訊確實是一項資源，就像土地資源一樣。再如一個醫院，如果能設計一個優良的醫療資訊系統及醫療專家系統等，使病床運轉率增加，無形中也等於增加了病床及醫師一樣。事實上，資訊成為公司或國家的一項重要資源是無庸置疑的。

　　而公司投資在資訊技術的開發是可以獲得競爭優勢，這可以從二個層面來探討：(1)利用資訊技術使顧客直接獲利：例如利用電子郵購提供服務；利用自動櫃員機提供服務等。(2)利用資訊技術使公司直接獲利：例如利用整合外部與內部之行銷資訊系統提供公司內部資訊；辦公室自動化系統可幫助組織間之溝通等等。

　　公司利用資訊增加競爭優勢主要是在運用成本領導策略：即是以低成本、低價格來擴大市場占有率及維持成長，或是運用差異化策略：即是以產品印象、產品耐久性、產品可靠性、服務或配銷系統等方面造成差異化，而成功的擴大市場占有率。

　　公司面臨競爭環境下，可以按照以下五個步驟來利用資訊技術增加公司的競爭機會：(1)先估測公司目前資訊利用情況。(2)獲得確認資訊技術在整個產業中扮演的角色。(3)找出哪些資訊技術可以產生競爭優勢，並且將其排出優先順序。(4)檢查資訊系統是否可以及如何幫助公司產生新的企業領域。(5)發展一個利用資訊技術的計畫。

　　處在今日動態而複雜的環境下，公司面臨的問題已不再是：「資訊是否對公司重要?」而是：「資訊何時，如何對公司產生衝擊?」一個無法體認資訊資源管理挑戰重要性的公司或組織，將無法在未來的市場中生存。

　　所謂策略資訊系統(Strategic Information System, SIS)即是一個利用資訊技術(Information Technology, IT)充分運用公司之資訊資源，而支援企業整體目標的資訊系統。

　　傳統資訊系統較偏向管理導向與單獨或批次作業，而策略資訊系統則偏向於策略導向並使用網路環境。我們以圖 2–10 表示二者之差異。

　　近年來，企業已逐漸瞭解到在激烈競爭環境下，資訊在策略上之應用已成為刻不容緩之趨勢。

　　策略資訊系統可幫助企業在競爭環境中確保優勢。以下列舉策略資

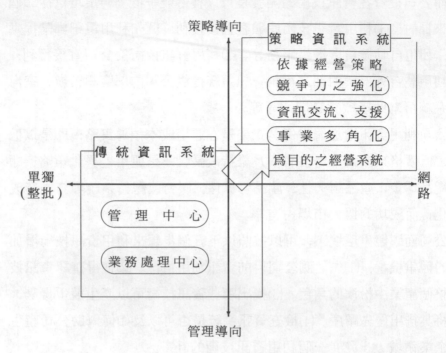

策略導向

策 略 資 訊 系 統

依 據 經 營 策 略

競 爭 力 之 強 化

資 訊 交 流 、 支 援

事 業 多 角 化

為目的之經營系統

傳 統 資 訊 系 統

單獨
（整批）

網
路

管 理 中 心

業 務 處 理 中 心

管理導向

圖 2-10　傳統資訊系統與策略資訊系統之差異

訊系統可能之應用領域：

　　1.改變競爭基礎：利用 SIS，可以創造出競爭優勢。

　　2.改變力量分配：正常的商業關係中，存在著力量消長的關係。買方和賣方的關係就是個好例子。例如買方擁有數家採購對象的話，比起只有一家採購對象的買方，對各採購對象的依賴度就降低不少。美國航空的預約系統便是一例，其系統在使用時，美國航空與其旗下的代理旅行社之間的力量關係，巧妙地改變成對航空公司有利的狀態。因為比起其他方法，代理旅行社更想使用美國航空的系統（利用美國航空可增加預約的佣金），同時藉由此套系統，旅行社可使自己的顧客更加利用美國航空提供的服務。我們將在本章第六節討論策略資訊系統的案例。

# 第五節　資訊與企業競爭優勢

資訊技術高度的發展，已逐漸改變公司內部運作方式、改變公司與供應商、顧客及競爭對手間的關係。目前，資訊已成爲公司重要的資源，同時也是提升公司競爭優勢的策略武器。公司對資訊技術的管理、推動與控制等措施，已成爲刻不容緩的趨勢。

國內倡導商業自動化已有多年歷史了。一般談到自動化就會聯想到電腦系統、資訊庫、分散式處理等專業名詞與專業技術。很多主管認爲自動化的推動是資訊專業人才的責任。這種觀念造成了太注重資訊處理的過程而忽略了資訊在應用上的策略效果。尤有甚者，許多企業的高階主管以爲自動化只對中、下層部屬有用，對策略規劃及高階管理之決策程序並無多大助益。此種觀念，造成了商業自動化的成效只發揮在管理控制與作業控制之層面，無法提升公司的競爭力。

本節乃就資訊是提升企業競爭優勢的策略武器之觀點，加以闡述。首先我們先討論產業競爭之態勢。一般而言，任何一個公司處在競爭環境中，都面臨了五大壓力，如圖 2-11 所示。

以下就這五大壓力加以說明：

## （一）顧客之議價能力

顧客包括從事零售、批發、倉儲、配銷或使用產品的企業或個人，包括行銷者、消費者或其他製造業、服務業等客戶。決定購買力的主要原因有二：

1.採購者之價格敏感度：採購品的價格占總成本相對比例大的項目，對採購者最敏感。如果一項產品或服務並未牽涉大筆經費，採購者

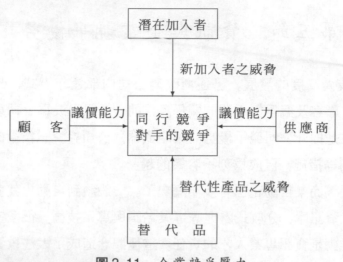

圖 2-11　企業競爭壓力

就不認為值得投注時間尋找替代品或努力去議價。

　　2.相對的議價能力：議價能力最後的憑藉，要視威脅的程度，以及一方拒絕與另一方做生意的意願而定。雙方勢力的平衡，則取決於各自提出威脅的可信度和效果。不過，重點還是在於無法完成交易時，各自承受的相對成本壓力，以及各自取巧的技術優劣與否。而決定買賣雙方相對議價能力的重要因素有三項：

　　⑴規模和集中：採購者的數量愈少，供應商要尋找其他客戶以替代流失的客戶，其困難度也就愈高。如果採購者購買的數量愈大，對供應商而言，流失該客戶所產生的損失就愈大。相對於供應商，採購者的規模愈大，採購者就愈能承受談判破裂所帶來的財務損失。

　　⑵垂直整合：能夠進行垂直整合的公司，就能增加採購地位的議價能力。如超市引進「自己的品牌」，就可打擊食品製造商的議價能力。

(3)採購者的資訊：採購者對供應商以及其產品、價格與成本方面的資訊愈充足，就愈能有效的議價與訂定條件。

## （二）供應商之議價能力

供應商之議價能力取決於供應商規模龐大的程度、貨品之替代性，使用者的轉換成本及本身企業的購買力。

## （三）同行競爭

對大部分的產業而言，競爭的整體狀況以及整體獲利水準的決定因素，在於產業內公司之間的競爭。決定現有公司之間競爭的本質和強度之主要原因有以下五項：

1.賣方集中：賣方集中歸因於產業中競爭者的數量以及相對規模。競爭愈激烈，則價格愈下降。

2.競爭者多樣化：公司是否有參與激烈的價格競爭的傾向，也要視公司的特性而定。公司之間的目標、策略及成本結構愈相近，那它們的興趣就愈可能聚合，而「和平共存」的機會就增加了。

3.產品差異化：在日用品產業中，產品是比較不具差異性的，而且顧客只依據價格基礎購買。在這樣的條件下，價格是唯一的競爭武器，而且價格競爭嚴重損傷了利潤。有些產品也有高度的差異性，價格只不過是一項影響顧客選擇的變因而已。因此，競爭很可能發生在品質、產品設計、廣告及促銷上。

4.過剩產能：在價格競爭激烈的產業中，公司的傾向多半需視產能和產出之間的平衡而定。市場需求的降低或過度的產能投資，都會導致生產過剩。在服務業中，不正確的需求預測常導致產能過剩。

5.成本條件：在固定成本高的產業中，任何的產能過剩，都會造成價格高折扣和整個產業蒙受損失。

## （四）新加入者之威脅

產業潛在加入者對已設立之公司的邊際利潤，將會產生直接的限制。一般而言，新進入者往往無法與既有公司以平等的條件進入此產業。這些進入的障礙主要為：

1.*資金要求*：為建立事業，許多產業需要大量的投資。

2.*經濟規模*：有些產業，特別是一些資本密集或技術密集的產業，需要非常大的規模來生產，才可能有效益。在汽車工業中，規模的重要性已導致大部分產量較小的競爭者遭到淘汰。自從1960年代本田汽車和現代汽車進入美國市場之後，汽車業就再也沒有大規模的進入者了。

3.*絕對的價格優勢*：既有的公司往往擁有壓過新進者的成本優勢。此乃肇因於原物料的低成本來源，或是學習效果引起的效益。

4.*產品差異化*：在一個已達產品差異化的產業中，由於品牌意識和顧客忠誠度，既有的公司擁有勝過新進者的優勢。例如：可口可樂和百事可樂商標的魅力和親切感，就使任何可樂飲料的進入者很難達成明顯的市場占有率。

5.*銷售管道的進入*：產品差異化的障礙與既有產品的偏好有關。然而，對消費品製造者而言，最大的障礙可能是行銷者對既有公司的偏好。行銷管道的空間有限、風險規避以及採購新品的固定成本，導致行銷者不願引進新製造商的產品之情形。

6.*官方及法律上的障礙*：從執照、專利、版權到商標，到處都存在有許多潛在的規則障礙。在法規、購料以及環保安全標準方面受到政府深度參與的產業，都有許多嚴格而且昂貴的進入障礙。

## （五）替代品之威脅

替代品的存在，會影響顧客是否願意為某項產品付出較高的價格去

購買。對產品需求的價格彈性，反映出部分顧客的價格敏感度。如果有相近似的替代品可用，顧客願意付出的價格便有上限。相對於價格，需求是有彈性的。也就是說，面對過高的價格，會使顧客轉向尋求其他的替代產品。

而替代品威脅產業定價的程度，需視下列三項因素而定：

1.替代品可用的程度。

2.替代品相對價格／品質的特性。

3.顧客面對替代品更換時所產生的成本。

我們可以將潛在加入者、同行或替代品三者稱之為競爭對手。因此，綜合而言，企業的競爭環境包括：

1.顧客：即從事零售、批發、倉儲、配銷或使用產品的企業或個人。

2.供應商：包括提供貨品、資本、人力或服務的企業或個人。

3.競爭對手：同行或可能進入此產業之企業、銷售替代品之企業等。

而公司所採取的競爭策略可以歸納為：

1.成本領導策略：即以低成本、低價格來擴大市場占有率。

2.差異化策略：以產品、服務或品質之差異提升競爭力。

3.創新策略：以新的企業經營方式，改變增加附加價值的方式等達成優勢。

4.成長策略：透過持續的成長率，增加優勢。

5.聯盟策略：透過合作、加盟的策略增加優勢。

而以上之五種策略，基本上就是由成本領導策略與差異化策略二種為基礎的。

而成本領導優勢的主要來源有：

1.低產品設計元件成本。

2.經濟規模。

3.控制原料來源。

4.低勞動資源的取得。

5.政府輔助。

6.地理位置。

7.併購競爭者。

8.創新。

9.自動化。

10.降低經常費用。

至於差異化主要的因素如下：

1.品質（Quality）

2.可靠度（Reliability）

3.耐用程度（Durability）

4.形象（Image）

5.創新（Innovation）

6.服務（Service）

7.流通（Distribution）

8.行銷（Marketing）

# 第六節　策略資訊系統之個案研究

本節將就目前實施 SIS 成功的例子，包括美國航空公司、美國醫療用品供應公司、日本花王公司、日本再春館製藥公司等個案予以研究。透過這些個案的探討，更能瞭解策略資訊系統之重要。以下即就這四個實例加以探討。

## （一）美國航空公司（American Airlines, AA）

　　美國航空公司使用 C&C 技術，發展了一個航空訂位系統稱之為 SABRE。自1967年開始即將 SABRE 終端機租給各旅行社使用。全美國有2萬4千家旅行社，占全國48%使用此套系統。而SABRE 訂位系統，在終端機的任何特定區域之內，美國航空飛行班次（AA flights）都會出現在任何其他航空公司的班次之前，這使得做訂位工作的職員，很自然地選擇第一個提供的班次。這是造成美國航空高乘載量的因素。此外，對其他航空公司的訂位，美國航空對每一筆透過該系統之訂位服務，收費美金1.75元。SABRE 在1985年營業額為美金3億3十8百萬元，其中有1億7千萬是利潤。圖2-12 為 SABRE 系統之說明。

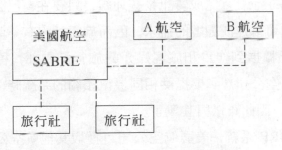

**圖2-12　SABRE 系統圖**

　　此SABRE 系統另外更增加了與旅行有關的租車與旅館的預約機能。目前此系統和全世界超過10萬台終端機相互連線，它可以向 300家以上的航空公司處理機位預約與費用計算。且可以與150家旅館共約2萬間客房及50家以上的租車公司及劇院等等的連線預約系統。

　　SABRE與稍後開發的聯合航空機位預約系統 Apollo 在旅行社市場占80%之占有率。

　　美國航空公司之 SABRE 系統有以下幾點之特點:

　　1.此一系統創新了過去業者原有之習慣。當然率先構築 SIS 的公司，在建立完成之後，對手企業即使想急起直追恐怕也沒那麼容易了。因爲儘管其他航空公司察覺了機位預約系統的重要性，而打算在各代理旅行社設置自己公司的終端機，然而畢竟已是後來者。如果只是和美國航空相同機能的系統的話，旅行社也不可能重新購買或是租用終端機。如果後來開發的 SIS 替代了已設置在旅行社裡的終端機，則一定也要付出相當的代價與努力。

　　2.此一系統確立了競爭優勢。從負責接受預約的各旅行社方面來看，受理的航空公司愈多，則其業務就會變得愈麻煩。若是只需擁有一台終端機，不論哪家航空公司的預約，都可以透過旅行社的業務處理網來完成，並得以簡化旅行社的業務的話，那麼這便是成功的要因。且在業務效率化之需求下，當完成資訊系統連線，只要在自己公司系統中，利用終端機，就可以達成顧客的需求，因而旅行社沒有不使用的道理。因此，該系統已擴展到作爲和旅客媒介的旅行社內部，獨霸了各旅行社。而當其他航空公司想到要提供相同機位預約的系統時，由於已經有了 SABRE 系統，因此難以與其競爭。

　　3.藉由 SABRE 系統，美國航空公司可獲取其他航空公司之動向和策略，察知其降低運費，變更飛行時刻表等動態，以尋求回應之對策。

　　4.美國航空不僅掌握自己公司的旅客，就連其他航空公司的旅客資料也瞭若指掌。對手航空公司的顧客動向，只要透過 SABRE，即可獲致。

　　根據此份資料的分析，美國航空可以開發出強勢的新產品，展開各種促銷活動。

　　首先，美國航空藉由分析那些由 SABRE 系統所收集的資料，得知包含對手公司旅客在內的顧客需求動向，因此可以輕易進行新路線的開拓，或虧損路線的割捨等商品策略。

　　其次，針對旅行社政策，分析銷售我方公司航空票券業績較佳的旅行社，利用獎勵金等獎勵政策，可提高旅行社對美國航空的忠誠。

　　另外，對於旅客的服務，也不僅止於飛機班次，除了提供旅館、租用汽車的預約之外，同時也可提供利用我方公司的特別折扣票價等優惠政策，以提高顧客對我方公司的依賴度。

## （二）美國醫療用品供應公司（American Hospital Supply, AHS）

　　是一家製造及流通許多產品如溫度計或血液分析器等醫療器材給醫院。這種行業傳統的作法乃是由銷售員巡迴各地接受訂單為主的方式來推廣業務。

　　1974年開始，AHS 即在醫院設置終端機，允許醫院利用此終端機輸入訂單而與AHS 電腦系統相連。此系統簡化了訂單處理程序因而使雙方皆降低成本。同時，AHS 在終端機上設計了醫院之庫存管理系統，允許醫院執行本身的預測，規劃及存貨控制等功能。

　　另一方面，由 AHS 公司的角度來看，除了提升銷售員的作業效率之外，由於能夠根據連線系統，早日獲得接受訂貨的資訊，所以當醫院進貨時間縮短的同時，該公司也可有計畫地向器材廠商進行採購，藉此達到降低採購成本的效果。當系統越大（醫院的終端機台數愈多），愈能拉大與對手之間的競爭空間，藉由先獲取醫院方面的需求，即可達成更有效率的經營，提供了顧客在醫院需求方面的細緻服務，並且有能力去開發及管理具有價格誘因的產品。如圖 2-13 所示，乃為 AHS 公司訂貨系統示意圖。

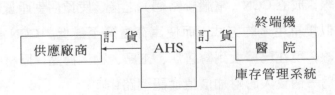

圖2-13　AHS 公司訂貨系統

AHS 公司方面，充分活用了結合批發商的生產和消費者立場，藉由接受訂貨和訂貨的連線化，可以迅速處理受訂貨資料，而使得庫存量約可減少 20%，成功地減輕庫存方面的負擔。

以往的批發業務，是在不知何商品較暢銷的情況下胡亂訂貨，如今有了這套系統之後，不但可以迅速獲得來自客戶訂貨的資料，同時還可以只訂購暢銷商品，銷路較差的商品則暫停下訂單。如此一來，就可免除無謂庫存的危險。

而 AHS 公司所得到的不只是這些而已。此一系統的最大利益，是可藉由醫院使用終端機，以排除其他可能介入的競爭公司。

此一系統被視為同類系統之典型，一開始基於實驗的心理，把一架終端機借給顧客使用一段固定的時間。當時間一到，要求從顧客處收回終端機，而顧客會向 AHS 洽詢留下此終端機需要付出的代價。

結果是顧客具有很高的忠誠度，其對 AHS 而言，無異增加了市場占有率。因為，它的顧客假如要改變供應商，就要付出轉換成本。

AHS 同時藉由分析它所蒐集到的產業資料，更迅速地發現其他趨勢及顧客需求，進而領先它的競爭對手。

## （三）日本花王公司

日本花王公司利用策略資訊系統進行「工作革命」而使業務品質競爭優勢的提升是一個有名的例子。

由於花王家庭用品的消費群是不特定的多數，所以很難預估確實的消費量，以致經常產生庫存過剩。但從 1975 年開始，總公司和販賣公司間電腦連線，成立 CCN（電腦聯絡網）之後，使預估生產量的生產方式，變成類似接單生產的方式，而使庫存量降至最低。CCN 原先只和販賣公司連線，現在已擴大到零售店、工廠、物流據點、原材料供應商及銀行，成為一個更大的附加價值通訊網路中心。

它的作業是，和花王有交易的28 萬家販售店中的 910 家連鎖店訂單，直接用 EOS（電子訂貨系統）通知販賣公司。其他沒有連線的中小型零售商的訂單，則由業務員利用電話，以掌上型終端機傳送。

這些零售商下的訂單，一天三次同時通知工廠及物流中心。此一措施使得零售商在下訂後二十四小時就能收到貨品（此一實例將在第六章中詳述）。

每月、每週的生產計畫由販賣公司和工廠協議後決定。而每天的生產調整完全由電腦按照販賣公司送來的資料自動調整。如果和計畫有三成誤差，馬上警鈴大作，因此現在庫存都控制在 0.3 個月以下。

花王公司實施了此種電子訂貨系統後，其員工中原有的 1 萬 7 千名降低 2600 名冗員，而成立了花王軟體公司，且其營業額亦增高為其對手公司獅子油脂公司的二倍。

而花王公司也在日本設立了 9 個消費者諮詢中心，採用「新回聲系統」，完全不用書面作業。諮詢員透過三台終端機，查詢資料庫中之資料，可在三秒鐘內回答消費者利用電話詢問的任何問題，使顧客更滿意。

## （四）日本再春館藥廠

再春館是日本一家郵購公司，販賣自己生產之中藥及基礎化粧品。在 1981 年時，只有 9 名員工，營業額只有 1 億 6 千萬日圓，且負債 3 億多，1982 年由新任女社長西川通子接掌後，短短六年間，創造了成長一百倍的奇蹟。目前員工有 600 名，客戶數約 100 萬，年營業額也高達 110 億日圓。它的成功關鍵就是策略資訊系統 —— ITS( Intelligent Telmarketing System )智慧型電訊行銷系統。

首先，再春館向電話公司申請 75 線免費電話供消費者使用，消費者可以利用免費電話索取樣本或訂貨；再春館則用電話詢問使用效果

並促銷產品。所有的電話會談結果，由250名女性操作員接聽後輸入電腦，並傳送到工廠。當天的訂貨及樣品，三天內都能送達分布在日本國內各地的消費者手中。

這套免費電話加電腦送貨到府的整體連接系統，在日本是首創。現在每個月申請樣品的人數有2萬到3萬之多。再春館利用每個月累積下來的詢問電話，如今已擁有100萬個客戶資料，其中約50萬名成交，10萬名連續購買四次以上。

而過去再春館是利用消費者寫明信片索取樣品，從寄出至收到樣品約七至八天。而試用後，再訂貨時，又要七至八天，嚴重延誤商機。利用免費電話的方式，在日本是首創的。

ITS 成功的背後也有強大的電腦軟體。系統工程師隨時到現場走動，經常更改程式。因為有靈活的軟體配合，使生產合理化，送貨迅速，工廠也只維持一天的庫存量。不但沒有庫存壓力，更因產品品質新鮮，受到消費者廣泛喜愛。

目前有數以千計的公司實施 SIS 成功的例子。這些包括了來自每個產業的公司及大小企業。我們可以把這些成功的 SIS 分為四種不同的型態，如下之說明：

1.為了迅速完成工作而直接和顧客連結：第一類是提供軟硬體給客戶，使得客戶迅速地下訂單及做存貨控制處理的公司。如果客戶換另一供應商會有引進轉換成本的影響。除此之外，這項技術通常可幫助供應商及購買者降低成本。銷售人員身上的裝備有手提資料擷取設備可提供經由公用電話線傳送資料到中央電腦的能力。

2.使用內部資料庫改善顧客服務：第二類是由已經採用傳統資料處理系統再加上SIS 方面的人組成，因此促使他們重新定位；對銷售或服務員而言，他們與客戶之間的介面變得有用。這項影響是公司在行銷與顧客服務上達到卓越的績效。這在為了新企業有良好遠景而使用是特別

地成功。

3.行銷網路能力：第三類是已經採用資訊系統基礎結構(Infrastruc-ture)，並且使用它來建立一項完整的嶄新服務，用相當少的成本及相當小的風險建立一個新事業。

4.發展完整的新事業：第四類是由完全新的企業所組成，目前對資訊技術的運用情形在以前是不存在的。在這領域的很多企業都以資訊批發聞名，這包括了經由服務，訂閱資料庫及家庭購物而獲得的資料。

## 習　題

1.試述 EDP，MIS，DSS 與 ES 之不同點。

2.試評論「資訊愈多愈好」這個論點。

3.何謂 EIS？通常具備哪些功能？

4.員工爲何會抗拒新的資訊系統？試分析之。

5.試列舉十項失敗的資訊系統的特質。

6.如何對阻力進行管理？試討論參與式與領導式二種方法。

7.試說明「資訊是一種策略資源」。

8.何謂 SIS？

9.企業面臨的競爭壓力有哪些？

10.企業的競爭策略有哪些？

# 第三章 策略資訊系統規劃技術

## 第一節 策略攻擊矩陣規劃法

本章將介紹策略資訊系統規劃(Strategic Information System Planning, SISP)常用的技術。擬介紹策略攻擊矩陣法、關鍵成功因素法與一頁管理法等。本節先就策略攻擊矩陣法加以說明。

許多公司利用了一種策略攻擊矩陣分析方法而精確的掌握了提升競爭力的「策略資訊系統」。這種矩陣由十五個方格構成。從橫斷面而言,代表競爭策略方向共有五種;從縱斷面而言,代表企業的競爭環境共有三種。企業可針對每一個方格,發掘有哪些資訊可以幫助達成目標。如圖3-1所示。

| 競爭策略 ＼ 競爭環境 | 顧 客 | 供 應 商 | 競爭對手 |
|---|---|---|---|
| 成本領導 | | | |
| 差 異 化 | | | |
| 創 新 | | | |
| 成 長 | | | |
| 聯 盟 | | | |

圖3-1 策略攻擊矩陣架構圖

　　公司在每一方格裡，專注思考可建立之資訊系統，例如在供應商與成本領導交集之方格裡，「建立所有供應商之產品、價格、品質、信用等資料庫」，就可以達到增加我們議價能力，而促使成本降低即「成本領導」之目的。再如有一家玩具商店就想到利用一個資訊系統應用在創新與顧客交集之方格裡。它追蹤每項玩具銷售、成本、存貨等狀況，當顯示某項玩具銷售不理想時，立刻採取了適時的削價等因應措施，就是一個成功的例子。

　　企業一旦從策略機會去思考資訊系統，那麼，自動化帶來的效果才是最大的。

　　事實上，利用策略攻擊矩陣是可以幫助企業達成提升競爭優勢的目標。以下我們以美國 GTE 電話公司利用這個矩陣之架構而思考資訊系統，從而產生了超過一百個的構想，尋找出了許多的策略機會。

　　應用策略攻擊矩陣，其步驟共有七步，如圖 3-2 所示。說明如下：

## （一）說明競爭策略與策略資訊系統之觀念

　　利用策略攻擊矩陣（圖 3-1）之架構來說明競爭環境與競爭策略之觀念。

## （二）舉例說明策略資訊系統之應用

　　利用實案討論策略資訊系統之實際應用之例。

## （三）檢討公司的競爭地位

　　從市場、產品、顧客、供應商、競爭對手、優勢、弱點及企業策略等方面檢討公司目前在市場之地位。（利用表 3-1，3-2, 及 3-3）

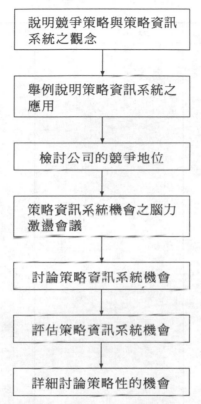

說明競爭策略與策略資訊
系統之觀念

舉例說明策略資訊系統之
應用

檢討公司的競爭地位

策略資訊系統機會之腦力
激盪會議

討論策略資訊系統機會

評估策略資訊系統機會

詳細討論策略性的機會

圖3-2　策略資訊系統構想產生會議步驟

## （四）策略資訊系統機會之腦力激盪會議

　　在此步驟中，分成五至八人一組，每一小組專注於特定之主題。通常可分為三個主題小組，即供應商小組、顧客小組及競爭對手小組。這些小組專注於策略分析矩陣中之每一方格。並且可利用一些問題而做為腦力激盪之依據。

　　例如供應商小組之問題舉例如下：

表 3–1　經營環境檢討表

| 項　　　目 | 現　　　在 | 未　來　三　年 |
|---|---|---|
| 1.市場需求 | | |
| 2.營收成長目標 | | |
| 3.毛利目標<br>　淨利目標 | | |
| 4.市場占有率 | | |
| 5.企業形象 | | |
| 6.市場定位 | | |
| 7.法令限制／鼓勵 | | |
| 8.其他非經濟因素 | | |

**表3-2　客戶檢討表**

| 項　　　目 | 現　　　在 | 未　來　三　年 |
|---|---|---|
| 1.主要客戶層 | | |
| 2.客戶主需求趨勢 | | |
| 3.市場趨勢 | | |
| 4.客戶特性 | | |

表 3-3  競爭對手檢討表

| 項          目 | 現          在 | 未 來 三 年 |
|---|---|---|
| 1.主要競爭者 | | |
| 2.競爭者銷售金額 | | |
| 3.市場占有率 | | |
| 4.競爭者市場定位與形象 | | |
| 5.競爭者策略 | | |
| 6.競爭者強點 | | |
| 7.競爭者弱點 | | |

　　1.我們可以利用資訊系統而獲得對供應商之槓桿效果？如改進我們的議價能力？降低供應商之議價能力？

　　2.可以利用資訊系統降低購買成本？如降低我們的人工成本？降低供應商之成本？

　　3.能否利用資訊系統而尋找可行之供應來源？如確定原料替代品或服務替代品？

　　4.能否利用資訊系統來幫助改良從供應商送來的產品及服務的品質？

　　而客戶小組則可以由下列問題找到一些靈感：

　　1.可以利用資訊系統來降低我們客戶的通訊成本？

　　2.可以利用資訊系統來增加一個客戶的轉移成本(即使得客戶改變供應者而增加困難)？

　　3.是否可以使我們的資料庫能被客戶利用？

　　4.可以提供客戶行政支援嗎？（例如帳務、存貨管理等）

　　5.可以利用資訊系統而更瞭解客戶並且發掘可能的市場利基？

　　6.可否利用資訊系統而幫助客戶增加其收益？

　　至於競爭對手小組，則利用回答以下問題而尋找策略資訊系統之機會：

　　1.能否利用資訊系統來增加新加入者之進入成本？

　　2.能否利用資訊系統而將我們的產品及服務差異化？

　　3.能否利用資訊系統而給予我們的競爭對手一個致命的打擊(例如因為我們有資料，而可提供一些競爭對手無法提供的東西)？

　　4.能否利用資訊系統而提供一些替代品？

　　5.能否利用資訊系統來改進或降低流通成本？

　　6.能否利用資訊系統而形成聯合風險投資(Joint Venture)進入新的市場？

7.可否利用資訊系統而迎合目前競爭對手提供的東西？

8.能否利用新的資訊技術而建立新的市場利基？

9.可否利用我們對資訊工業與市場的知識而去發掘新的市場或更佳的經營方式？

## （五）討論策略資訊系統機會

每一小組將其討論結果向大家報告，經由整體之討論有助於問題的澄清，清除重複的建議等。

## （六）評估策略資訊系統機會

此步驟主要是將前一步驟得出之建議予以評分及排序，評分之標準一般而言，有以下幾項：

1.競爭優勢之程度。

2.發展之成本。

3.可行性：一般而言，方案是否可行，其判定標準有以下數種：

　⑴財務可行性。即利用投資報酬率、回收期限、淨現值等標準來衡量方案之可行性。

　⑵技術可行性。即衡量所需的技術(包括硬體、軟體及人員等)是否能取得？

　⑶管理可行性。即衡量該方案在執行時是否會遭遇阻力，是否能有效的管理與維護等。

　⑷社會可行性。即衡量該方案是否合乎法律之要求，是否對社會有益(如環保標準)，是否合乎企業的倫理責任（如解僱問題）等。

4.風險：即成功之機率。

利用上述之標準，可以將這些機會由高分至低分而分為四種：

1. 策略性機會

2. 高潛力

3. 中潛力

4. 低潛力

## (七) 詳細討論策略性機會

詳細討論每一個策略性機會 (即最可行者), 並在技術面、客戶利益面、競爭優勢面、責任面及執行面等討論如何將構想付諸實現。

藉由以上七個步驟的進行, 企業可以從策略規劃的層次找尋到策略資訊系統機會, 從而發展之, 而獲得競爭優勢。

# 第二節 關鍵成功因素之意義與特性

所謂關鍵成功因素(Critical Success Factors, CSF), 是一個企業或管理者必須持續注意的少數重點管理領域, 這些管理領域可以帶來高的效率及成功的達成目標。我們可以列出CSF的特性如下:

1. CSF 是一些關鍵領域, 企業必須維持這些領域的順利執行。

2. CSF 是一些重要的事項, 企業必須做好以保證成功。

3. CSF 是一些重要的議題, 可以幫助定義組織是否已達到目標。

CSF 是與企業之策略、目標、個人之目標及問題等有密切之關聯, 以圖 3-3 表示之。分別就這些概念加以說明如下:

## (一) 策略

一個組織在規劃、制定與確認其使命、目的與目標時, 必然會牽涉到策略的問題, 而策略包括: (1)訂立長期目標, (2)分配資源以達成目標, (3)選擇行動方案。因此, 策略被視為是決策過程(Policymaking Pro-

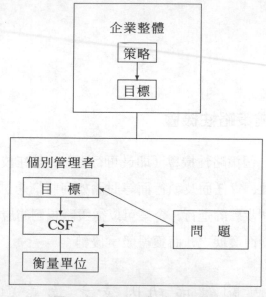

圖 3-3　CSF 基本概念圖

cess)的一部分，而策略與決策過程中的制定(Formulation)、執行(Imple-
mentation)、組織(Organization)、與控制(Control)等四個階段不僅互有
關聯，並且可以用來描述彼此之間的關係。

　　策略乃包括基本策略(Root Strategy)、運作策略（Operating Strat-
egy）、組織策略（Organization Strategy）、控制策略(Control Strategy)，
與再生策略(Recovery Strategy)，而這些策略與決策過程中的制定、執
行、組織與控制等各階段都有密切的關聯，且經由它們才可以表現出各
階段的互動關係。如圖 3-4 所示。

## （二）目標

　　有句古諺說的好：「如果你不知道往何處去，則任何一條路都會
將你帶到目的地。」沒有明確的目標，管理工作是非常危險的。而目標
必須是可衡量的，亦即必須能夠驗證。例如訂定「改進溝通方式」這個

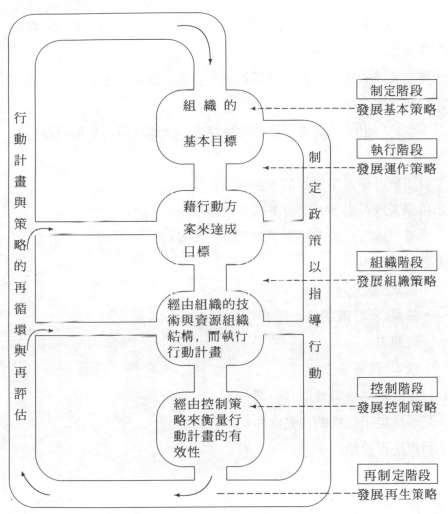

圖 3-4　決策過程與策略設計發展關係圖

目標，就很難衡量，如果改為「每月發行二頁數的公司月刊」就是一個可驗證的目標。再如「獲取合理利潤」不是一個優良之目標，而「本年度，要有 12% 的投資報酬率」就是一個優良之目標。

　　因此，目標之設立，應注意以下各點：

1.目標項目不宜多，應涵蓋各人工作的主要特質。

2.目標必須具體且可驗證，包括何時？多少數量？品質如何？花的成本多少？等。

3.需二人以上部門或個人共同達成之目標，應由高階層指示，互相協調，訂定共同目標。

以下我們列出了一個優良目標的檢核表，來測試所訂定的目標是否為優良？

1.目標是否涵蓋了工作的主要層面？

2.目標表是否太多？能合併某些目標嗎？

3.目標明確否？能否知道它們是否被達成？

4.目標能否指出：

・數量(多少)？

・質量(多好或明確特性)？

・時間表？

・成本(花費多少)？

5.目標是否具挑戰性而且合理？

6.是否排定了目標的優先次序？

7.目標是否包括：

・改善目標？

・個人發展目標？

8.是否與其他管理者及組織單位目標一致？

9.是否與上級、部門、公司的目標一致？

10.通知了所有需要知道目標的人員嗎？

11.短期目標與長期目標一致否？

12.支持目標的假設是否明確？

13.目標是否清楚表示且書寫下來？

14.目標是否提供及時回饋而能採取必須的改正步驟?

15.資源與職權是否足以達成目標?

16.給予預期完成目標者一個提出自己的目標的機會否?

17.部屬對所指派之任務是否能有效的控制?

一般而言，目標包括了企業目標與個別管理者之目標。

## （三）衡量單位

所謂衡量單位就是對於某些因素之績效的監督制度。這些衡量單位如平均載客率(人／次)，A級品質率(％)，市場占有率(％)等。

就績效水準而言，一般之衡量單位有以下數種:

1.貨幣標準：包括成本、資本標準、收入標準等等。

2.物質標準：物質標準是非金錢上之測量而是屬於操作層面，如材料之運用、勞工之僱用、服務的支付、貨品的製造等。這些可反應出勞工每單位工時的生產量，每磅油料所發出的馬力，每一機器每小時可製造多少產品等。

3.無形標準：不能用物質或金錢衡量的標準稱之為無形標準。一個管理者可用什麼標準來決定個人擔負採購代理之能力或是人事主管? 如何得知廣告是否達成了長短程的目的? 或人際關係是否成功? 管理者忠於公司目標嗎? 職員們機警嗎? 這些問題無論在定性或定量方面都很難建立一明確的標準。

## （四）問題

問題就是從不滿意的環境或績效表現中產生的一些現象。例如原料漲價、人員流動率太高等等。

問題往往不是很容易能發掘其原因(Cause)，往往只能看到症狀(Symptom)或線索(Clue)。必須追查至問題之源頭後，方可治本，否則只能

治標。曾經有某個公司的行銷系統，發生了嚴重的錯誤，追查原因時，發現是因為輸入的資料產生了錯誤，經過糾正後，過了不久又產生相同的錯誤，再經追查，原來是行銷經理不滿意系統的某個政策太過僵硬，因此刻意不願使用它。

　　從上述之例可以看出，當尚未找到原因時，只針對那些線索糾正，是無法解決問題。上例，最後是決議更改軟體，使其更富彈性。之後，此項問題就不再發生了。

　　通常一個企業或一個管理人員的關鍵成功因素數目並不多。一般而言，CSF的主要來源為：

　1.產業因素：乃由產業特質而決定之因素。

　2.環境因素：政府法規等因素非企業所能控制。

　3.暫時因素：偶發或特定時期之事件所引起之因素。

　4.企業文化因素：企業的傳統、經營者之價值觀等因素。

以公司為例，整體有 CSF，而每個部門也有各自的 CSF。如圖 3–5 所示。

　　通常 CSF 分為三類，即產業 CSF，公司 CSF，及個人 CSF，這三者之關係，我們以汽車業之克萊斯勒(Chrysler)公司為例，繪於圖 3–6 中。

　　以下我們舉一些 CSF 之例子：

　1.食品業之產業 CSF

　　⑴新產品發展

　　⑵產品組合

　　⑶庫存

　　⑷良好之物流

　　⑸有效的廣告

　　⑹定價

　2.人壽保險公司

```
┌─────────────────────────────────────┐
│              公司的CSF               │
│  －產生關心成本的態度                │
│  －增加領導成效                      │
│  －引進關心顧客的文化                │
│  －與利害攸關對象建立明顯的合作關係  │
└─────────────────────────────────────┘
```

```
┌───────────────────────┐   ┌───────────────────────┐
│        行銷CSF         │   │      財務管理CSF       │
│  －增加每筆交易收入    │   │  －降低透支設備        │
│  －增加新產品數量      │   │  －收回六十日內債款    │
│  －降低交易折扣        │   │  －降低進行記錄的成本  │
│  －降低開發新產品從設計到│ │  －降低 IS 費用增量    │
│    生產相關的時間      │   │                        │
└───────────────────────┘   └───────────────────────┘
```

```
┌─────────────────────────────────────────┐
│                 生產CSF                  │
│  －檢討每年薪資7% 或更少的成長率的勞動契約│
│  －以不增加成本方式獲取原料              │
│  －降低 10% 之浪費                        │
│  －確定運作資金不會增加                  │
└─────────────────────────────────────────┘
```

圖3-5　CSF 的不同型態（舉例）

　⑴經紀人管理制度

　⑵內勤人員有效的控制

　⑶保單之創新

3.鋼鐵製造廠商

　⑴與供應商維持最好的關係

　⑵維持與改進與客戶之關係

　⑶資金及人力資源有效果及有效率的運用

4.電子廠之部門主管

　⑴強化與客戶之關係

　⑵改進人員生產力

　⑶獲得政府研究發展之支持

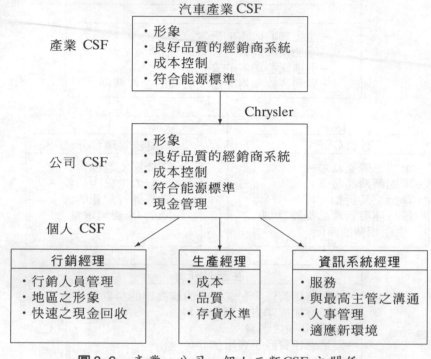

圖3-6　產業、公司、個人三類CSF之關係

(4)開發新產品

(5)取得新技術之能力

(6)改進設備

5.辦公傢俱製造廠之總經理

(1)擴充產品線 B 和C 外銷量

(2)改良市場對產品線 A 之瞭解

(3)改良生產排程

(4)強化管理幹部

6.百貨公司

(1)加強產品差異化

(2)專業銷售人員之培訓

(3)注重特定市場

(4)強化媒體廣告

實施關鍵成功因素法之利益可分為以下五項:

1.可以衡量資源是否與目前之目標結合。

2.當 CSF 與目標不能良好結合時,可以指出未來策略改變的方向。

3.可以幫助確認企業之優勢與弱點。

4.可以幫助企業估計機會與威脅。

5.提供管理焦點並且扮演管理工作的觸媒。

# 第三節　關鍵成功因素之導出

關鍵成功因素法是透過面談法,決定主管人員之 CSF,再經過二至三次會議討論而定案,並決定了企業的 CSF。因此,本節將就面談之目的、面談前之準備、面談程序、面談問題之結構及 CSF 的評估等項目加以說明。

## (一) CSF 面談之目的

進行關鍵成功因素面談之目的有四:

1.瞭解被面談者在組織中之任務及被面談者之角色。

2.瞭解被面談者之目標。

3.從面談過程中導引出 CSF 及其衡量單位(Measures)。

4.幫助管理人員更瞭解自己的資訊需求。

## (二) CSF 面談前之準備

在還未進行面談之前,以下之準備工作可供參考:

1.要先熟悉 CSF 之概念。

2.熟悉產業狀況。

3.先研讀公司的年報、歷史資料、組織圖等資料。

4.請最高主管寄發訪談信函給被面談者。

5.從低層次之主管開始面談,逐步往上層。

6.請重要的主管陪同主談者進行面談。

7.面談前應已瞭解被面談者之目標。

8.磨練面談技巧。

## (三) CSF 面談程序

CSF 面談程序可以圖 3-7 表示之。共有六個步驟。即面談開始、被面談者描述任務與角色、與被面談者討論目標、發展 CSF、將 CSF 排優先順序及決定每一個 CSF 之衡量單位等。

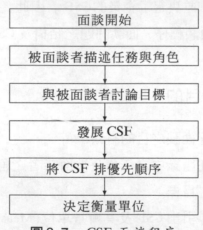

圖 3-7　CSF 面談程序

## (四) 面談問題之結構

CSF 面談之問題結構, 說明如下:

1.必須指出誰, 哪一位?

2.需要什麼資訊？

3.用它來做什麼？

4.會產生什麼結果？

或者利用以下之結構（即發掘括號內之答案）：

1.假如（何人或什麼問題）　　　　（IF）

2.擁有（資訊）　　　　　　　　　（HAD）

3.則（什麼行動或行為型態）　　　（THEN）

4.結果（結果或利潤）　　　　　　（RESULT）

以下舉出與管理人員面談時之問卷設計之實例：

1.你的責任領域是什麼？

2.你的部門（或公司）的目標是什麼？

3.你認為未來五年，你的部門（或公司）有哪些重大的改變？

4.你是否有執行其他不在你責任領域的工作？

5.在你的責任領域中有哪些CSF？

6.你如何衡量這些CSF 是否成功？

7.在你的責任領域中你需要何種資訊以供下決策、規劃及監督之
　用？

8.這些資料從哪裡產生？

9.目前你的資訊是否適當？ 完全？ 及時？ 正確？ 及可靠？

10.假如提供給你所需的資訊，哪一項業務會獲致最大的改善？

11.上述之改善，其價值如何？ 節省多少人時？ 節省多少錢？

12.去年中你遭遇到最大的問題是什麼，以致於不能達成目標？

13.上述之問題是什麼阻礙了你的解決？

14.你需要什麼來解決這些問題？

15.你認為一個資訊系統會幫助你更好解決這些問題嗎？

16.請將你面臨的所有問題按照緊急性排優先順序。

以上這些面談的問題，涵蓋了目標(問題1至4)、關鍵成功因素(問題5及6)、資訊需求(問題7至11)及主要問題點(12至16)等。可以幫助主談者與被面談者共同導出被面談者之CSF及衡量單位。

## （五）CSF 之評估

當導出主管人員之CSF後，應評估是否有效，以下列出檢查之項目：

1.是否指明誰將使用此資訊?

2.所需的資訊是否已確認?

3.標準是否可衡量?

4.是否有說明哪些行動或行為型態會發生?

5.結果是否明確及可行?

在導出個人關鍵成功因素過程中，我們建議使用表3-4至表3-11做為面談資料之整理與檢核，這八個表分別為：

1.責任領域與目標表

2.問題分析表

3.重大改變表

4.整體問題分析表

5.困難點與關聯事項表

6.目標與CSF表

7.CSF與困難點表

8.困難點與解決方案表

### 表3-4　責任領域與目標表

寫出個人之責任領域，及其目標，
並對每個目標列出CSF，最後列出
每個 CSF 之衡量單位

單位：＿＿＿＿＿

| 責任領域 | 目　標 | CSF | 衡量單位 |
|---|---|---|---|
|  |  |  |  |
|  |  |  |  |
|  |  |  |  |
|  |  |  |  |
|  |  |  |  |
|  |  |  |  |

### 表3-5　問題分析表

| 問題 | | | |
|---|---|---|---|
| 困難、理由 | 解決之道 | 所需之資訊 | 期望之利益 |
|  |  |  |  |

**表 3-6　重大改變表**

在未來五年內，你的責任領域是否有變化? 有哪些事項必須現在執行以應付這個變化?

| 重大之改變 | 考量事項 |
|---|---|
|  |  |

**表 3-7　整體問題分析表**

從整體而言，不考慮你的責任領域，是否有一些值得改進的問題?

| 問　　　題 | 建議解決之方法 |
|---|---|
|  |  |

**表3-8　困難點與關聯事項表**

請在方格中, 用「√」代表其相關性

| 困難點與其關聯事項 | | | | | | |
|---|---|---|---|---|---|---|
| 困難點 / 關聯事項 | | | | | | |
| | | | | | | |
| | | | | | | |
| | | | | | | |
| | | | | | | |
| | | | | | | |
| | | | | | | |

**表3-9　目標與 CSF 表**

請在方格中用「√」代表其相關性

| 目標 / CSF | | |
|---|---|---|
| | | |
| | | |
| | | |
| | | |
| | | |
| | | |
| | | |

表 3-10　　CSF 與困難點表

請在方格中用「√」代表其相關性

| CSF 困難點 | | | | | |
|---|---|---|---|---|---|
| | | | | | |
| | | | | | |
| | | | | | |
| | | | | | |
| | | | | | |
| | | | | | |

表 3-11　　困難點與解決方案表

請在方格中用「√」代表其相關性

| 困難點 解決方案 | | | | | | | |
|---|---|---|---|---|---|---|---|
| | | | | | | | |
| | | | | | | | |
| | | | | | | | |
| | | | | | | | |
| | | | | | | | |
| | | | | | | | |

　　當個人之 CSF 導出後，企業就可規劃一個策略資訊系統，流程如圖
3–8所示。

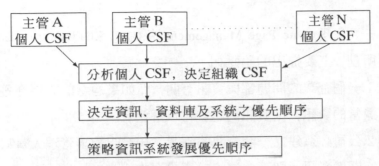

図 3–8　以 CSF 為導向之策略資訊系統之規劃

而 CSF 法，對於需求分析貢獻最大，由圖 3–9 可看出來。

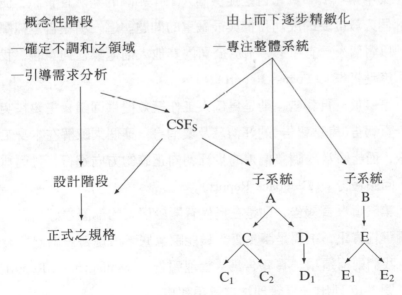

図 3–9　CSF 應用於需求分析圖

## 第四節　一頁管理法

一頁管理(One Page Management)係由 R. Khadem 及 R. Lorber 二位學者所創，主要提出的論點如下:

1.一個企業的問題都與資訊有關，而如果適當的人能在適當的時間擁有適當的資訊，則資訊問題就可以解決。

2.公司必須建立一套資訊的篩選系統，能夠讓管理人員只取用自己需要的關鍵資訊，則不會淹沒於資訊海中。

3.每個管理人員需要三項一頁報告，包括焦點報告、回饋報告及管理報告。

其中第一項一頁報告是提供個人工作相關的關鍵性資訊，使人們能瞭解個人最重要的成功目標與最嚴重的問題。這一項報告是純屬個人所有，只對個人具有意義，對於公司內其他人則毫無任何意義，我們稱之為「焦點報告」(Focuss Report)。

第二項一頁報告，則是為個人工作績效提供回饋，主要在突顯第一項一頁報告(焦點報告)的好消息及壞消息，讓個人瞭解在本身工作上的績效，而能適當的調整偏差的步驟朝向正確的方向進行，我們稱此報告為「回饋報告」(Feedback Report)。

第三項一頁報告，則是在提供有關於個人的部屬之好消息及壞消息的關鍵性資訊，主要是讓主管人員能瞭解底下所屬每一階層所發生的事情，我們則稱這項一頁報告為「管理報告」(Management Report)。

圖 3-10 列出一頁管理法之三項報告。

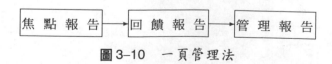

圖 3-10　一頁管理法

以下我們分別對這三項一頁報告加以說明：

## （一）焦點報告（Focuss Report）

焦點報告主要是著重於個人及個人的工作相關的關鍵性資訊的管理，因此在訂定自己的焦點報告時，首先根據個人的成功定義訂定出成功領域再由成功領域所列出的眾多成功因素中選出其中最重要的關鍵性因素，我們稱之為「關鍵成功因素」（Critical Success Factor, CSF），其中必須要注意的是每個人的關鍵成功因素都應是獨一無二的。

我們根據公司內可取得之資訊，是從眾多資訊中所篩選出的相關正確資訊，我們稱之為「優良資訊」（Good Information）。

我們再根據個人關鍵成功因素訂定出三個目標，讓個人知道距離成功目標尚有多遠：

1.最低的目標：介於滿意與不能接受之間，當現況低於最低目標時，表示將不能為人所接受。

2.滿意的目標：此目標是能予人滿意的目標水準，當達到此目標時，能令人有滿足的感覺。

3.傑出的目標：此目標具有挑戰性的目標水準，大多需花費很長的時間才能達到，意即通常要達到滿意目標許多次後，才能達成。

其中傑出的目標是最終的目標，是最具有挑戰性並且是可達到的。滿意的目標則是次一等級目標水準，當達到此目標時，本身應具有滿足感，如未有此感覺，則表示目標水準訂得太低，以致挑戰性不夠，必須重新調整目標準繩。最低目標水準則是最低的目標要求，當未達到此目標時，表示目前工作績效正陷入困境中，必須重新檢討並適當的調整整體作業方式。

最後，根據關鍵成功因素的歷史性資料將趨勢列出，對優良的趨勢或者有改進的績效，填入「好」，而不良的趨勢與退步的績效則填入

「壞」表示需加以修正。

此種目標設定的方式，將使個人的責任與績效標準訂定得非常清楚，並使個人專注於個人的工作相關的關鍵性資訊，不至於在面對眾多資訊時，無從著手訂定出個人的成功目標與責任。

訂定焦點報告是由管理人員根據下列步驟而完成：

1.認清你最重要的關係。

2.從幾個觀點來訂定自己的成功領域。

3.替每個成功領域確認關鍵成功的因素。

4.決定每一個關鍵成功的因素。

5.爲每一個關鍵成功因素訂定目標，包括最低水準、滿意的水準、傑出的水準。

在訂定出關鍵成功因素時，我們可以考慮一個公司其面臨的競爭力量，可由圖3–11加以說明之。在訂定出 CSF 時，可由這些力量來源的觀點，思考下列問題：

1.設想貴公司已達到營業目標，哪幾個「因素」是您認爲達到此一目標所具備的？

2.設想一個平日最反對您意見的人，他對達到公司營業目標會認定哪些是成功因素？

3.設想您是市場領導者，您可以影響未來市場動向，您認爲哪些是達成目標的因素？

4.設想您是一個客戶，與貴公司有良好關係，您認爲哪些是貴公司成功的必要因素？

5.設想您是貴公司的一個成功競爭者，您認爲哪些是貴公司成功的因素？

6.設想您正要開一家與貴公司一樣的公司，您認爲哪些因素是成爲市場領導者所必須具備的？

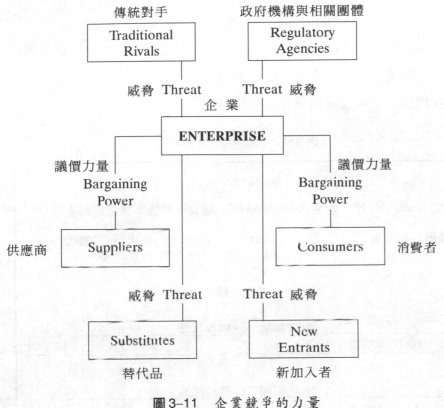

圖 3-11 企業競爭的力量

下面則是一焦點報告的範例，在範例中，假設管理人員為一製造事業部部門主管；首先根據公司的目標、政策方針，在召開小組會議經腦力激盪後，先界定出自己的成功領域，將這些成功領域分別歸類於「運作類」與「方案類」中:

1. 運作類 —— 顧客反應、產品品質
2. 方案類 —— 預算、自動化生產

再根據各成功領域訂定出自己的關鍵成功因素:

1. 運作類 —— 顧客反應 —— 每 1000 件之抱怨數

產品品質 —— 第一級品質比率

2.方案類 —— 預算 —— 與縮緊預算的差異

自動化生產 —— 自動化生產方案

並根據各種資訊將關鍵成功因素的現況與目標填滿，再根據歷史性資料填入各關鍵成功的因素趨勢，如表 3–12 。

我們以圖 3–12 說明焦點報告的製作流程。

**表 3–12　焦點報告舉例**

---

### 焦 點 報 告

日期: 1992/04/16　　姓名: NONAME　　職務: 製造事業部部門主管

| 關鍵成功因素 | 現況 | 最低的目標水準 | 滿意的目標水準 | 傑出的目標水準 | 趨勢 |
|---|---|---|---|---|---|

#### 運 作 類

成功領域一: 顧客反應

| 每 1000 件抱怨數 | 20 | 15 | 10 | 5 | 好 |
|---|---|---|---|---|---|

成功領域二: 產品品質

| 第一級品質比率退貨比率 | 92%<br>25% | 94%<br>60% | 97%<br>30% | 99%<br>15% | 壞<br>好 |
|---|---|---|---|---|---|

#### 方 案 類

成功領域一: 預算

| 與緊縮預算的差異 | 規劃中 | 5/30 | 5/15 | 5/1 | |
|---|---|---|---|---|---|

成功領域二: 自動化生產

| 自動化生產方案 | 4/16 | 4/15 | 3/30 | 3/15 | 壞 |
|---|---|---|---|---|---|

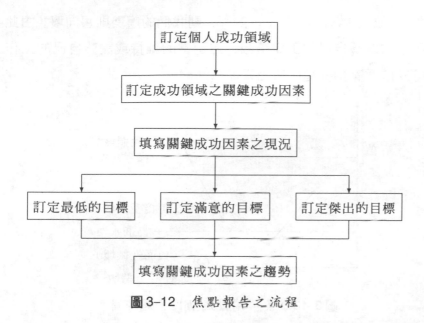

圖3-12 焦點報告之流程

## （二）回饋報告（Feedback Report）

回饋報告是屬於檢討每一個關鍵成功的因素的報告，檢討工作績效是否已達到令我們所滿意的水準。如當達到滿意的目標，我們應繼續保持此種績效，假如低於最低的目標，則應考慮是否應調整我們的策略與計畫，或者是仍維持既定的方針不變。

對於達到滿意目標的關鍵成功因素，我們稱之為「正面性成效」（Positive Results），而低於最低目標的關鍵成功因素，我們則稱之為「負面性成效」（Negative Results）。

但最新的現況尚不足明白顯現出所有的事件是否都處理得適宜，並且是否需繼續維持作業的方向。因此，我們必須知道有多少個連續的時期內，我們的績效一直都是正面性或反面性的，所以需要有「軌跡紀錄」（Track Record）來顯示過去工作的績效紀錄。由「現況」的歷史曲線，可以找出一種型態，藉此指出我們是否正確的邁向自己的目標。如

是，則我們的趨勢就是「好」，如否，則我們的趨勢則趨向壞。由此我們可明白的瞭解自己的工作績效，並適當的維持或調整自己的工作方向。圖3-13 為某項關鍵成功因素之趨勢圖。

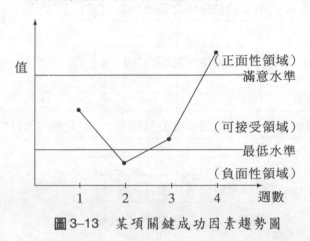

圖3-13　某項關鍵成功因素趨勢圖

　　圖中第1及3週，某項關鍵成功因素其值皆落在滿意水準與最低水準之間，可視為正常，稱之為可接受的領域中，不出現在回饋報告中，而第2週則出現在回饋報告之下半部中，第4週則出現在回饋報告之上半部中。因此基本上，這是一種例外管理（Management By Exception）。

　　回饋報告共分為二部分，上半部列出達成滿意水準的所有關鍵成功因素，下半部則列出未達成最低水準的關鍵成功因素。上半部稱為正面性領域，下半部稱為負面性領域。而不在回饋報告上關鍵成功因素則稱為可接受的領域。

　　表3-13 為回饋報告的範例，依上一範例，製造事業部部門主管在填寫回饋報告時，首先將已達到滿意目標與低於最低目標的關鍵成功因素分別填入「正面性成效」與「負面性成效」兩個區域：正 —— 退貨比率；負 —— 第一級品質比率與自動化生產方案；再根據「現況」的歷史曲線填入各項關鍵成功因素的趨勢。

**表 3-13　回饋報告舉例**

回　饋　報　告

日期: 1992/04/16　姓名: NONAME　職務: 製造事業部部門主管

正面性成效 ── 值得慶賀

| 關鍵成功因素 | 現況 | 滿意的目標水準 | 趨勢 |
|---|---|---|---|
| 退貨比率 | 25% | 30% | 好 |

負面性成效 ── 檢討改進

| 關鍵成功因素 | 現況 | 最低的目標水準 | 趨勢 |
|---|---|---|---|
| 第一級品質比率 | 92% | 94% | 壞 |
| 自動化生產方案 | 4/16 | 4/15 | 壞 |

回饋報告之製作流程則列於圖 3-14 中。

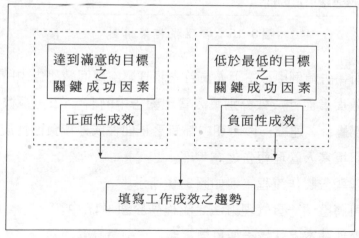

圖 3-14　回饋報告之流程

## （三）管理報告（Management Report）

管理報告的目的在於將屬下管理人員的一頁報告連結在一起，瞭解直屬部屬與以下各階層部屬的工作績效，避免為瞭解各部屬的工作成效而要查閱各部屬之報告，而造成負荷過多的資訊。

管理報告的主要形式如圖3-15，分為四個區域，其中右半部記錄著所有的直屬部屬之回饋報告中所出現的正面性成效與負面性成效；左半部則記載著連續三週或四週(依各公司、主管的標準而有所差異)以上都有正面性成效或負面性成效之若干層級之下的部屬(即間接部屬)其資訊。如表3-14所示。

| 若干層級之下的間接部屬 | 直屬部屬 |
|---|---|
| 第一區: 正面性<br>若干層級之下管理人員<br>傑出的績效 | 第二區: 正面性<br>直屬部屬優異的績效 |
| 第三區: 負面性<br>若干層級之下管理人員<br>連續出現的問題 | 第四區: 負面性<br>直屬部屬出現的問題 |

圖3-15　管理報告架構圖

在上面報告範例中，主管人員首先將直屬部屬回饋報告中所出現的正面性成效與負面性成效分別填入管理報告中的右半部；再根據部屬提報的下屬部屬，其連續一段時期中都有著正面性成效或負面性成效，將他們的資訊填寫入管理報告之左半部。

而管理報告製作流程，則如圖3-16所示。

我們可將整個一頁管理方法之流程列於圖3-17中。

一頁管理基本上就是一種目標管理，它由最高管理階層開始尋求最重要的關鍵成功因素，並訂立追求的目標(分為最低水準，滿意水準及

傑出水準三項）。再由上而下，每個階層管理人員都訂定自己獨特的焦點報告，這個報告允許每週修正一次，每項關鍵成功因素都不會出現在

**表**3-14　管理報告舉例

管理報告

日期：　1992/04/16　　姓名：**NONAME**　　職務：製造事業部部門主管

| 較 低 層 級 | | 直　屬　部　屬 | | | | | |
|---|---|---|---|---|---|---|---|
| 姓　名 | 關鍵成功因　　素 | 姓　名 | 關鍵成功因　　素 | 現況 | 滿意的目標水準 | 週數 | 趨勢 |
| 唐　納 | 廢料處理 | 布　朗克拉克 | 整體效率超過配額以上的銷售 | 98.8%12 | 98%5 | 31 | 好好 |
| 姓　名 | 問　題 | 姓　名 | 問　題 | 現況 | 最低的目標水準 | 週數 | 趨勢 |
| 戴士維 | 退　貨 | 布　朗克拉克 | 第一級品質優先產品銷售 | 90%10% | 94%30% | 43 | 壞好 |

將直屬部屬之回饋報告中之正面性成效與負面性成效填入管理報告中的右半邊

根據部屬提報的下屬部屬其連續一段時期中都有著正面性成效或負面性成效填寫入管理報告之左半邊

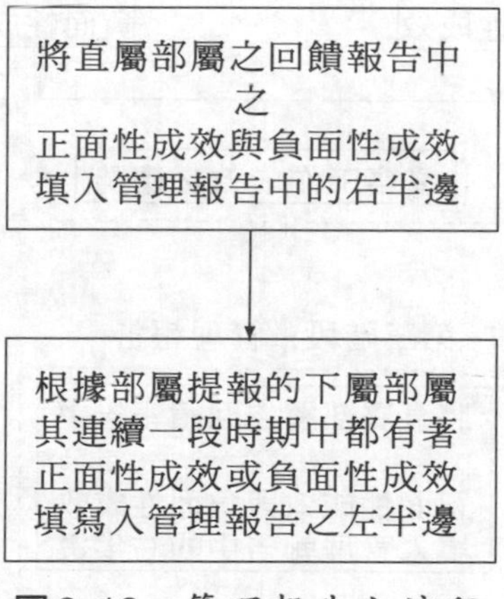

**圖**3-16　管理報告之流程

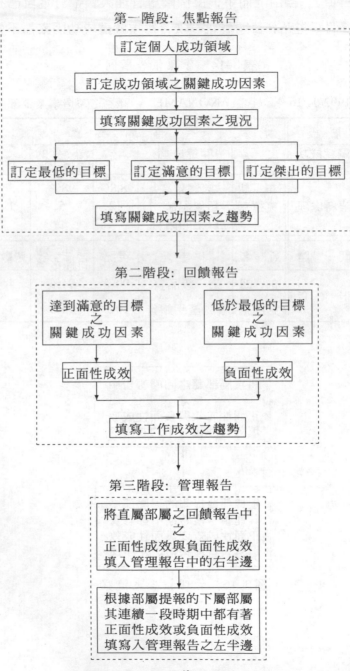

第一階段: 焦點報告

訂定個人成功領域

訂定成功領域之關鍵成功因素

填寫關鍵成功因素之現況

| 訂定最低的目標 | 訂定滿意的目標 | 訂定傑出的目標 |

填寫關鍵成功因素之趨勢

第二階段: 回饋報告

達到滿意的目標
之
關鍵成功因素

低於最低的目標
之
關鍵成功因素

正面性成效

負面性成效

填寫工作成效之趨勢

第三階段: 管理報告

將直屬部屬之回饋報告中
之
正面性成效與負面性成效
填入管理報告中的右半邊

根據部屬提報的下屬部屬
其連續一段時期中都有著
正面性成效或負面性成效
填寫入管理報告之左半邊

圖 3-17    一頁管理法流程圖

不同管理人員的焦點報告上。而管理人員則利用回饋報告觀察自己的關鍵成功因素是否在負面領域(低於最低水準)或在正面領域(超過滿意水準)上，而努力尋求原因加以改正。至於管理報告則提供了直接及間接部屬的表現績效，可藉以瞭解部屬的工作情形，而加以激勵或提出矯正措施，以確保目標的達成。

一頁管理法的最大目的與優點在於以三項一頁報告促使組織達到企業界中的責任、回饋與獎勵等三項制度：

1.焦點報告 ── 責任制度

2.回饋報告 ── 回饋制度

3.管理報告 ── 獎勵制度

焦點報告主要是提供個人工作所需之資訊，使人們清楚該做的事，其優點是：

1.在眾多資訊和問題中，可以找出個人之關鍵性成功因素與最迫切急需解決之問題。

2.訂定關鍵性成功因素過程中，可讓公司組織的人員更加明瞭組織的目標與使用者(User)的期許，避免完全依個人觀點來處事。

焦點報告主要是在達到「做正確的事要比把事情做正確來得重要」的目標。

回饋報告則主要是在突顯個人目前工作中的優異績效與問題，其最大的優點：

1.讓管理者能迅速清楚的瞭解目前的問題，進而尋求解決改善之道。

2.由記錄之優異績效，可找出正確的工作處理方法，藉此可做為在改進問題時之參考依據。

一頁管理法之核心亦在於回饋報告能使管理人員清楚明瞭關鍵問題所在。

　　管理報告乃提供有關部屬之優異績效與問題的資訊，其優點在於：

　　1.讓管理人員隨時瞭解直屬部屬的現況。

　　2.瞭解若干層級以下特殊表現之間接部屬的現況。

　　3.若干層級以下間接部屬如有連續出現相同問題時，再提報讓高層管理人員知曉，如此可讓當事者與其直屬上司有充分時間解決問題。管理報告即是在達到讓管理人員依優良的資訊，正確的對待其員工的目標。

　　我們可以將一頁管理法予以電腦化，則變成了公司極為重要的一個策略資訊系統。

# 習 題

1. 試以一個百貨公司爲例，利用策略攻擊矩陣，替其找出「供應商 — 成本領導」之策略資訊。
2. 何謂關鍵成功因素？ 如何導出，試討論之。
3. 一頁管理之主要論點爲何？
4. 試以一個欲減肥的人之觀點，訂出其焦點報告。
5. 試討論一頁管理之益處。

# 第四章 商品條碼系統

## 第一節 商品條碼簡介

所謂商品條碼（Bar Code），就是將商品的編號數字，改以平行線條的符號，而使裝有掃描閱讀機器的機器閱讀。商品條碼在商業自動化中的應用，是居於最基礎的地位。它具有兩方面的意義。一方面藉產品的編碼統一化，由單一企業而至全國乃至世界，形成一個脈脈相連，不衝突亦不重複的單一號碼的完整體系；另一方面則透過號碼的條形化，使得末端的作業達到效率與快速的要求。圖4-1即爲一個典型的條碼結構圖。

條碼最主要的功能就是藉由掃描之動作，把一組資料迅速且正確的輸入電腦，而代替鍵盤的輸入，達到減低成本及準確無誤輸入資料之目標。

在商業自動化的趨勢之下，要進行自動化的商品管理則必須藉助商品條碼來達成。尤其是在商品國際化的環境下，國際間也必須要有一個共同的條碼標準以供遵循。美國在1973年開始製定UPC條碼系統（Universal Product Code），迅速普及於美、加地區。

1977年，歐洲12個國家建立了一套國際通用商品代碼，稱作歐洲商品碼（European Article Number，EAN），EAN總會在歐洲成立後，接

中線

角記 ──── 角記

左護線 ──── 右護線

安全空間 ──── 安全空間

4 711234 567899

左方字元 右方字元

數字

圖 4-1　條碼結構圖

受世界各國的申請加入成爲會員。EAN碼於是成爲國際通用商品條碼。

　　國內是在1984年成立「中華民國商品條碼策進會」。並向EAN總會申請註冊。於1986年正式加入EAN組織，並在1987年取得「471」，爲我國之代碼。

　　目前加入EAN組織的國家已超過70國，已成爲國際通用的商品條碼，並且透過編號的差異管理，使得UPC與EAN得以相容。可以說，EAN已可涵蓋世界各國的商品條碼碼號系統。

# 第二節　條碼編碼系統

　　本節就一般食品、日用品商店爲例，說明各種商品條碼及編號系統。商店條碼的種類可以說明如圖4-2。

　　大部分的商店僅使用消費者單元條碼，除非該商店體系爲上游、中游進行資訊整合管理而同時引進配送單元條碼應用。

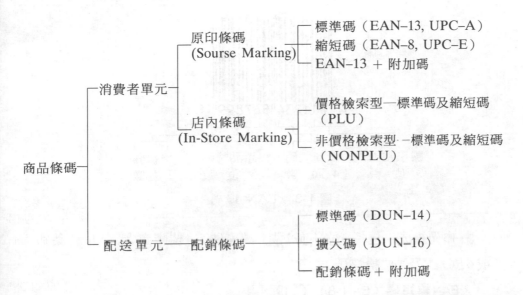

圖4-2　條碼種類

基本上商店條碼分為原印條碼與店內條碼二種：

**1.原印條碼**（Source Marking）

指產品在製造生產階段已印在包裝上的商品條碼，通常由產品製造商申請，在產品出廠前即已印妥，適合大量製造之商品。例如：食品、飲料、日用品等。

**2.店內條碼**（In-Store Marking）

是一種僅供店內自行印製及黏貼之條碼，僅可以在店內使用，不對外流通的條碼。適合非大量規格化製造之商品。例如：生鮮食品等。

至於條碼的編號系統可分為以下幾類討論之：

**1.EAN標準碼**（EAN-13）（如圖4-3）

圖4-3    EAN-13 碼

由13碼組成，包括3位（或2位）國家碼，4位廠商碼，5位產品碼（或6位），及1位檢核碼。

**2.EAN縮短碼（EAN-8）（如圖4-4）**

圖4-4    EAN-8 碼

由8碼組成，包括3位（或2位）國家碼，4位（或5位）產品碼及1位檢核碼。

在EAN碼中，若國家編號為2位數者，則產品代號為6位數。至於國家代號、廠商代號、產品代號及檢核碼等之編號原則說明如下：

⑴國家代號

國家代號由國際商品條碼協會（International Artical Numbering Association，IANA）所發給各會員國之代號，用以區別商品條碼之使用國家或管理單位。例如：我國爲471，美、加則爲00至09，日本爲49或45等。茲將國家代號列於表4-1中。

**表**4-1　**國家代號表**

| 國碼 | 國名 | 國碼 | 國名 | 國碼 | 國名 |
|---|---|---|---|---|---|
| 00-09 | 美、加 | 599 | 匈牙利 | 84 | 西班牙 |
| 30-37 | 法國 | 600-601 | 南非 | 859 | 捷克 |
| 400-440 | 德國 | 64 | 芬蘭 | 860 | 南斯拉夫 |
| 49、45 | 日本 | 70 | 挪威 | 590 | 波蘭 |
| 50 | 英國 | 729 | 以色列 | 850 | 古巴 |
| 520 | 希臘 | 73 | 瑞典 | 87 | 荷蘭 |
| 529 | 塞普路斯 | 750 | 墨西哥 | 90-91 | 奧地利 |
| 54 | 比盧 | 76 | 瑞士 | 93 | 澳洲 |
| 560 | 葡萄牙 | 779 | 阿根廷 | 94 | 紐西蘭 |
| 569 | 冰島 | 789 | 巴西 | 460-469 | 俄國 |
| 57 | 丹麥 | 80-83 | 義大利 | 888 | 新加坡 |
| 471 | 中華民國 | 773 | 烏拉圭 | 869 | 土耳其 |
| 489 | 香港 | 775 | 祕魯 | 880 | 南韓 |
| 770 | 哥倫比亞 | 780 | 智利 | 885 | 泰國 |
| 955 | 馬來西亞 | 759 | 委內瑞拉 | 740-745 | 中美洲 |
| 380 | 保加利亞 | 535 | 馬爾他 | 786 | 厄瓜多爾 |
| 383 | 斯洛凡尼亞 | 539 | 愛爾蘭 | 690 | 中國大陸 |
| 385 | 克羅埃西亞 | 619 | 突尼西亞 | 978-979 | 書碼 |
| 20-29 | 店內碼 | 977 | 期刊 | 98-99 | 禮、贈券 |

(2)廠商代號

廠商代號乃由各國商品條碼之管理機構所核發給廠商。共有4位數。我國是由「中華民國條碼策進會」（簡稱爲CAN）核發給申請之廠商，如統一企業爲0088等。

(3)商品代號

商品代號由5位數組成，係由廠商在獲得廠商代號後，接每一單項產品（即單品）自由設定之。

(4)檢核碼

一般而言，爲防止機器判讀可能產生之誤判，EAN即規定在條碼最後一位加上一位數做爲檢核碼。檢核碼乃是依一定的公式計算而得的，其計算公式如下：

步驟1：將國家代號廠商號碼與產品號碼，填在設定條碼行之空格內。

步驟2：將偶數位的數值填入偶數位空格內並相加乘以3。

步驟3：將奇數位的數值填入奇數位空格內並相加。

步驟4：將步驟2及步驟3之結果相加。

步驟5：以「10」減去步驟4所得數值之個位數值，其所得之差，便是我們所要的檢核碼之數值，如差爲10，則檢查號碼爲0。

例如有一條碼爲「471123456789」，欲求其檢核碼步驟如下：

①

| | 國家號碼 | 製造廠商號碼 | | | 單項產品號碼 | | | | | 檢核碼 |
|---|---|---|---|---|---|---|---|---|---|---|---|
| 位數順序 | 13 | 12 | 11 | 10 | 9 | 8 | 7 | 6 | 5 | 4 | 3 | 2 | 1 |
| 設定條碼 | 4 | 7 | 1 | 1 | 2 | 3 | 4 | 5 | 6 | 7 | 8 | 9 | ? |

②偶數位 $7 + 1 + 3 + 5 + 7 + 9 = 32$

$$32 \times 3 = 96$$

③奇數位 $4 + 1 + 2 + 4 + 6 + 8 = 25$

④ $96 + 25 = 121$

⑤ $10 - 1 = 9$

故檢核碼爲9，因此，此商品之條碼爲「4711234567899」。

　　縮短碼乃用於包裝面積小於120平方公分或印刷面積不足以印上標準碼的商品。

　　縮短碼之號碼結構中不論是國家代號或檢核碼的計算方式都與標準碼相同，惟縮短碼本身只有4位數字的商品代號，且無廠商代號，故其每使用一個縮短碼都必須向CAN提出申請，統一由CAN分配與管理，並不由廠商自行編定。

　　3.UPC碼（Universal Product Code）

　　UPC碼早在1973年就開始流行於美、加地區。雖然它比EAN碼發展早，但因其編碼系統較複雜，反而無法流行。UPC碼可分為UPC–A及UPC–E碼。

　　UPC–A碼又有10、11及12碼。UPC–E碼又有6、7、8碼等數種。

　　UPC–A碼架構如圖4–5：

圖4–5　　UPC–A碼

它的第1碼固定為0，第2至第6共5碼為廠商代碼，其後則為產品代碼，最後一位為檢查碼。而其碼長可為10或11或12碼三種（即產品代碼可為3或4或5碼）。

　　至於UPC–E碼，架構如圖4–6。

它的第1碼固定為0，其後則為產品代碼，最後一位則為檢查碼，而其碼長則為6或7或8碼三種。

圖 4-6    UPC-E 碼

### 4.PLU 與 NONPLU 碼

PLU 與 NONPLU 都屬於店內碼之系統。所謂 PLU（Price Look Up），就是在店內條碼中，沒有將商品價格表示出來，當掃描到這類的店內條碼時，是由電腦將存在商品主檔的價格檢索出來，主要用於銷售量大的商品。而 NONPLU 碼就是在條碼中含有商品的價格。

PLU 碼又有 PLU-13 碼與 PLU-8 碼二種:

(1) PLU-13 碼

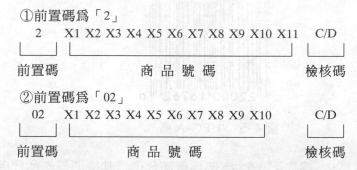

①前置碼爲「2」

| 2 | X1 X2 X3 X4 X5 X6 X7 X8 X9 X10 X11 | C/D |
|---|---|---|
| 前置碼 | 商 品 號 碼 | 檢核碼 |

②前置碼爲「02」

| 02 | X1 X2 X3 X4 X5 X6 X7 X8 X9 X10 | C/D |
|---|---|---|
| 前置碼 | 商 品 號 碼 | 檢核碼 |

此型式的編號方式，使用於一般食品類、雜貨類、衣料品類最爲理想。前置碼「2」或「02」是固定的，是爲了能與原印條碼有所區分。也就是說，當商品第一個字爲 2 或 02 時，即爲店內碼，而非原印條碼。（參考表 4-1）

(2) PLU-8 碼

```
   2      X1 X2 X3 X4 X5 X6      C/D
 |___|    |_____|       |___|
 前置碼      商品 號 碼         檢核碼
```

前置碼「2」是固定的，而有6位數的商品號碼

至於 NONPLU 碼亦可分爲 NONPLU–13 碼與 NONPLU–8 碼。

(1) NONPLU–13 碼

其前置碼爲 2 或 02 外，其後有 4–6 位數的商品號碼及 4–5 位數的價格碼，再加上 1 位價格檢核碼（可以不編此檢核碼），如下所示：

①前置碼爲「2」

| 無價格 | 4位價格碼 | | X1 X2 X3 X4 X5 X6 X7 P1 P2 P3 P4 C/D |
|---|---|---|---|
| 檢核碼 | 5位價格碼 | 2 | X1 X2 X3 X4 X5 X6 P1 P2 P3 P4 P5 C/D |
| 有價格 | 4位價格碼 | | X1 X2 X3 X4 X5 X6 C/P P1 P2 P3 P4 C/D |
| 檢核碼 | 5位價格碼 | | X1 X2 X3 X4 X5 C/P P1 P2 P3 P4 P5 C/D |

②前置碼爲「02」

| 無價格 | 4位價格碼 | | X1 X2 X3 X4 X5 X6 P1 P2 P3 P4 C/D |
|---|---|---|---|
| 檢核碼 | 5位價格碼 | 02 | X1 X2 X3 X4 X5 P1 P2 P3 P4 P5 C/D |
| 有價格 | 4位價格碼 | | X1 X2 X3 X4 X5 C/P P1 P2 P3 P4 C/D |
| 檢核碼 | 5位價格碼 | | X1 X2 X3 X4 C/P P1 P2 P3 P4 P5 C/D |

其中 X 表示商品號碼，P 表示價格。由於 NONPLU 碼已包含價格，不必由商品主檔中去檢索價格，而直接由條碼中識別該商品之價格，它主要用於計量商品，例如以重量計價之生鮮品等。

(2) NONPLU–8 碼

```
   2      X1 X2    P1 P2 P3 P4    C/D
 |___|    |___|    |_____|   |___|
 前置碼 商品號碼價 格 號 碼 檢核碼
```

因爲只有 2 位數的商品號，由此所有表示的商品限制於 100 種。亦

適用於小包裝商品。

　　圖4-7列出在超市中常見的NONPLU碼，圖中2為店內碼代號， 056404
則為商品碼， 00031則為價格碼（代表31元）， 1則為檢核碼。

圖4-7　　NONPLU碼之例子

### 5.DUN碼（Despatch Unit Number）

　　DUN碼係一種配銷條碼，是指印刷在商品外箱上之條碼符號，以
便利商品在裝卸、運輸、倉儲等配銷過程中，供條碼閱讀機辨識之用。
它又可分為 DUN-14及 DUN-16二種。

　　(1)DUN-14碼（如圖4-8）

圖4-8　　DUN-14碼

　　乃是一位配銷識別碼第1碼加上 EAN-13碼共14碼組成。

　　(2)DUN-16碼（如圖4-9）

圖4–9 DUN–16碼

乃是一位備用碼加二位配銷識別碼加上 EAN–13碼組成。

**6.附加碼**

附加碼有二種型式，一種爲五碼，用於消費者單元，如圖4–10，爲一本書之條碼，左邊表示 EAN–13，而右邊 00300 則爲附加碼代表價格（300元）。

圖4–10 EAN–13加附加碼

另一種附加碼則加在配銷碼（DUN–14）或 DUN–16之後，它有6位數，前5位爲數字，後面再加一位檢核碼，如圖4–11所示。

要注意的是，附加碼不可單獨使用，必須配合消費單元條碼或配銷條碼使用。

以下我們列舉出商店內常用的條碼及其說明：

| | 舉　　　　　　　　例 | 條碼名稱 | 說明及適用範圍 |
|---|---|---|---|
| 1 | 471　M1 M2 M3 M4　I1 I2 I3 I4 I5　C/D<br>國家代碼　廠商號碼　　商品號碼　檢核碼 | EAN–13<br>標準碼<br>（13碼） | 國內產品，一般<br>食品、雜貨 |
| 2 | 471　I1 I2 I3 I4　C/D<br>國家代碼　商品號碼　檢核碼 | EAN–8<br>縮短碼<br>（8碼） | 包裝面積小的商<br>品120cm$^2$以下<br>（國內產品） |
| 3 | 0　M1 M2 M3 M4 M5　I1 I2 I3 I4 I5　C/D<br>前置碼　廠商號碼　　商品號碼　檢核碼 | UPC–A<br>（12碼） | 美國進口的商品 |
| 4 | 0　I1 I2 I3 I4 I5　C/D<br>前置碼　商品號碼　檢核碼 | UPC–E<br>（7碼） | 美國進口的商品 |
| 5 | F1 F2　M1 M2 M3 M4 M5　I1 I2 I3 I4 I5　C/D<br>國家代碼　廠商號碼　　商品號碼　檢核碼 | EAN–13<br>標準碼<br>（13碼） | 歐洲各國及日本<br>或EAN會員國之<br>進口商品 |
| 6 | 2 X　I1 I2 I3 I4 I5 I6 I7 I8 I9 I10 C/D<br>前置碼　　商品號碼　　檢核碼 | 店內條碼<br>PLU–13<br>（13碼） | 食品、雜貨、衣<br>料（商品價格均<br>一樣） |
| 7 | 2 X　I1 I2 I3 I4 I5　C/P　P1 P2 P3 P4　C/D<br>前置碼 商品號碼 價格檢核碼 價格 檢核碼 | 店內條碼<br>NONPLU-13<br>（13碼） | 食品、生鮮、雜<br>貨（商品價格都<br>不同） |
| 8 | 2　I1 I2 I3 I4 I5　C/D<br>前置碼　商品號碼　檢核碼 | 店內條碼<br>PLU–8<br>（8碼） | 食品、生鮮、雜<br>貨（商品價格均<br>一樣） |
| 9 | 2　I1 I2　P1 P2 P3 P4 C/D<br>前置碼 商品號碼　價格　檢核碼 | 店內條碼<br>NONPLU-8<br>（8碼） | 特賣品（商品價<br>格不同者） |

　　另外在書籍方面，國際已有通用的代碼，稱爲ISBN碼（Internation Standard Book Number），EAN碼亦將其納入子系統，而以978或979開頭，仍可換爲EAN–13碼，如圖4–12所示。

圖4-11　配銷條碼之附加碼

**ISBN國際書碼**

圖4-12　書碼

　　由於條碼要藉掃描器所發出的光照射而判讀。掃描器所發出的光線一般而言是雷射光紅外線。因此在選擇條碼印刷的顏色時，必須注意一些光學方面基本常識。我們可以歸納如下：

　　紅、黃、藍、黑四色中，紅、黃二色只能做底色而不能印線條；藍、黑二色只能做條色而不能作底色。當然，許多包裝品上，除了使用以上之四種基本色外，還會用到其他特別色。底色與線條的應用也應符合以上之原則。例如偏黑的咖啡、深藍、墨綠、青紫（偏藍）等都適合當條色。而大紅、米黃、黃綠、粉紅等顏色則適合印底色。在選擇條碼顏色時，除了要注意美觀和包裝配合協調之外，更要注意是否能被掃描而達成條碼使用的效果。國內曾經有一家著名的沙茶醬它的條碼就是以紅色做為條色，幾乎不能為掃描器接受，最後再修正過才達到應有的效果，因此條碼底色的選擇不可不慎也。

# 第三節　條碼之應用

由於條碼普及率及相關軟硬體設備快速發展，使得條碼的應用範圍愈來愈廣泛，以下我們列出了應用的範圍。

## 1.百貨公司、超級市場、便利商店等

目前流通業利用每一個單品貼上條碼，可以迅速且正確的掌握每一單品之進貨銷售存貨之狀況，除了加速商品流通速度外，亦能隨時採取一些緊急的促銷策略，幫助達成提升競爭優勢之目標。另一方面利用條碼貼於公司發行之禮券亦可有效控制禮券的發行與避免偽造等。

## 2.圖書及資料出納管理系統

傳統的借書手續為填寫借書表，圖書館服務員登記借書人的姓名及號碼，手續非常繁雜，速度又緩慢。如事先將條碼貼於每本書上、及借書證上，則在圖書出納時，只要掃描條碼，即可完成。又如在錄影帶上貼一條碼標籤，借或還時只需掃描標籤而不需用手鍵入，可節省很多時間，避免等待時間，縮短查詢及作業時間，對業者及消費者而言，皆極為便利。

## 3.門禁管理

利用條碼做門禁管理，旅館中每一個房間的號碼可隨時更改，即使條碼卡被客人攜走也無妨，此系統可隨時記錄每一個進入房間的客人、服務生及計算租金，大樓門禁管理也可採用此方式控制出入大門之人員，並記錄出入時間，便於追查行蹤。

## 4.學生證管理

學校可發給學生貼有條碼之學生證，利用它做為查詢或使用電腦的代號外，出入圖書館研究室，或者開啟寄物箱等都可利用條碼掃描器做為辨識之用。

### 5.血庫管理

在每一包血袋貼上條碼，可辨別血的來源、日期、血型，在入庫出庫時各掃描一次，達到正確且快速之目的。

### 6.會員資料管理

會員證貼有條碼，可利用它做爲輸入及查詢之用，如醫院將每一個病人的掛號證都編有一個號碼，每次掛號時，護士總是要花一段時間尋找這個號碼的病歷表，浪費醫生診斷的時間。假如把每一個病人的病歷表建檔在電腦裡，然後在掛號證上貼上條碼掃描一次，整個病歷表資料就出現在醫生面前一目了然。又如在展覽會場上，參觀者先填個人基本資料再分配一個條碼貼在參觀證上，參觀至某一攤位時欲索取資料時，將參觀證交廠商掃描，並掃描代表產品之代碼，如此每個參展廠商可正確的獲得參觀者之資料，而這些就是極珍貴的潛在客戶名單。

### 7.票卷管理

目前有很多航空公司的機票都已印有條碼表示機票號碼。傳統的做法是，服務員須把機票號碼用手打入電腦，電腦再把持票人的檔案調出來做校對工作，因爲用人工輸入資料，速度較慢，又容易出錯，如果用掃描筆掃描即可完成上項手續又不會出錯。再如證券公司在股票上貼印條碼可追蹤股票的流動情形便於管理。又如上述百貨公司在禮券上貼條碼等皆屬於此種應用。

### 8.護照管理

在護照上貼條碼再加一層黑色染料，表面上無法透視，但透過紅外線掃描器則可辨識，利用它除了加速通關手續之時間外，亦可防止偽造。

### 9.出勤打卡管理

在全面電腦化的時代，傳統的出勤打卡制度已不符合需求，利用條碼技術來做薪資考勤是最理想的工具，員工遲到、早退，皆可由電腦處

理統計。

### 10.庫存管理

利用條碼在商品進或銷時各掃描一次則可分析每種商品流通情況及庫存狀況。又如在盤點時，利用手握式盤點機直接掃描貨架上之相關條碼亦可達到快速、正確輸入資料之目標。

### 11.物流中心自動揀貨系統

操作人員用紅外線掃描條碼標籤上的號碼，而通知機械手臂拉出代表這個號碼的箱子，同時再用雷射掃描來掃描箱子上的條碼，並把這個號碼再送入電腦比對，是否與先前用紅外線掃描的號碼相同，如果相同，箱子即經由輸出帶送出，不同則再退回原來位置，經由此程序可節省大量的人力與時間。

### 12.郵局掛號信件處理

將每一掛號函件賦予條碼，便於查詢與追蹤投遞狀態。如圖4-13所示。

中華民國郵政

掛 號 函 件 收 據

4172 100111 1

圖4-13 掛號信件條碼化

### 13.監理所稅單輸入管理

對於汽（機）車納稅人是否有繳交牌照稅，完全取決於稅單之繳交款聯是否有繳回，在繳回的繳款聯用人工輸入。牌照稅單上可賦予條碼，當納稅人將繳款聯送回時，稅務人員可快速的處理稅收，而減少錯誤之發生，如圖4-14所示。

輕　機

\*VBY-982 LR202656089\*

圖4-14　稅單條碼化

### 14.KTV點歌系統

　　傳統上想要找到自己喜歡的歌，必須參照歌本，而把編號輸入每間KTV自製的點歌器裡，假使輸入的編號按錯了，就必須重新輸入，直到正確為止。如果將每首歌的歌名編成條碼，用掃描器來加以掃描之後，就可馬上聽到自己喜歡的歌來演唱，而商店也很容易統計排行榜等資料。

# 第四節　條碼之效益

　　條碼可以說是商業自動化的核心，舉凡製造自動化、商業自動化、物流自動化、經銷行銷自動化，乃至無店鋪販賣系統成熟化及資訊產業整合化都必須建立在條碼的應用之上，如圖4-15所示。

　　以下我們就五個層面來說明條碼之效益：

## （一）資料自動化輸入層面

　　無論是生產工廠、批發、零售，在商品的銷售與移動過程中，條碼的應用使資料輸入達到快速、正確與簡單的功能需求。商品條碼自1973年問世以來，各行各業應用的範圍愈來愈廣泛，最主要原因乃是失誤率低及快速輸入之功能。

　　通常在輸入資料時，使用鍵盤輸入終端機與使用條碼閱讀機掃描條

碼二種方式其優缺點之比較可列於表4-2。

　　從表中可看出掃讀一組條碼之速度約為鍵盤輸入之3倍至20倍。又因條碼設有檢核碼，失誤率極低且資料在掃描之瞬間即傳入電腦並且提供即時系統，達到管理之目標。因此，條碼是一種最簡易最精確且最經濟之一種高品質的資料輸入法。

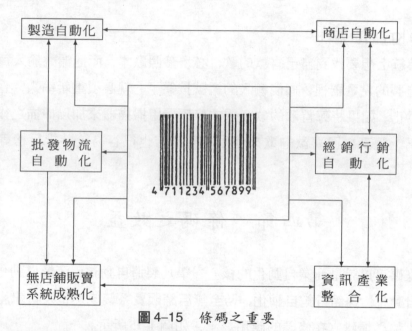

圖4-15　條碼之重要

表4-2　鍵盤與條碼輸入資料之比較表

| 輸入方式 | 鍵　　　盤 | 條　　　碼 |
|---|---|---|
| 12字輸入速度 | 約 6 秒 | 約 0.3–2 秒 |
| ・優　　點 | ・可隨時更正資料<br>・不需加裝任何設備，即可使用<br>・成本較低廉 | ・要加裝某些設備，但成本低<br>・失誤率低<br>・讀取速度相對較快 |
| ・缺　　點 | ・輸入錯誤較多<br>・輸入速度較慢 | ・受外在環境因素限制影響較大<br>・資料條碼意義要預先設定 |

## （二）共同編號標準層面

商品條碼統一編號系統，是為了整體商業自動化的運作而產生，它就像是各使用者串連的線和溝通訊息的語言。在統一化、單一化與標準化的系統中，充分降低社會資源重複浪費並達到最高效率。

## （三）高層次自動化元件層面

由於商品條碼是一種自動辨識符號，高層次自動化設備，透過光學儀器的自動化閱讀，可簡化追蹤、監控、管制、抄錄的作業。

## （四）商業自動化資訊管理系統層面

實體流通與資訊流通是商業自動化的基幹與神經脈絡，而其分別使用的各項資訊系統，例如銷售點管理系統（POS）、電子訂貨系統（EOS）以及輸送、倉儲自動化系統等，都與商品條碼的應用有關係。

## （五）商業國際化層面

由於條碼已成為國際間之通用標準，加上國際間電子商務（Electronic Commerce）之趨勢下，條碼的使用更能加速商業國際化之腳步。

我們可以就零售業、批發業、製造業及消費者等四個方面說明條碼之效益。

　1.零售業方面：
　　⑴降低店內標籤的作業成本。
　　⑵加速結帳速率提高營業額。
　　⑶避免錯誤及防止員工舞弊。
　　⑷方便庫存管理，確實做好單品管理。
　　⑸迅速取得正確商情，適時做調整反應。

2.對批發業者：

(1)即時精確地處理訂貨、發貨、送貨等之作業。

(2)庫存管理精確詳細，防止不當存貨造成資本積壓。

(3)確實掌握商情、增加競爭力、創造更高利潤。

(4)提高對零售業的服務品質。

(5)透過本身自動化管理進行客戶分級，以開發市場，提高營業額
   及減少倒帳損失。

3.對製造業者：

(1)商品條碼對製造商行銷上的重要性

　①世界潮流所趨。

　②進入國際市場必備。

　③行銷研究掌握市場先機。

(2)直接益處

　①提高產品形象。

　②降低成本，節省貼標人力。

　③進出貨效率提高。

　④庫存管理效率提高。

　⑤獲取精確商情，有利生產開發規劃。

4.對消費者：

(1)直接利益

　①結帳效率提高，不必排隊等候。

　②電腦登帳計算正確。

　③明示購貨金額與內容，便於核對作帳。

(2)間接利益

　①收銀員作業輕鬆，使顧客獲得較佳服務。

　②由於採行單品管理，顧客不致遇到暢銷品缺貨或誤買滯銷庫

存品。

至於條碼與整個商店自動化之關係也可以從圖4-16看出。從圖中得知商品條碼是商店自動化系統中是處於最關鍵的地位。

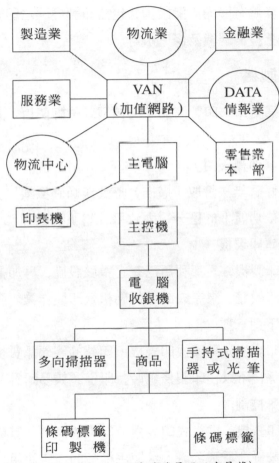

資料來源：賴杉桂，〈我國商業發展現況與展望〉。

圖4-16　條碼在商店自動化系統中之地位

# 第五節　條碼周邊設備

本節介紹與條碼有關的周邊設備，包括印製條碼之印製機，閱讀條碼之掃描器，掌上型終端機及條碼板等。

## （一）條碼印製機

條碼印製機通常用來印製商品條碼標籤或吊牌使用。其應用時機如下：

　1.印製店內條碼標籤用。

　2.商品原切條碼無法讀取（掃描）時製作條碼標籤用。

條碼印製機依功能上的區分，大致可分為下列數種：

### 1.一般用條碼印製機

一般用條碼印製機，大都利用已有之電腦設備，再加上購買的或自行設計的條碼列印軟體，來完成商品條碼標籤印製作業。而在印表機使用種類上可分為下列三種：

　　⑴點陣式印表機：點陣式印表機所印製的條碼品質很差，又因點密度關係，所以在印製條碼時，印字頭較易斷針及耗損，紙張成本較難控制。

　　⑵雷射式印表機：雷射式印表機所印製的條碼品質尚可，但因出紙速度較慢，不適合需大量使用標籤的商店使用。又因其紙張規格有限，亦不適合印製吊牌使用。

　　⑶噴墨式印表機：其功能與雷射式印表機差不多。其功能在於可配合彩色噴墨印表機使用，可製作生動活潑的標籤。雖有此功能，但如此將使出紙的速度變慢。

### 2.專業用條碼印製機

專業用條碼印製機，應用範圍較廣，一般而言，專業用條碼印製機，大都需與電腦連線使用，少數可離線使用（如掌上型）。以印字方式可區分為下列兩種：

(1)熱感應式（Direct Thermal Print）：熱感應式條碼印製機，其原理係利用印表機印字頭加熱促使感熱紙顯出圖形，其加熱度高低和時間長短可改變圖形顏色之深淺。熱感應式條碼印製機其優、缺點為：

優點：條碼品質佳、價格低廉、體積較小。

缺點：感熱紙易受光線照射而褪色。

(2)熱轉印式（Thermal Transfer Print）：熱轉印式條碼印製機，其原理與熱感應類似，惟其係將碳帶加熱轉印至普通紙上。熱轉印式採用普通紙張，因此不像熱感紙怕受陽光照射，紙張壽命較長。與熱感應式相比較，熱轉印式條碼印製機，其條碼品質較佳。價格較高，體積亦較大些。

專業用條碼印製機，其在外觀形式可分為兩種：

**1.掌上型（攜帶型）**

一般可與電腦連線，直接存取資料後，再離線至賣場上貼標使用。亦可直接由印製機的鍵盤加以設定、編輯、列印條碼，如圖 4-17。

圖4-17　掌上型條碼印製機

## 2.桌上型

一般可直接與電腦連線列印條碼，或直接由其鍵盤設定、編輯、列印條碼，如圖4-18。

圖4-18　桌上型條碼印製機

我們可將條碼印製機之種類歸類成圖4-19。

在選擇何種條碼印製機時，考慮的因素有用途、價格、品牌等因素。

## （二）條碼掃描器

掃描器（Scanner）是閱讀條碼符號的輸入裝置，一般可分爲固定式（Fixed Scanner）和手持式（Handy Scanner）兩類。常用的掃描器有下列三種：

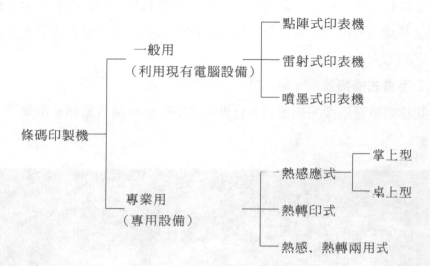

圖 4-19　條碼印製機種類

## 1.固定式掃描器：（圖 4-20）

圖 4-20　固定式掃描器

　　這種固定式的箱型掃描裝置，在商品通過其掃描時，雷射光即進行掃描並閱讀條碼符號。具有多方向性的掃描功能，所以掃描時商品不需朝一定的方向。

　　**2.手握式掃描器**：（圖4-21）

　　此種體積輕巧型掃描器裝置，可持於手中來掃描各種商品的條碼符號。

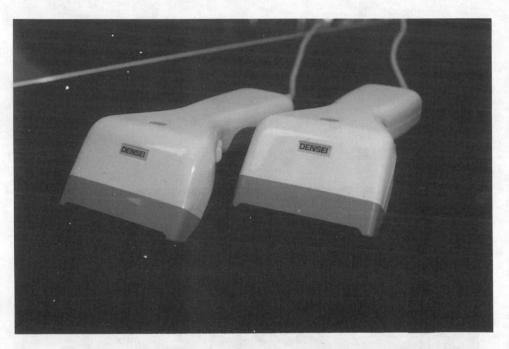

圖4-21　手握式掃描器

　　**3.光筆式掃描器**：

　　這種類型的掃描工具，是以持筆方式來閱讀商品上的條碼符號，其價格較一般掃描器便宜。

　　我們將這三種掃描器之優缺點做一比較，列於表4-3中。

**表4-3　條碼掃描設備比較**

| 設　備 | 說　　明 | 優　　點 | 缺　　點 |
|---|---|---|---|
| 光　筆 | 利用紅色LED或紅外線作光源，利用感應器讀取 | 1.價格低<br>2.體積小<br>3.能讀取很長的條碼 | 1.易產生手誤<br>2.對套有膠套及凹面的條碼讀取不易<br>3.對圓筒狀包裝上之條碼讀取不易 |
| 手握式<br>光罩式<br>（CCD） | 使用多個LED作光源並使用多個CCD感應器 | 1.價格中等<br>2.讀取效果甚佳<br>3.可讀取任何環境包裝上的條碼<br>4.安全性及信賴度高<br>5.壽命長不易損壞 | 1.必須接近條碼表面讀取<br>2.讀取口徑一定（6-8公分） |
| 雷射式<br>（固定式） | 採取固體半導體雷射作光源 | 1.可做高速讀取<br>2.可遠離條碼做掃描 | 1.價格高昂<br>2.固定式則要有較大的擺置空間 |

註：光筆式閱讀機由於受到手握式CCD之衝擊，目前已很少商店使用。

## （三）掌上型終端機

掌上型終端機（Handy Terminal）或稱手握式盤點機（如圖4-22），一般使用於商品的盤點或訂貨上，而其可應用範圍亦相當廣泛，如超市、便利商店、圖書館、倉庫、錄影帶店等之資料收集，均非常適用。又因其具有資料收集的能力，故又稱之爲掌上型資料收集器（Handy Data Collector）。

## （四）條碼板

商店裡有些體積較小的商品，或一些食品等，往往不能直接在其包裝上製作條碼，或有些商品的製造商，對於他們的商品沒有申請條碼編號。由於以上的情況，使得商店因此就不能迅速地處理結帳的速度。爲了有效解決這項不方便的麻煩，可以使用條碼板。

圖 4-22　　掌上型終端機

　　其製作的方式亦很簡單，即將店內自製的店內碼，或縮短碼黏貼於條碼板上，當結帳碰到沒有黏貼條碼的商品時，直接將條碼閱讀機（通常爲手握式）在條碼板上刷過，商品價格即可在收銀機上顯現出，如圖4-23。

## 第六節　　原印條碼之管理

　　當一個製造廠商要申請商品條碼時，其流程可以用圖4-24表示之。說明如下：

　　1.向中華民國商品條碼策進會（CAN）申請，填妥申請書後，由CAN寄發廠商號碼證明書。

4-23　條碼板

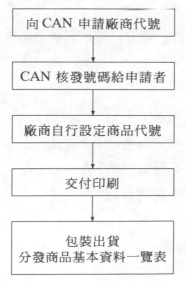

圖 4-24　商品條碼登記流程圖

　　2.廠商收到廠商代碼後，由廠商自行設定產品代碼及計算檢核碼，而決定了該商品之條碼。

　　3.廠商將條碼交給印刷公司，將條碼符號印製於包裝材料上。

　　4.出貨時，應將商品之基本資料分送給相關零售商、批發商等，以供備查。

　　我們可將條碼登記使用中，廠商與其他相關團體之間的關聯關係以圖 4-25 表示。

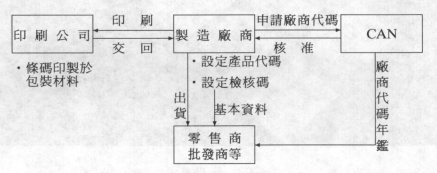

圖 4-25　條碼登記管理圖

　　製造廠商在設定產品代碼時，應針對以下之情況而分別設定不同之商品代碼：

　　1.品名不同的商品

　　2.規範不同的商品

　　3.規格不同的商品

　　4.尺寸大小、長短不同的商品

　　5.材料及品質級數不同的商品

　　6.型款不同的商品

　　7.包裝型式不同的商品

　　8.售價不同的商品

9.品牌不同的商品

10.銷售單位不同的商品

我們就食品、雜貨類與衣料服裝業舉例說明如下：

1.食品、雜貨類

可依下列情形，分別設定不同之商品代號：

(1)商品名稱不同時；

(2)售價不同時，如10元、20元等；

(3)容量或重量不同時，如100克、200克等；

(4)包裝型式不同時，如罐裝、瓶裝、袋裝等；

(5)零售單位不同時，如1個、2個、半打、一打；

(6)原料或品質不同時，如同為咖啡但其產地不同；

(7)大小不同時，如大、中、小號等；

(8)同為成套商品，但組成的商品不同或售價不同。

2.衣料、服裝業

可依下列情形，分別設定商品代號：

(1)品牌不同的商品；

(2)出廠廠名不同的商品；

(3)售價不同的商品；

(4)質料不同的商品，如100%純棉，50%含棉；

(5)零售單位不同的商品，如1件裝、一打裝；

(6)尺碼不同的商品，如XL、L、M、S等；

(7)組合商品其價格或組合方式不同的商品。

目前（截至1994年底止）國內已有超過4500家製造商申請條碼，而商品數量也超過了16萬項印有原印條碼。在食品日用品普及率大約90%，在零售業中，福利總處已經100%條碼化，統一超商及全聯社亦有95%之普及率。

我們將申請條碼之辦法，列於表4-4，以供參考。

**表4-4 商品條碼申請辦法**

| **申請對象:** |
| --- |
| 　以公司或行號為申請單位，若以產品歸屬性質區分可有下述狀況: |
| 1.以商品發行者或商標擁有者為申請對象。 |
| 2.跨國公司，在我國設廠，財務獨立，應由在臺子公司申請。 |
| 3.各廠獨立經營，但生產同一產品，仍由總公司申請。 |
| 4.代理進口國外產品者。 |
| 　a.產品包裝上原已印有EAN條碼者不必再申請。 |
| 　b.產品雖來自EAN之會員國，但係在國內重新包裝，即應申請。 |
| 　c.產品雖非來自EAN會員國，進口代理商得申請登記屬於自己的號碼。 |
| 5.重新組合商品者由組合者提出申請。 |
| **申請手續:** |
| 1.須申請廠商號碼者，應向商策會提出申請，填妥申請書表與繳交相關文件及繳納申請費用，等辦妥申請手續後的七個工作天，商策會即寄發號碼證書及有關資料。 |
| 2.申請廠商需繳交之相關文件包含標準碼登記申請書一份、商品基本資料表、公司執照或工廠執照影本及加蓋公司大小章、營利事業登記證影本及加蓋公司大小章。 |
| **收費標準:** |
| 商品條碼之號碼管理收費標準乃以公司營業資本額為基準分級收費，年費繳交方式以三年為一期計算。其收費標準如下: |

| 區　　　分 | | 廠　商　號　碼 | |
| --- | --- | --- | --- |
| 申請廠商資本額 | | 登記基本費<br>（僅繳一次） | 登記年費<br>（每年年費） |
| A | 1仟萬元以下（含1仟萬元） | 5000元 | 7千元 |
| B | 1仟萬元以上－5仟萬元（含） | | 1萬5千元 |
| C | 5仟萬元以上－1億元（含） | | 2萬5千元 |
| D | 1億元以上－5億元（含） | | 3萬2千元 |
| E | 5億元以上 | | 3萬9千元 |

# 習　題

1. 何謂條碼？

2. 商品條碼種類有哪些？

3. 有一條碼前 12 碼為 471008811483，試求出其檢核碼。

4. 試舉出三種條碼之應用。

5. 試說明條碼板之功用。

6. 製造廠商在設定條碼時，其程序為何？

7. 試述條碼之功用。

# 第五章　POS 系統

## 第一節　POS 之意義

所謂 POS（Point of Sales）系統，即為銷售點管理系統，係利用一套光學自動閱讀與掃描的收銀機設備，以取代過去傳統式的單一功能收銀機，除了能夠迅速精確的計算商品貨款外，並能分門別類的讀取及收集各種銷貨、進貨、庫存等數據的變化情形，並以所連結的電腦將資料處理、分析後，列印出各種報表，提供給經營階層做管理、決策的依據。

根據以上之定義，一個 POS 系統應具備以下之條件：

1.商品應有條碼之標籤。

2.必須具備光學掃描器。

3.具有收銀機之功能，如計算貨款，開立收據或發票等。

4.有電腦軟硬體設備，可供自動檢索價格，並能收集資訊並透過網路連線與後檯設備結合。

POS 之系統架構如圖 5-1 所示。

一個典型的零售業其業務，可以圖 5-2 表示。茲說明如下：

1.銷售預測：公司先根據內、外環境之分析，而做銷售預測。

2.預算：根據預估的營業額，而分別編列各部門之預算。

3.商品採購：向供應商發訂單，採購商品。

4.商品驗收: 對商品之品質、規格、數量等予以檢驗，並試刷條碼，
　　　　　 檢查其是否有誤，或不良率過高等缺失。

5.行銷計畫: 營業部門與企劃部門必須有一完整的行銷計畫，包括
　　　　　 促銷計畫等。

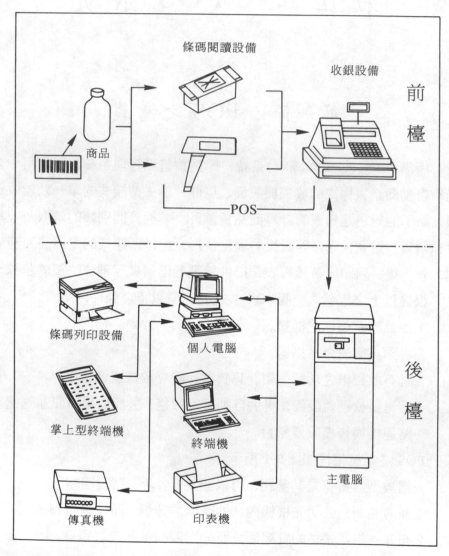

圖 5-1　POS 系統架構

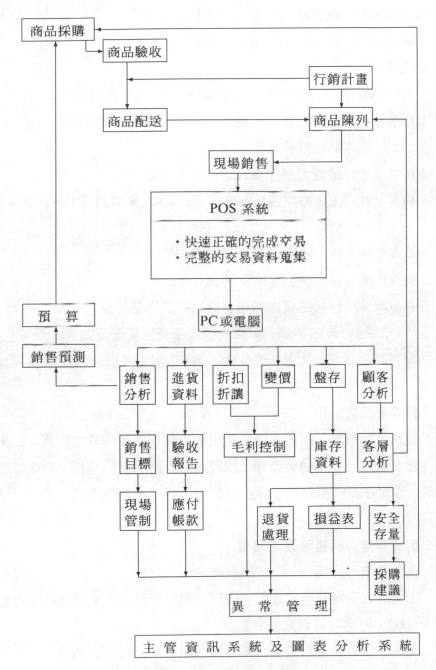

圖 5-2　零售業管理系統

6.商品配送: 將商品配送到預定之展售地點。

7.商品排列: 將商品予以排列、上架等。

8.現場銷售。

以上是 POS 運作前之業務。至於進入 POS 的作業可說明如下:

1.銷售分析: 主要的業務為銷售狀況、銷售目標與績效之比較, 商品排行榜分析等。

2.進貨分析: 進貨入庫作業、應付帳款管理。

3.顧客分析: 主要的業務為客層分析, DM (郵寄目錄 Direct Mail) 管理。

4.盤存管理: 庫存資料之維護退貨處理等。

5.變價作業: 主要為促銷時之變價作業。

6.折扣折讓: 包括搭賣之處理, 折扣折讓作業等。

至於 POS 運作後之業務, 則為一些主管資訊系統及圖表分析等。

從銷售點之觀點, 對於一個 POS 系統之需求, 可分以下幾個層面討論:

### 1.顧客資訊之活用

從服務業之觀點, 顧客資訊的活用是一個很重要的成功因素。如果能夠在顧客消費時收集顧客資訊, 則可以分析購買動向分析、消費客層分析等, 從而在 DM 寄發時, 掌握有興趣的特定潛在顧客群, 而予以活用之。

### 2.商品管理與銷售管理之落實

主要之需求可分為:

(1)與購貨資料整合: 如訂貨管理、庫存管理及損失管理等都需要 POS 與購貨資料之整合。

(2)與銷售分析資料整合: 如促銷效果分析、陳列管理等。

(3)商品管理: 如排行榜分析、滯銷品管理、特價品管理、及時變

價、彈性促銷等都需要 POS 的資料。

### 3.商店作業合理化之實現

主要之需求可分爲:

　(1)人員配置與作業規劃之效率化。

　(2)收銀業務之省力化。

　(3)商品營運之合理化。

圖 5-3 爲一個 POS 的外觀。至於 POS 與傳統的收銀機（Electronic Cash Register, ECR ）之比較則列於表 5-1 中。

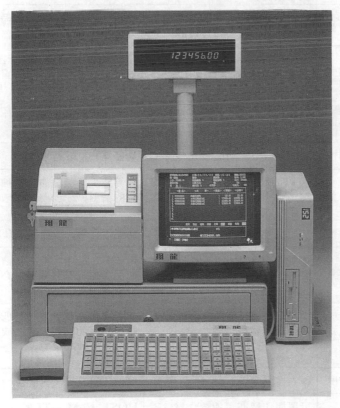

資料來源: 神州電腦。

圖5-3　　POS 外觀圖

表5-1　　POS 與傳統收銀機之比較

| 項　　目 | 電 腦 收 銀 機 | 傳 統 收 銀 機 |
|---|---|---|
| 1.操作方法 | 由 SCANNER 讀條碼及單品計價一次完成，且操作方便，作業單純化。 | 未必所有機型均可外接 CCD。 |
| 2.資料管理 | 已事先於電腦系統中設定，管理容易，未經授權無法任意修改資料。 | PLU 容易修改，結帳金額交接時，記帳處理準確度低。 |
| 3.安全管制 | 事先訂好安全系統控制，不易舞弊，可使用員工刷卡方式啓動收銀機。 | 無安全管制功能，操作人員容易舞弊。 |
| 4.信用管理 | 會員卡號、信用卡號均可事先設定建檔，提高稽核功能。 | 必須人為查詢，作業費時、費力。 |
| 5.連線方式 | 直接與主機相連，無須繁雜之周邊輔助。 | 須透過其他周邊或資料搜集器轉檔，容易造成銷售資料流失。 |
| 6.維　　護 | 零件容易取得，維護容易。 | 機械電子故障率高，零件取得不易，不易維護。 |
| 7.系統彈性 | 程式易修改，功能多元化。 | 功能單一，不易修改。 |
| 8.成 長 性 | 採 PC BASE 架構，可外接多種周邊，不會有任何成長相容問題。 | 容易產生新機種與舊機種不相容的情形。 |
| 9.適 應 性 | 功能完善，適應性強。 | 功能不完善，機種無法升級。 |
| 10.儲存容量 | 依 H/D 容量大小，可保存無限資料。 | 電子 IC 設計，無法容納太多商品主檔及銷售資料，必須每日清機。 |
| 11.信 賴 性 | 提供 CRT 螢幕，方便操作人員詳細閱覽每筆銷售資料，不易與客戶造成購買時價格之糾紛。 | 無中文畫面及螢幕，降低整體服務品質及信賴，常造成客戶對交易金額之疑慮。 |
| 12.印表速度 | 印表速度快。 | 機械式印表機，速度慢。 |
| 13.功 能 性 | 可單機作業亦可連線作業，不受 HOST 任何作業影響。 | HOST 或 MASTER 出狀況時，ECR 便無法發揮功能。 |

資料來源: 神州電腦整理

# 第二節　　POS 與商品主檔之應用

　　POS 之導入商店，必須是上、中、下游共同配合，包括製造廠商、批發業、零售業、及加值網路中心等。資料的共享必須是建立在資源不浪費之情況下。因此，商品主檔之管理與應用是一個重要的課題。

　　商品主檔系統是將製造商的商品條碼編號、品名、尺寸、規格、容量、售價等相關資訊，提供給批發商、零售商、加值網路中心等，並加強雙邊連繫的服務系統。如圖 5-4 所示。

　　從以上之定義，商品主檔之目的有二:

　　1.提供零售業者之銷售點管理系統(POS)於銷售結帳時，可以檢索商品零售價格等資料之用。

　　2.提供有關業者進行資料交換或電子訂貨之用。

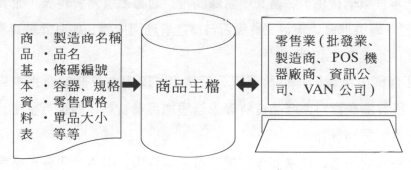

**圖 5-4　商品主檔之意義**

而其應用範圍可歸納如下:

1.建立與維護 POS 系統的商品資料

2.提供共同分類標準，便於資料分析

3.發布新商品資訊或異動資訊

4.提供商品規格、便於貨架儲運管理

商品主檔之效益，有以下幾點：

1.建立產銷間共同商品主檔規格

2.減少企業各自投資支出

3.加速商業自動化之子系統資訊流通標準化

4.加速商業 EDI 普及應用（電子資料交換，詳見第六章）

國內由中華民國商品條碼策進會推動各行業共通性、共用性的「全國商品總主檔」建置作業。此一作業乃有鑑於零售業者在建立商品主檔時，須投入大量時間與預算將資料轉成電腦檔，故由中華民國條碼策進會統一推動全國商品總主檔之建立，將可節省人力物力，並避免資料不一致之弊。

全國商品主檔之運作架構如圖 5-5 所示。說明如下：

1.資料來源主要由商品製造商提供（如爲國外進口則由國際商品條碼之專責機構提供），當其申請條碼時，則必須填寫資料表（如表 5-2），經條碼策進會建檔，並負責資料檔之管理與維護，如有異動資料，則向條碼策進會更正即可。

2.條碼策進會則提供給資訊分配業者（國內則以商策會爲主導單位），將製造商資料、商品資料等予以增加專業資料，而進行加工、編輯、提供與服務等作業。

3.各零售業者、供應商等相關業者則可檢索、引用資訊分配業者提供之資訊。

而全國商品資料庫之內容，則以表 5-3 表示之。

至於商店爲提供 POS 收銀機結帳時，能迅速檢索商品之價格等資料，則必須建立自己商店的商品主檔，商品主檔建立的流程以圖 5-6 表示之。茲說明如下：

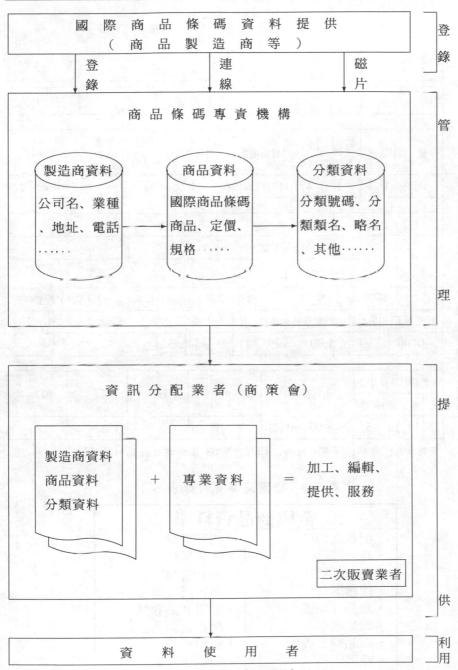

資料來源：經濟部商業司，《商店條碼作業實務手冊》。

圖5-5 商品主檔資料表運作架構圖

表5-2 基本商品資料表（舉例）

| 公司資料 | | | | | | |
|---|---|---|---|---|---|---|
| 資料類別 | 1011 | 廠商統一編號 | | 公司名稱 | | |
| 電話 | | 填表部門 | | 填表人 | | 填表日期　年　月　日 |

| 序號 | 資料區分 | 配銷識別碼 | 商品條碼編號 | 國產進口 | 商品分類號碼 | | | | 商品中文名稱 |
|---|---|---|---|---|---|---|---|---|---|
| | | | | | 大 | 中 | 小 | 細 | |
| | 1 | 1 | 4710431000116 | 1 | | | | | 金埃及內衣 |

| 商品英文名稱 | 商品補充說明 | 條碼印刷 | A |
|---|---|---|---|
| | 男士短袖圓領衫 | 1 | |

| 零　售　（單品） | | | | 零售包裝尺寸（單品） | | | | 零售包裝尺寸（單品） | 配銷包裝 |
|---|---|---|---|---|---|---|---|---|---|
| 訂價NT$ | 內裝型態 | 內裝數量 | 內裝單位 | 長 | 寬 | 高 | 單位 | 商品數量 | 毛重Kg |
| 48.00 | 99 | 1.00 | 999 | 11 | 9 | 5 | 5 | | |

| 配銷包裝尺寸 | | | | 上市日期 | 銷售中止日 | B | C | D |
|---|---|---|---|---|---|---|---|---|
| 長 | 寬 | 高 | 單位 | | | | | |
| 25 | 19 | 13 | 5 | 79年02月01日 | 年　月　日 | | | |

資料來源：林暉，《商品條碼、EDI、VAN 在商業自動化的應用》。

表5-3 全國商品資料庫內容

**全國商品資料庫**

| | |
|---|---|
| ・配銷識別碼 | ・內裝數量 |
| ・商品條碼 | ・內裝單位 |
| ・統一編號 | ・零售規格 |
| ・國產進口 | ・零售尺寸單位 |
| ・商品分類號 | ・配銷商品數量 |
| ・商品名稱 | ・配銷包裝毛重 |
| ・商品補充說明 | ・配銷規格 |
| ・條碼印刷 | ・配銷尺寸單位 |
| ・零售訂價 | ・上市日期 |
| ・包裝型態 | ・資料區分 |

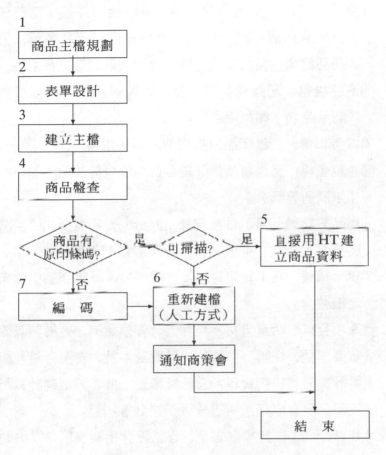

圖 5-6　商品主檔建置流程

　1.商品主檔規劃: 商店必須先分析後檯軟體及前檯 POS 收銀機交
易結帳之需要, 而規劃商品主檔之內容與格式。一般而言, 商品主檔之
內容可歸納成一般項目與特殊項目。分別說明如下:

　⑴一般項目:
　　①商品編號: 有原印條碼之商品, 以其條碼號碼為商品編號,
　　　若無原印條碼之商品需自編店內條碼。商品編號必須唯一,
　　　不可重複。

②商品品名: 記錄商品的名稱,最好能夠詳細、完整和中文化。另有商店為配合店內條碼標籤標示商品名稱,另設有「商品簡稱」欄位項目,以配合記載較簡短之品名。

③商品規格: 記錄商品的容量、包裝等規格。或可將其併入「商品品名」欄位項目內。

④零售單價: 記錄商品未折扣前之零售價格。

⑤含稅免稅: 記錄商品售價是否含加值型營業稅或是免稅商品(如煙酒等類)。

⑥商品分類號: 為了日後統計、分析、管理需要,通常將商品區分為大分類,中分類與小分類等以利管理。

⑦貨架編號: 為了貨架管理及方便理貨人員將商品上貨架所作之編號。

⑵特殊項目: 包括零售交易條件,倉管分類號,客層數量累計,供貨商編號,採購分類號,時段數量累計,安全存量,銷售數量累計,零售包裝資料,最低訂購量,來客數量累計,配銷包裝資料,現有庫存量與退貨數量累計等項目。

2.表單設計: 為了要建檔之方便,必須設計相關表單,以供輸入資料之收集。例如商品明細表,商品盤查表等。

3.建立主檔: 利用上述已設計之表單,填入資料後,即可鍵入電腦,而完成建檔工作。

4.商品盤查: 建檔後,由於商品進、出貨之異動頻繁,必須做盤查之工作,以維護檔案之正確。首先先將所有的商品利用掌上型終端機(HT)和商品盤查表逐一掃描、盤查和記錄商品資料,最後可將商品盤查結果分為以下之 5.6.7.三種情況。

5.商品有原印條碼,並且可由掃描器掃描: 這些商品可直接利用掌上型終端機所記錄的條碼編號,直接建立「商品主檔」。資料量不多

時，事後可逐筆補鍵，如品名、規格、售價等欄位；但若資料量大時，可利用商策會之「全國商品總主檔」來比對，檢索需要的欄位項目建立「商品主檔」，因此可節省不少人力和時間。

　　6.商品有原印條碼，但無法由掃描器掃描：表示這些商品條碼不良，這時需參看盤查表，記錄其條碼後，才將品名、規格等資料鍵入。此種情況發生時，應通知商策會以督促該製造廠商改進不良條碼之發生率。

　　7.商品無原印條碼：這些商品需參看商品盤查表來記錄，並逐一編妥店內碼後，再用人工鍵入卞檔。亦可通知商策會促請該產品使用原印條碼。

　　商品卞檔建立後，在運用過程中常見到之錯誤及其解決之道整理如圖5-7。

　　資料處理有句格言：「垃圾進，垃圾出」（Garbage In Garbage Out）。就是說明資料正確性之重要。因此，為維護「商品主檔」資料的正確與完整，商店對於商品主檔之管理應訂出一套管理辦法。例如應設專責單位或專責人員負責建檔與維護工作；應制定作業規範，使得更新之程序合乎效益與效率之要求；應注意資料之安全與保密，避免不當的使用而破壞了檔案等措施，都是可行之作法。

| 問　題 | 原　因 | 解決之道 |
|---|---|---|
| 1.收銀機結帳時<br>　找不到商品售價 | ・未建檔<br>・商品主檔未下傳至POS | ・記錄該項產品，事後補鍵<br>・POS關機，再執行下傳功能 |
| 2.收銀機結帳時<br>　售價資料錯誤 | ・變價功能未完成<br>・更新太慢 | ・重新執行變價功能<br>・加速更新之腳步 |

圖5-7　商品主檔運用時錯誤分析

# 第三節　POS系統導入之程序

POS系統和任何一套管理制度一樣，當它導入公司時，是必須事先有周全的導入準備，可行的作業規範及持續的追踪控制等方足以奏效，以下我們以系統發展生命週期法（System Development Life Cycle，SDLC）來說明整個POS系統導入之程序。

一個典型的系統發展生命週期法，可以分成四個階段進行：

1.分析階段

2.設計階段

3.執行階段

4.評估階段

每個階段的詳細工作及關係可用圖5-8表示。各階段的詳細工作分別說明如下：

## （一）分析階段工作內容

POS導入之第一步驟先成立專案小組，由有關部門主管，如業務、財務、資訊、商管、採購等組成。小組組成後，開始進行POS系統導入之分析工作。工作項目如下：

1.*調查公司之需要*。專案小組人員與公司高級主管人員面談、訪問、調查，確定公司真正需要。

2.*初步研究調查*。進一步至各單位與現場人員面談、訪問、調查瞭解現行系統的作業方式，研究現行系統的功能與特性，並發掘目前系統的癥結問題所在。

3.*可行性研究*。依照公司的需要與特性，提出最合適的改進系統，並提出可行方案的成本及效益。

階段

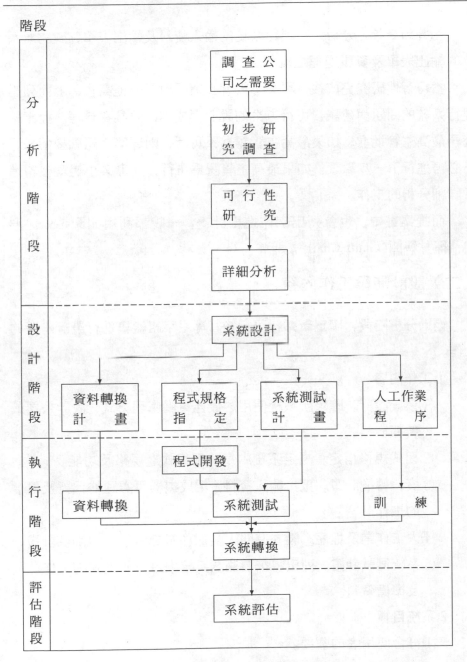

圖 5-8　SDLC 程序

4.詳細分析。分析公司現行系統的輸入資料及輸出表單，確認新系統的輸出表單及資訊處理之流程。

當可行性研究完成後，專案小組就必須提出一份提案書，上面列出現行系統的問題與建議、可行方案的說明與成本、效益資料等。提出給公司最高主管批准。如果最高主管認爲不可行，則專案小組就要解散，不必再進行下一步驟了；如果最高主管認爲可行，則專案小組就繼續進行詳細分析的工作。

而提案書中，也會列出工作進度計畫，一般都利用如圖 5–9 之形式，稱甘特圖（Gantt Chart）。

# （二）設計階段工作內容

經過分析階段，確定新系統可行後，專案小組繼續進行設計階段的工作。

## 1.工作內容

(1)系統設計。確定新系統使用之最佳電腦處理方式、設計公司最新報表格式。

(2)程式規格指定。規定系統中每一個程式之規格及功能。

(3)資料轉換計畫。蒐集輸入資料，編成機器可處理的代號及建檔的工作計畫。

(4)人工作業及程序。設立有關人員的作業參考手冊與訓練計畫。

(5)系統測試計畫。列出將來要測試系統中每一個程式的工作計畫及準備資料。

## 2.系統目標

(1)符合使用者的需要。

(2)資料錯誤的產生能自動顯示。

(3)系統維持的費用與人工減至最少。

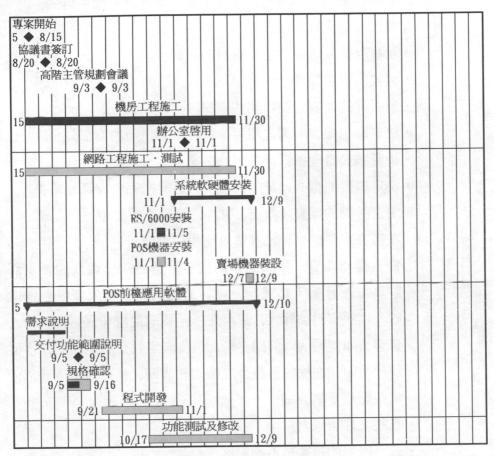

専案開始
5 ◆ 8/15
　協議書簽訂
8/20 ◆ 8/20
　　高階主管規劃會議
　　　　　9/3 ◆ 9/3
　　　　　機房工程施工
15 ━━━━━━━━━━━ 11/30
　　　　　辦公室啓用
　　　　11/1 ◆ 11/1
　　網路工程施工·測試
15 ━━━━━━━━━━━ 11/30
　　　　　系統軟硬體安裝
　　　　11/1 ▽━━━━ 12/9
　　　RS/6000安裝
　　11/1 ■11/5
　　POS機器安裝
　　11/1 ▢11/4　　賣場機器裝設
　　　　　　　12/7 ▢12/9
　　POS前檯應用軟體
5 ▽━━━━━━━━━━ 12/10
　需求說明
　━━
　　交付功能範圍說明
　　9/5 ◆ 9/5
　　　規格確認
　9/5 ■▬ 9/16
　　　　程式開發
　　9/21 ━━━━━ 11/1
　　　　功能測試及修改
　　10/17 ━━━━━ 12/9

資料來源：IBM。

**圖 5-9　甘特圖舉例**

(4)系統的修正簡單易行。

(5)系統的開發即時完成。

(6)改進原有生產力。

### 3.技術與方法

(1)輸出與輸入表單格式設定法。在系統設計工作中，設計公司新
　　報表格式是一項很重要的工作，通常專案人員先和各階層管理

人員共同決定輸出規格，再根據輸出要求決定輸入格式。

①輸出規格設定的工作項目：

・檢核現行系統關於歷史資料的精確性。

・考慮現行需要。

・新系統的報表能提供哪些資訊。

・決定輸出報表所需之項目，與各項目之間的關係。

・決定報表處理週期與複印的張數。

・決定報表的型式，是詳細報表、濃縮性報表或例外報表。

・決定報表的媒體（報表、卡片、縮影片或磁帶）。

・在報表定案前是否已經徵得使用單位認可。

②輸入規格設定：輸入規格的設定，是由輸出報表的要求而
　設。在設計輸入格式時，首先遭遇的是，輸入資料是誰做
　的，哪些資料須輸入，資料在一系統的何處輸入，何時輸入
　資料，如何輸入等問題。輸入規格設定就是將上述問題逐項
　解決，因此在檢核所設計之輸入報表時，須符合下列要求：

・哪些記錄是需要的？

・哪些文件可以合併？

・每一報表的複製是否絕對必須？

・報表所須項目是否完全包含？

・報表的格式是否符合公司標準？

・報表名稱是否清晰易懂？

・空格是否合適？

・各項目間是否選擇最好的排列？

・是否經過使用單位與可能使用單位認可？

・是否經過提供資料的單位認可？

・文件流程是否合乎邏輯？

(2)編碼工作。編碼是將名詞與文字轉成數字代替，其目的在使公司整齊劃一，節省儲存體之位數，最重要的是使電腦識別對象與項目簡易執行。編成代碼所須的條件：

- 適合機器的機能與規格。
- 具有合乎管理區分的分類機能，且要易於記憶易於使用。
- 具有變通性，須考慮可隨時追加變更。
- 具永續性。

代碼作業在POS 系統導入中是占有相當重要的地位。如顧客動向、銷售動向、存貨動向等都仰賴代碼之設計。在 POS 系統中，有關的代碼有以下幾種：

①商品代碼：即商品條碼，目前原印條碼之普及率已達90% 以上，而公司在店內碼的編訂上應符合大、中、小分類之屬性。

②顧客代碼：利用發行貴賓卡、店內卡、預付卡或信用卡等都必須建立其代碼，以供建檔及查詢時之識別。

③單位代碼：公司內部各部門或利潤中心等都予以編號以利內部管理與資料分析之作業。

④營業員與員工代碼：銷售人員之績效與工作排程之處理皆要靠唯一不重複之代碼不可。

⑤收銀機（端末機）代碼：每部 POS 端末機都要編號以便傳輸資料、檢核、追踪及處理異常狀況。

⑥其他代碼：如櫃號、廠商編號、交易類別代碼等。

至於在作業參考手冊之製訂上，這也是設計階段工作極爲重要工作。作業參考手冊乃針對系統之使用人員、系統之支援人員與系統之操作人員等所編製，可以分爲以下幾類：

(1)操作使用手冊：指實際操作 POS 系統之設備之使用方法，包

括 POS 端末機、印表機等。

　⑵業務規範手冊: 包括業務處理流程、表單管理辦法。

　⑶系統使用手冊: 包括 POS 系統的軟、硬體架構及各種系統使
　　用說明。

## （三）執行階段工作內容

　執行階段內容，可分為:

1.*程式開發*: 根據程式規格指定，由程式設計師開發程式。

2.*資料轉換*: 根據資料轉換計畫，將公司所用到的輸入資料分別加
　　以建檔。

3.*系統測試*: 根據測試計畫，將已開發之每一程式加以測試。

4.*訓練*: 根據人工作業程序訓練公司有關人員，使他們能有效的執
　　行新系統。

5.*系統轉換*: 將舊系統轉換成新系統，一般而言，有二種方式: 一
　　為直接轉換，另一為平行轉換。

　所謂直接轉換，是事先預定某一日期，從是日起原有的系統停止，
新系統開始生效執行。一般未盡瞭解系統轉換人的看法，這似乎是最合
邏輯的轉換方式，然而實際上這種方式卻最具風險，儘管當初系統設計
時已極為審慎，轉換時仍可能困難重重。尤其若是複雜的系統，則由於
系統中所牽涉的變數可能多達數百項，各項處理幾乎不可能如預期的順
利。因此，直接轉換只能用於簡單的系統，即使發生錯誤，也不致形成
公司營運上太大的困擾。

　平行轉換是在執行期間，將資料的處理同時用新舊兩種系統並行，
並比較執行的結果，如新舊兩種系統的輸出完全相同，則表示新系統的
功能正常。但是這種平行轉換的缺點是，在雙軌作業期間需同時兼採兩
項系統，因而形成作業上的重複。

## （四）評估階段工作內容

系統評估就是要確定新系統是否滿足需求。因此當新系統開始真正操作時，專案人員就必須與主管人員、操作人員等面談，瞭解他們對整個系統滿意的程度，對新系統加以評估它的實際成本與效益，並提出建議，可做為下次對類似系統做系統分析時之參考。

以上系統發展生命週期之方法，可以幫助公司在建立 POS 系統之工作依據。當然這項工作一般是配合資訊公司共同完成的。至於一般公司在決定導入 POS 系統時，我們可以按照準備階段，導入規劃階段，導入之前置階段及導入階段等四個階段，分別列出其工作項目與說明，如表 5-4 至表 5-7。

**表 5-4　POS 導入之準備階段**

| 工作項目 | 說　　　明 |
|---|---|
| 1.作業流程標準化 | 自動化之前必須將業務合理化 |
| 2.商品代碼標準化 | 重新檢討代碼之編訂（店內碼） |
| 3.表單管理辦法 | 避免表單過多或遺漏重要資訊 |
| 4.教育員工 POS 知識 | 避免因不瞭解而產生阻力 |

**表 5-5　POS 導入之規劃階段**

| 工作項目 | 說　　　明 |
|---|---|
| 1.外在環境評估 | ・商品訂貨週期及供貨體制<br>・原印條碼普及程度<br>・商品的生命週期<br>・POS 軟硬體功能及價格 |
| 2.內在環境評估 | ・經營規模與企業制度<br>・管理要求與資訊流量<br>・現有組織及人力資源 |

（續表 5-5）

| 3.成立專案小組 | ・由相關部門管理人員組成 |
|---|---|
| 4. POS 前後檯軟硬體規劃 | ・作業表單流程制度與業務規範之確定<br>・POS 後檯軟體規劃<br>・POS 前後檯硬體規劃 |
| 5.訓練 | ・收銀員之訓練<br>・輸入資料訓練<br>・軟體操作訓練<br>・貼標作業訓練<br>・其他必要之訓練 |

表 5-6　POS 導入之前置階段

| 工作項目 | 說　　　明 |
|---|---|
| 1.與廠商協調 | ・有關訂貨、送貨、驗貨、退貨之配合措施之溝通<br>・條碼之規定事項 |
| 2.準備建檔資料 | ・商品分類標準確定及代號<br>・商品安全庫存及最低採購量<br>・各建檔資料填寫規定及空白報表準備<br>・資料收集作業規定、建檔、日常作業、系統維護、報表列印等規定之訂定 |
| 3.手冊編訂 | ・店內碼印製作業標準訂定<br>・貨架標籤作業手冊編寫<br>・POS 系統作業手冊編寫 |
| 4.系統測試 | ・軟硬體之測試與人員訓練成效測試 |
| 5.基本資料檔建檔 | ・包括廠商、商品、顧客、員工等資料檔 |
| 6.標籤貼標工作 | ・包括商品及貨架標籤 |
| 7.商品盤點 | ・商品主檔確定無誤 |

表5-7　POS 導入階段

| 工作項目 | 說　　　明 |
|---|---|
| 1.選定測試之部門<br>　（或實驗店） | ・系統轉換工作 |
| 2.檢討並改進缺失 | ・更改系統<br>・加強訓練<br>・資料更新 |
| 3.擬定導入計畫 | ・訂出時程表與主計畫<br>・訂定績效標準 |
| 4.實施 POS | ・正式上線 |
| 5.系統評估 | ・分別調查系統之效益與效率 |

　　總之，POS 系統已成為零售業之共識，而零售業在開發 POS 系統時，失敗的例子比比皆是，不但造成公司資源的浪費，嚴重的可能導致公司產生極大的危機。因此，學者專家不斷的研究與調查，提出了一些關鍵成功因素(Critical Success Factors, CSF)，作為企業發展資訊系統的準則與參考。這些 CSF，列舉如下：

　　1.高階主管全力支持及參與：這是最重要的一項因素，高階主管提供資金與資源並不代表全力支持與參與。正確的作法是，公司成立一個推動委員會(Steering Committee)，由高階主管組成，負責設定政策、方向、解決衝突、資源分配與評估各項方案等等。而負責開發的開發小組即在推動委員會的指導下，進行資訊系統的開發。

　　2.滿足使用者的要求：現在流行一個名詞「人性化資訊系統」，就是要達成滿足使用者需求的目標。在系統開發中必須不斷的與使用者溝通。許多的制度、資訊形式等等都需要在使用者的同意之下方可定案。而在資訊系統設計時要儘量造成「使用者友善」的環境、允許微小錯誤的容忍等等，都必須加以考慮。曾經有某個公司的行銷系統，發生

了嚴重的錯誤，追查原因時，發現是因為輸入的資料產生錯誤，經過糾正後，過了不久又產生相同的錯誤，再經追查，原來是行銷經理不滿意系統的某個政策太過僵硬，因此刻意不願意使用它。從這個例子很明顯的看出，一個系統在設計時，必須充分的與使用者溝通，並導引出使用者真正的需求，進而滿足它，才能保證系統的成功。例如，在表單設計時，並沒有能夠正確的導引出使用者之需求，而導致報表不被使用者接受。

3.對資訊系統阻力的妥善管理：公司的員工對新的系統都會產生阻力。阻力的原因很多，例如擔心地位取代、工作內容的改變、新的工作伙伴、權力取代、工作的不安全感等等。針對這些來自不同原因的阻力，公司必須選擇一些策略，例如開訓練課程、發行小冊子介紹系統、訂定可達成的目標及採取一些如獎金等之誘因等等。

4.嚴密的資料管制制度：資料處理有句很有名的格言：「垃圾進，垃圾出(Garbage In Garbage Out)」。指的就是一個系統的硬體、軟體都很好，但是如果資料輸入錯誤，輸出的結果必定是錯誤的。因此在資訊系統開發時必須詳加設計嚴密的資料管制制度，以免日後的使用造成錯誤。

以上所舉的是一些最重要的關鍵成功因素，提供作為參考。總之，企業在開發資訊系統時，「三位一體」(Trinity)——即系統設計者、高階主管與使用者三者緊密配合的觀念是重要的準則。

# 第四節　商品陳列電腦化系統

商品陳列在過去都是透過經驗，做上架與陳列之工作，目前已有應用軟體可以幫助商店規劃店鋪展示架的擺設，使用者先在電腦螢幕上操作，模擬安排出最理想的陳列方式。本節擬介紹由日本綜合株式會

社設計的一套商品陳列電腦軟體，稱之為 Store Manager （店鋪管理系統）。在今天，商品生命週期縮短，產品競爭激烈之環境下，這套 Store Manager 可藉精細安排商品的上架，陳列與店面的擺設，而提高消費者之購買慾，加速商品之流通，而增加商店之利潤。

　　商品陳列電腦化系統最主要的功能為（參考圖 5-10）：

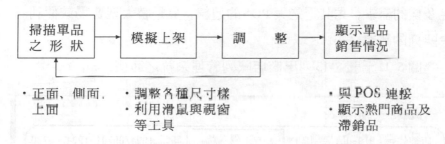

圖 5-10　商品陳列電腦化系統操作程序圖

1.充分利用圖形工作站的高效率，所有資料皆迅速以圖形顯示。

2.可處理十萬項單品，每一單品的數量則沒有限制。

3.商家可以輕易地將單品，以影像的形式，置於展示架上，所有動作皆在電腦螢幕上完成，不須到現場操作。

4.可輕易將 POS 系統所得資料，回饋到店鋪管理系統中，作為陳列之參考。

5.針對個別需要，做個案處理。

　　店鋪管理系統除以上之功能外，亦能兼顧店鋪的整體規劃，從單品擺設、賣場陳列到店鋪的總體規劃，這三者之間的關係，都可藉由此套系統的操作而得到良好的配合。商家可以設定店鋪的外觀和牆壁、玻璃櫥窗、出入口，到商品陳列架、收銀機的位置等而在螢幕上獲得店鋪平面圖。若要尋找某一單品，即能藉著滑鼠，先在整個店鋪中找到陳列架，再指出單品，極為便利與迅速。由顧客採購商品情形，可以劃分出顧客購買動機，再配合 POS 系統的資料、商品的營業額，及其所占的空

間，不但可以作出暢銷品區域分析，並可算出坪效。經過此一分析，可以變更賣場位置，並可模擬此變化對營業額之影響。此外，店鋪管理系統亦能分析成本與利潤。

這套店鋪管理更可針對不同的便利商店、超市、批發商及製造廠商等，透過本身的軟體功能，加上工作站的計算、網路能力、貯存等而滿足多樣的需求。尤其透過與POS的連線，更是替大型賣場或便利商店解決陳列的難題。

圖5-11至圖5-13列出商店陳列管理系統之範例：

## 貨架－棚隔表

店鋪代號：910-001 金山店　　棚　隔　表　　期間 1994/09/01-1994/09/30

| 商品名稱 | 貨架編號 | | 排面陳列 | | | | 店鋪庫存 | | 層板剩餘空間 | 銷售單價 |
|---|---|---|---|---|---|---|---|---|---|---|
| | 段 | 列 | 面 | 橫 | 深 | 高 | 數量 | 金額 | | |
| 速效清潔劑 6公斤裝 | 1-1 | 1 | 1 | 1 | 3 | 1 | 3 | 180 | 132 | 60 |
| 速效清潔劑 4100公克 | 1-1 | 2 | 1 | 1 | 3 | 1 | 3 | 470 | 132 | 160 |
| 沙拉脫 4100公克 | 1-1 | 3 | 1 | 2 | 3 | 1 | 66 | 1,800 | 132 | 50 |
| 沙拉脫 1000公克 | 1-1 | 4 | 1 | 2 | 3 | 1 | 3 | 840 | 132 | 300 |
| 沙拉脫 800公克 | 1-1 | 5 | 1 | 1 | 3 | 1 | 3 | 360 | 132 | 300 |
| 新奇漂白水 600cc裝 | 1-2 | 6 | 1 | 1 | 3 | 1 | 3 | 380 | 132 | 120 |
| 新奇漂白水 1200cc | 1-2 | 7 | 1 | 1 | 3 | 1 | 2 | 380 | 132 | 150 |
| 新奇漂白水 3000cc | 1-2 | 1 | 1 | 1 | 3 | 1 | 3 | 500 | 132 | 200 |
| 熊寶貝衣物柔軟精1000cc | 1-2 | 2 | 1 | 1 | 3 | 1 | 9 | 200 | 132 | 120 |
| 熊寶貝衣物柔軟精2000cc | 1-2 | 3 | 1 | 1 | 3 | 1 | 6 | 300 | 76 | 200 |
| 漂白式洗衣精800cc | 1-2 | 4 | 1 | 3 | 3 | 1 | 3 | 180 | 76 | 80 |
| 漂白式洗衣精1200cc | 1-2 | 5 | 1 | 2 | 3 | 1 | 6 | 240 | 76 | 50 |
| 漂白式洗衣精2000cc | 1-2 | 6 | 1 | 1 | 3 | 1 | 3 | 300 | 76 | 120 |
| 漂白式洗衣精3000cc | 1-2 | 7 | 1 | 1 | 3 | 1 | 3 | 300 | 76 | 120 |
| 合　　計： | | | | | | | 116 | 6,430 | | |

| F1 未陳列表 | F2 剔除商品 | F4 銷售報表 | F6 回主畫面 | F8　前頁 | F9　後頁 |

資料來源：陳信財，《零售業的戰略情報系統》。

**圖5-11　商店陳列管理系統範例（一）**

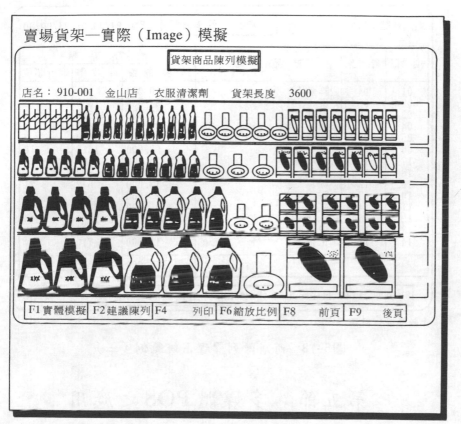

資料來源：同圖 5-11。

**圖5-12　商店陳列管理系統範例（二）**

賣場－銷售效率分析

| 店鋪代號：910-001 金山店 | | 賣場銷售效率分析 | 期間 94/09/01-94/09/30 | | |
|---|---|---|---|---|---|
| 項 目 | 貨 架 | 商 品 分 類 | 銷 售 業 績 | | |
| | | | 銷 售 金 額 | 坪 效 率 | 排行順位 |
| 01 | 04 | 鮮魚 | 70,000 | 911 | 17 |
| 02 | 05 | 蛋 | 94,000 | 1059 | 16 |
| 03 | 06 | 冷凍食品 | 137,000 | 1522 | 6 |
| 04 | 07 | 鹽干食品 | 105,000 | 1683 | 4 |
| 05 | 08 | 醃漬食品 | 27,000 | 1500 | 7 |
| 06 | 09 | 練製品 | 38,000 | 1218 | 10 |
| 17 | 10 | 水耕蔬菜 | 25,000 | 868 | 19 |
| 18 | 11 | 麵包 | 15,000 | 893 | 18 |
| 19 | 12 | 玩具 | 13,000 | 542 | 21 |
| 10 | 13 | 餅乾 | 25,000 | 534 | 22 |
| 11 | 14 | 文具 | 35,000 | 2652 | 1 |
| 12 | 15 | 五金 | 23,000 | 1127 | 14 |
| 13 | 16 | 清潔劑 | 12,000 | 623 | 23 |
| 14 | 17 | 化粧品 | 13,000 | 710 | 24 |
| | | 合　計： | 1,035,000 | | |

| F1 圖型分析 | F2 排序sort | F4 報表製作 | F6 主畫面 | F8 | 前頁 | F9 | 後頁 |
|---|---|---|---|---|---|---|---|

資料來源：同圖 5-11。

**圖5-13　商店陳列管理系統範例（三）**

# 第五節　多媒體POS之應用

　　美國賓州的商店自動化系統公司(Store Automated Systems Inc.)新近發明一部結合電腦的多媒體收銀機，名曰「經驗」(the Experience)，已引起各方極大的興趣，許多大零售商已在線上試用，國際商業機器公司(IBM)和美國電話電報公司(AT&T)旗下的全球資訊系統公司(Global Information Systems)計畫推出類似的產品。

　　「經驗」系統的螢幕即為傳統的電腦監視器連接到一部486個人電腦，使用特殊軟體，依附在微軟公司的視窗作業系統上。除了可加速收款速度之外，其最吸引人之處，在於能幫助收銀員迅速辨明產品及

售價，有個螢幕會顯示產品的照片，以便和實物比較，如果收銀員弄錯了，會有電子合成語音告訴收銀員，而且如果收銀機的抽屜打開太久，警報聲就會響起。「經驗」同時和紅外線掃描機與磅秤連線，能夠讀取商品上的條碼和秤出商品的重量。「經驗」系統的螢幕屬於光啓動，收銀員只要在螢幕上某產品的照片上指一下，即能登錄下某項銷售紀錄。面對顧客的電腦螢幕視窗裡，還會顯示失蹤兒童、社區事件、商店促銷、電視廣告、顧客留言、二手車買賣或徵求室友等等資訊。

　　收銀機業者說，「經驗」吸引人之處已超越其實際收銀的用途，而在於取悅排隊付帳而無所事事的顧客。

　　從以上之說明，此種多媒體 POS 其應用之趨勢如下：

　　1.螢幕中可顯示各種商品影像。

　　2.查詢所欲購之商品有幾種品牌及價格。

　　3.查詢欲購商品位置減少顧客尋找時間。

　　4.提供語音服務。

　　5.提供社區服務，成爲社區資訊服務中心。

　　6.提供商店內部之管理系統，如：商品之銷售狀態。

# 第六節　實案研究——百貨業自動化系統

　　國內最早成立之百貨公司爲 1958 年之大新百貨公司，其發展情況，可參考表 5-8。

　　隨著百貨公司家數不斷的增加，又有新業態、業種、量販店、專門店與直銷業者紛紛加入零售業之市場，使得百貨公司的市場呈現了高度的競爭態勢。

　　從資訊的層面，百貨公司整體資訊系統的架構如圖 5-14。

表5-8　臺灣百貨公司發展表

| 時間 | 成立之百貨公司 | 各 階 段 特 色 |
|---|---|---|
| 1949 年 至 1965 年 | *大新<br>*建新<br>*南洋<br>*第一百貨 | 1.以衣料、布帛爲商品的建新百貨商店開啓國內百貨業的大門。<br>2.第一百貨爲臺北市第一家大型綜合百貨，同時也是領導國內的百貨公司趨向另一個大型綜合百貨的潮流。 |
| 1966 年 至 1974 年 | *萬國　*遠東　*華僑<br>*今日　*亞洲　*日日新<br>*大千　*欣欣　*人人<br>*天鵝　*中外　*中信<br>*新光 | 1.企業集團加入經營。<br>2.沿襲以往傳統的經營方式。<br>3.配合都市發展，西門町漸成爲臺北市的繁華鬧區。 |
| 1974 年 至 1981 年 | *洋洋　*揚洋　*今日（南京）<br>*國泰　*百花田<br>*永琦　*大圓環<br>*遠東（寶慶）　*芝麻<br>*興來　*臺北廣場<br>*來來　*大王<br>*臺北百貨城　*獅子林 | 1.企業展開連鎖計畫。<br>2.七年開設十五家百貨公司，成長過於快速，導致激烈折扣競爭。<br>3.百貨綜合小組成立，緩合緊張情勢（69 年 7 月 1 日）。<br>4.永琦與日本東急百貨技術合作，開啓中日合作之風。<br>5.各家百貨無較大的差異性，同質性高。<br>6.西區百貨公司日趨飽和。 |
| 1981 年 至 今 年 | *力霸　　*統領　　*東光<br>*大批發　*先施　　*鴻源<br>*明曜　　*崇光　　*金華<br>*高島屋　*春天 | 1.邁入個性化的經營方式。<br>2.注重與國外的商品交流，尋求自家的商品差異。<br>3.商品經營與直銷的觀念日強。<br>4.中日技術合作之風大行其道。 |

資料來源：吳思華，〈專業經理人與企業發展關係之研究〉，《國家科學委員會專題研究計畫報告》略加修正。

　　而其資訊系統包括了前檯的 POS 系統與後檯系統。茲將後檯系統之架構表示於圖 5-15。後檯系統包括資訊管理、預算管理、系統管理、營業管理、顧客管理、財務管理與人薪管理等。至於百貨公司自動化設備之架構如圖 5-16。

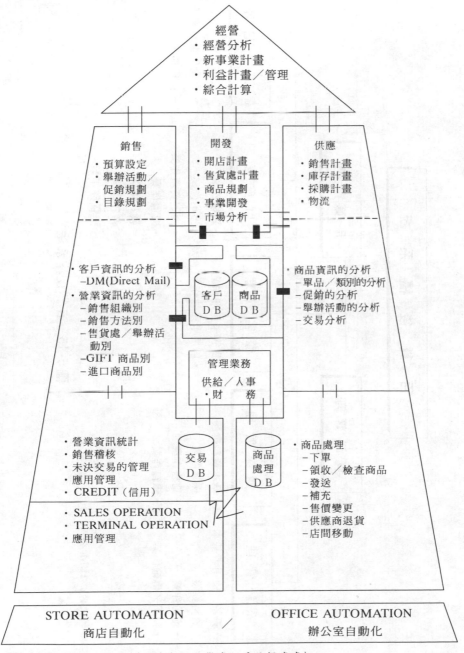

資料來源：IBM 公司，〈明德春天百貨資訊系統提案書〉。

圖 5-14　百貨公司整體資訊系統架構圖

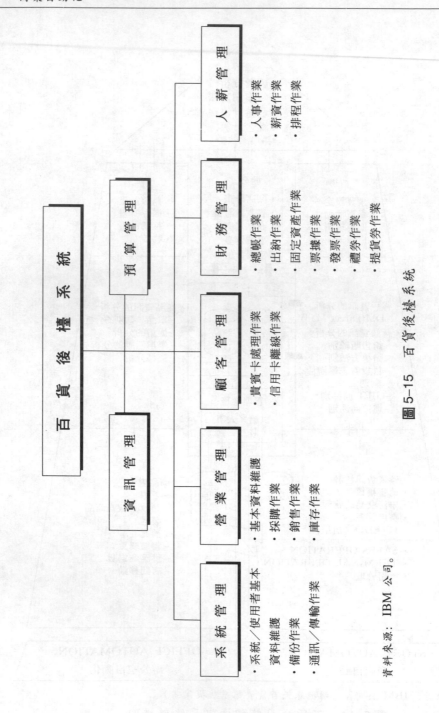

圖 5-15　百貨後檯系統

資料來源：IBM 公司。

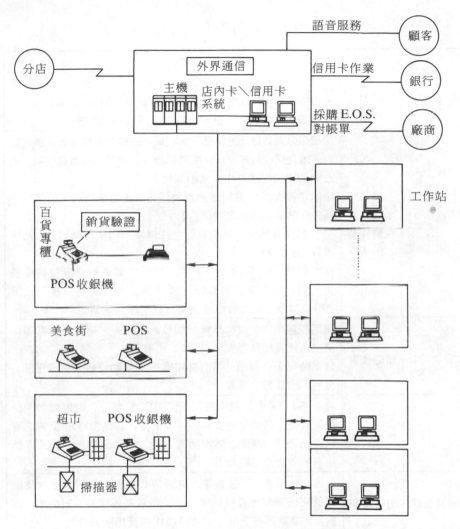

**圖5-16　百貨公司自動化設備架構圖**

　　我們將整個百貨業自動化系統功能按照營業管理、財務管理、人薪管理、預算管理及顧客管理等五大類說明如下（參考表5-9）：

## 表5-9　百貨業自動化系統功能分析表

| | | 系統功能、特色 |
|---|---|---|
| 營業管理 | 基本資料維護 | 所有基本資料如單品、新品編碼、廠商、新品折扣、單品成本／售價、專櫃、專櫃合約、專櫃抽成、單品售價變價、單品成本變價、服裝成分及吊牌資料之維護及相關報表。 |
| | 採購作業 | 採購單、進貨單、退貨單、驗收單、扣補單資料維護，進貨驗收、退貨驗收維護作業，採購單發行、放行、及傳送作業，銷毀逾期未交採購單作業及相關報表。<br>採購單發行 ── 在電腦上直接作業，【電腦已將可採購部分區分（廠商及商品之關係）】<br>── 利用電腦傳真將已發行之採購單列印成傳真格式，直接傳真至各廠商<br>驗收作業 ── 採購單發行後，其採購單資料會直接轉成驗收資料，若採購單與實際送貨不符合時，系統只接受上下20%之差異。此外若超過應交貨日期即使送貨也不接受。 |
| | 庫存作業 | 商品報廢輸入、商品移轉及驗收，商品拆／組裝及盤點等作業之維護及相關報表。<br>盤點時可先列印出，再由盤點機將所盤點資料上傳至電腦，再列印出盤點差異表。 |
| | 銷售作業 | 與前檯 POS 收銀機相關作業，如POS 單品、時段變價販促及新貨號／售價變更資料製作及下傳，若外由POS 上傳之資料做出時段、櫃別、樓別銷售分析、暢銷品排行分析及專櫃銷售績效表及相關報表。 |
| 財務管理 | 出納作業 | 對帳單、請款單、繳款單、送資貨收款單、信用卡帳款及收銀員交班實收等資料維護。除了做資料維護外，對帳單、請款單、繳款單等之應付票據轉換作業及相關報表。 |
| | 票據作業 | 應收、應付票據之維護、兌現、作廢等作業。並且可由此作業做出資金預估表、銀行存款調節表及銀行明細表及相關報表。 |
| | 發票作業 | 收銀機上的發票維護及作廢，二聯、三聯發票維護及媒體申報資料下轉等作業及相關報表。 |
| | 禮券作業 | 從禮券發行至銷售、庫存、盤點、移轉、銷售退回、銷毀等一連串作業之管理。上述作業皆需做過帳之動作不然無法繼續相關作業及相關報表。 |

（續表 5-9）

| | 固定資產作業 | 固定資產之分類、折舊類別、項別之維護、固定資產維護、移轉、改良、出售、報廢等作業，依據耐用年數計算出資產之折舊。 |
|---|---|---|
| 人薪管理 | 人事作業 | 員工基本資料、部門代號、職稱代號、員工專長代號、勞保薪資對照表、員工出勤表、員工考勤等資料維護。配合員工加班、請假、獎懲、考績作業製成員工出勤資料。其他還有員工部門調動、調職、及離職等作業。 |
| | 排程作業 | 所有員工之班別，調班、代班及工作場所資料維護。依排班作業製作部門別員工時間表。若員工不足時會出示員工不足警示表及相關報表。 |
| | 薪資作業 | 薪資資料發放、薪資獎金發放、所得稅級距、扣繳憑單、員工借款攤還等資料維護。綜合上列資料可做出薪資發放、調薪試算、津貼調幣、薪資銀行轉帳、獎金發放、獎金銀行轉帳、所得稅媒體申報轉檔等作業及相關報表。<br>結合人事員工加班、請假、獎懲、考績等作業自動計算出員工的薪水。 |
| 預算管理 | 預算管理作業 | 採購預算比率、自營預測資料、設備折舊資料、雜項費用分攤、自營營業預算資料、專櫃營業預算等資料維護。除了資料維護之外，並有將預測資料轉預算資料作業及相關報表。除了年度預算之外，並有每月之預算及未來12 個月之預算，且每月之預算將與採購、人事、及支出結合。 |
| 顧客管理 | 貴賓卡與信用卡管理 | 包括貴賓卡處理與信用卡離線等作業。 |

資料來源：IBM 工程師陳懷芬，《經濟日報》83 年 12 月 28 日 28 版，略有修改。

# （一）營業管理

在營業管理功能中，包括了以下幾個子系統：

1.廠商系統：包括

　(1)廠商相關代碼資料維護作業

　(2)廠商資料維護作業

⑶廠商相關代碼對照表

⑷廠商連絡資料表

⑸廠商清冊

⑹廠商地址條列印

⑺每日廠商建檔明細表

⑻廠商配合度月報表

⑼其他

2.採購系統: 包括

⑴產生訂單號碼作業

⑵開幕前購資料建入作業

⑶訂購單建立作業

⑷訂購刪除作業

⑸訂購查詢作業

⑹訂購列印作業

⑺商品條碼列印作業

⑻訂購清單列印作業

⑼已訂未交訂購單列印

⑽前日應交未交貨清單

⑾其他

3.驗收系統:

⑴驗收資料建立

⑵驗收單列印作業

⑶驗收清單列印作業 (依廠商, 日期等)

⑷驗收單修改作業

⑸試刷商品條碼 —— 依商品

⑹補印商品票籤作業

　　　(7)廠商進貨統計表

　　　(8)其他

　　4.*庫存系統*:

　　　(1)盤點報廢調整庫存作業

　　　(2)庫存結轉作業

　　　(3)產生盤點表作業

　　　(4)盤點商品 DOWNLOAD 至盤點機

　　　(5)盤點資料 UPLOAD 至主機

　　　(6)商品庫存資料維護作業

　　　(7)盤點資料輸入作業

　　　(8)報廢輸入作業

　　　(9)商品庫存表

　　　(10)盤點表列印作業

　　　(11)報廢商品清單

　　　(12)盤點差異表列印作業

　　　(13)其他

　　5.*退貨系統*: 包括

　　　(1)進貨退出資料建立

　　　(2)退貨通知單列印作業

　　　(3)退貨領回作業

　　　(4)退貨領回單列印作業

　　　(5)廠商退貨明細清單

　　　(6)退貨清單

　　　(7)退貨領回清單列印

　　　(8)退貨待領清單列印作業

　　　(9)退貨相關資料代號對照建立

⑽其他

6.*商品系統*: 包括

⑴大分類維護作業

⑵中分類維護作業

⑶小分類維護作業

⑷商品資料維護作業

⑸大分類清冊

⑹中分類清冊

⑺分類對照分析表

⑻廠商進價成本表

⑼分類進價成本表

⑽每日建檔明細表

⑾商品說明卡列印（依分類）

⑿變價商品說明卡列印

⒀商品說明卡列印

⒁分類毛利分析表

⒂店內轉國際碼

⒃同商品的國際條碼更換

⒄其他

7.*銷售系統*: 包括

⑴變價資料建立作業

⑵變價通知單

⑶回價通知單

⑷商品變價歷史明細表

⑸銷售退回維護作業

⑹自營與專櫃報表

(7)銷售日報表

(8)銷售明細表

(9)廠商銷售報表

(10)銷售排行榜

(11)其他

## （二）財務管理

在財務管理功能中，包含了以下幾個子系統：

1.總帳會計；包括

(1)選擇公司作業

(2)公司代號建檔

(3)部門代號建檔

(4)會計科目代號建檔

(5)常用摘要代號建檔

(6)特定科目代號建檔

(7)會計科目預算建檔

(8)自定式報表格式建檔

(9)資產負債表格式建檔

(10)財務比率分析表格式建檔

(11)共同費用分攤比率建檔

(12)固定傳票建檔

(13)會計年度建檔

(14)初期開帳作業

(15)會計科目餘額檔維護

(16)系統日期控制檔維護

(17)傳票調整作業

⒅傳票建檔

⒆傳票借貸平衡試算

⒇傳票過帳處理

(21)共同分攤處理

(22)決算處理

(23)會計月結作業

(24)產生固定傳票

(25)列印公司代號清冊

(26)列印部門代號清冊

(27)列印會計科目清冊

(28)列印常用摘要清冊

(29)列印科目預算清冊

(30)列印自定式報表格式清冊

(31)列印固定傳票清冊

(32)列印作廢傳票清冊

(33)列印傳票編號清冊

(34)傳票列印作業

(35)列印日記簿

(36)列印日計表

(37)列印科目明細表

(38)列印科目分類帳

(39)列印收入明細比較表

(40)列印明細比較表

(41)列印試算表

(42)其他

　2.應付帳款系統:

(1)發票建檔

(2)列印發票明細表

(3)廠商扣款項目建檔

(4)結帳控制檔維護

(5)電匯手續費建檔

(6)整帳作業 —— 自營廠商

(7)整帳作業 —— 專櫃廠商

(8)應付帳款調整處理

(9)應付帳款付款處理 —— 自營廠商

(10)應付帳款付款處理 —— 專櫃廠商

(11)產生付款案號 —— 自營廠商

(12)產生付款案號 —— 專櫃廠商

(13)產生電匯媒體資料

(14)列印扣款明細表

(15)列印請款明細

(16)列印付款明細

(17)列印付款總表

(18)列印電匯清單

(19)列印支票

(20)列印支票明細表

(21)供應廠商發票餘額處理

(22)計算廠商當期扣款資料

(23)電匯到期扣銀行存款

(24)廠商扣款明細檔維護

(25)進貨退出或折讓單維護

(26)其他

3.專櫃系統：

　(1)專櫃合約折扣抽成建立

　(2)專櫃包底抽成資料建立

　(3)扣款費用代號建立

　(4)專櫃扣款資料建立 ── 依櫃別

　(5)專櫃扣款資料建立 ── 依費用

　(6)專櫃結帳方式月報表

　(7)專櫃業績日報表

　(8)專櫃銷售彙總表

　(9)專櫃銷售資料維護作業

　(10)專櫃每月營業目標資料建立

　(11)專櫃每年營業目標資料建立

　(12)專櫃廠商對帳單

　(13)專櫃廠商結帳單

　(14)專櫃銷售明細表

　(15)專櫃抽成明細表

　(16)其他

4.禮券作業：

　(1)禮券發行明細表

　(2)禮券銷售退回

5.固定資產：

　(1)固定資產維護

　(2)固定資產移轉

## （三）人薪管理

包括以下作業：

1.人事作業

　(1)出勤記錄

　(2)請假、加班檔維護

2.排程作業(表)

3.薪資作業

4.保險作業

## （四）預算管理

主要為採購預算比率、自營預測資料等資料維護與報表之產生。

## （五）顧客管理

包括了貴賓卡系統維護與信用卡離線作業之處理。

# 習 題

1.何謂 POS？

2.一個 POS 系統應具備哪些條件？

3.一般商店對 POS 之需求，試討論之。

4.何謂商品主檔？有何功用？

5.在商品主檔運用時，常見的錯誤有哪些？如何解決？

6.試述 SDLC 之四個階段工作。

7.在 POS 應用中，有哪些代碼需要編訂？

8.公司實施 POS 的關鍵成功因素有哪些？試討論之。

# 第六章　電子資料交換與加值網路

## 第一節　電子資料交換之意義與背景

所謂電子資料交換(Electronic Data Interchange, FDI)就是企業間將往來的業務資料依照規定之標準化的格式,透過通訊網路在電腦與電腦之間互相傳輸的一種方式。根據這個定義,EDI有以下三個特性:

1.企業間交易必要資料,如訂單、估價單、交貨單,與請款單等傳票與文件先加以電子化後,再透過電腦及通信網路,相互傳遞資訊。

2.資料必須依照共通標準化格式(商業協定),因此共通標準必須先制定。

3.交易資料電子化,在初期可用磁帶、磁碟片傳送資訊,但EDI的最終目標則是採用通訊網路直接利用電腦傳輸。

EDI 產生背景,乃是因為商業活動日趨頻繁,商業資訊大量增加的同時,使得如何在最短時間內,面對大量資訊,做出最快速而正確處理,已成為企業之關鍵成功因素;再加上資訊處理環境之變化,使得EDI 的必要性更顯得重要。因此,外部資訊的策略使用與資訊處理環境之變化,即是 EDI 產生的二個重要背景,如圖 6-1 所示。

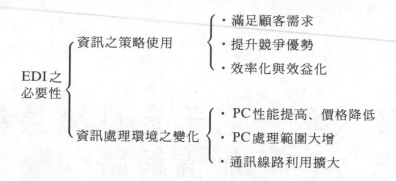

圖6-1　EDI之背景

茲分別說明如下:

**1.資訊之策略使用方面**

企業間事務處理日益複雜, 造成了資訊通訊需求之日益增加, 其主要之需求與問題點可歸納如下:

(1)企業間必要傳票、帳目等, 無論如何傳達或交換都需要時間, 應該如何減低無效作業時間, 使作業更迅速, 更正確?

(2)企業間交易產生的購買管理或庫存管理, 為符合經營方針效率的策略, 應該如何縮短訂單製作到驗收時間或利用無庫存方式以降低成本?

(3)確實準備物流相關設施, 建立可行計畫及實施系統。

(4)如何使買方資料與自己公司的業務系統配合使用, 且現在送出的傳票, 若非再輸入不可, 應儘量避免輸入的錯誤及時間的損失。

(5)能否提供更多樣化、更迅速、確實與及時之資訊, 提升對企業服務。

(6)能否靈敏地因應市場變化, 提高成交率及擴大商圈。

**2.資訊處理環境變化方面**

　　在資訊技術顯著革新的背景下，出現大量高性能、低價格的個人電腦，連小企業都非常普及。許多企業均以電腦處理平常交易資料，結果本公司輸入電腦之資料，常常是對方電腦打出之傳票、帳目等。所以，交易對方資料若不用打出，而直接輸入自己公司電腦，則既不浪費時間，又可防止錯誤，更爲經濟。

　　另一方面，通信線路使用環境亦產生變化，尤其是加值網路流行及通信技術突飛猛進，更使架構真正企業資訊網路以及企業間新通信方式的可能性大大增加了。

# 第一節　電子資料交換之目的與程序

　　當架構與交易對方等外部企業間之資訊網路時，若僅就各企業內部網路直接接入對方企業，將產生大問題，如圖 6-2。

　　在圖 6-2 中，交易上較優勢的企業爲了操作自己網路終端機，便造

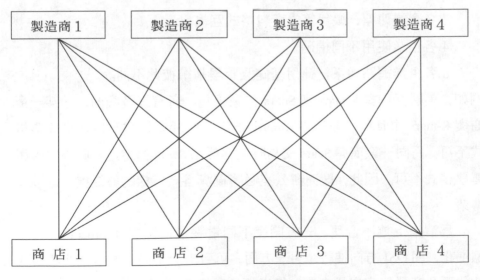

圖6-2　傳統的企業通訊方式

成多終端機現象，如圖6-3所示。

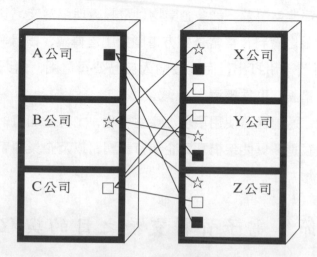

圖6-3　多終端機現象

造成這種現象的原因，可歸納如下：

　　1.電腦機器之規格，因廠牌而異。

　　2.各企業網路採用不同通信程序。

　　3.各企業傳票、帳目等之資料格式互異。

　　4.各企業使用不同編碼。

　　5.各企業網路與系統運用基礎及管理基準彼此不同。

例如，美國百貨業K-mart與Sears二家公司，各有許多廠商，當某一廠商與K-mart來往時，非使用K-mart指定之電腦終端機及指定之傳票格式不可。而同一廠商與Sears交易時又非使用Sears指定之電腦終端機與傳票格式不可。因此，廠商辦公室必將擺滿各式各樣的終端機、電腦及傳票。

　　為消除上述不合理，一方開發不同電腦通信協定（Protocol），並予標準化，朝OSI方向進行；另一方面，可致力於不同企業各種傳票格式及代碼及商業協定之標準化。後者便是所謂EDI。

圖6-4表示EDI環境下的企業通訊狀況。

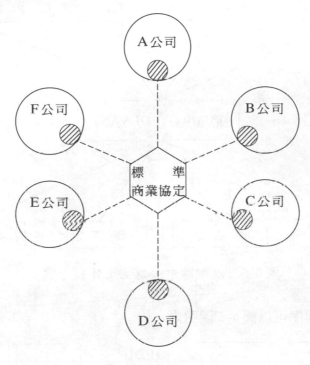

**圖6-4　EDI 環境下之通訊**

而這個環境乃是藉由電腦及電子通信迴路之協助，以網路中心企業爲主的方式，將買方、賣方及其關聯企業間交易資訊予以進行交換並連結其電腦及終端機，如圖 6-5 所示。而 EDI 環境下企業間之資料交換，其基本程序如下：

1. 買方經由內部資訊系統產生訂單訊息。
2. 經由 EDI 轉換軟體轉換成 EDI 標準訊息。
3. 標準訊息經由通訊線路傳至網路中心。
4. 網路中心將此訊息進行安全管理後置於郵箱中。
5. 賣方可隨時透過線路從 EDI 網路中心郵箱中提取訂單訊息。
6. 訂單訊息傳回後，再透過轉換軟體轉成內部資訊系統之格式。

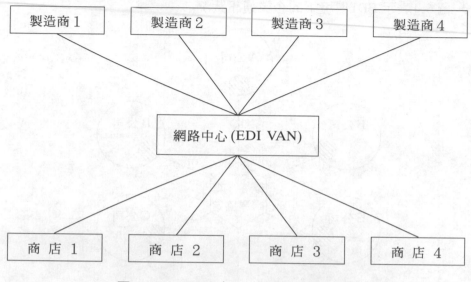

圖6-5 以網路中心為主之傳輸方式

以上之程序可以圖6-6 說明之:

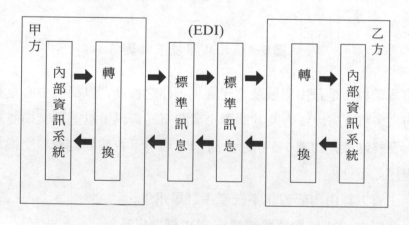

圖6-6 EDI 資料交換程序

相同情況賣方發票等資料亦透過上述之程序傳輸。在這種作業方式下,省卻了人工輸入、人工傳真、人工編寫等手續, 並且突破了不同企業、不同應用系統間之溝通障礙。

　　從資訊系統結構面而言，用戶端之 EDI 系統包括了轉換軟體、通訊模組與系統介面。EDI 網路中心系統則包括通訊模組、安全管理、郵箱管理及其他應用系統，如圖 6–7 所示。

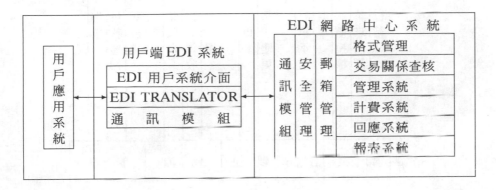

圖 6–7　EDI 環境系統結構

# 第三節　　EDI 之效益

　　EDI 之目的乃在將商業之間往來交易所產生的大量文件，透過電腦與電腦間之傳輸，達到快速正確之境界。

　　一般而言，買賣雙方交易往來文件按照其交易時序可以圖 6–8 表示。

　　這些文件，傳統的作法是以書面化利用人員、傳真、郵寄等方式傳給對方，這種作法，有許多缺失，說明如下：

　　1.費時：製作文件需書寫、需打字，總得花費許多時間，送達對方，又要費時。電腦處理訂單時，輸入資料也耗時。一再顯示文件的作成與傳遞所浪費的時間，成為商品交易過程中，巨大的時間損失與成本。

　　2.費力：文件之書寫及傳遞需費人力，收發兩端各別作電腦輸入，都需要大批的人力。

　　3.錯誤：文件製作過程，即使相當注意，仍難免會產生錯誤，文件

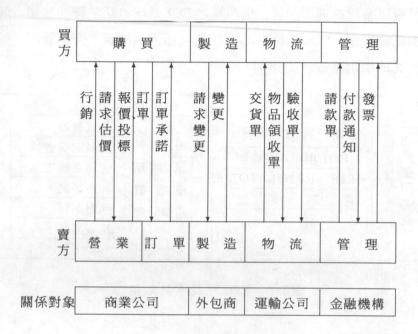

圖6–8　商業交易時序與資訊

往返一次又一次轉記所無可避免的錯誤，喪失了文件所需之安全性與確實性。

　　4.費錢：不論採取郵遞或專送，為了迅速、確實傳遞，需要大幅的費用與組織。

　　其作業方式如圖6–9所示。

　　而EDI環境下的作法是利用電腦直接輸入，直接傳輸，除減少上述之缺失外，更帶來許多新的效益，其作業方式如圖6–10所示。

　　EDI環境下之效益，可以按照作業層級，管理層級與策略層級等分別列出其避免之缺失與帶來之效益，整理如表6–1。

　　總而言之，EDI不但是可增加企業之作業效率，更是提升企業競爭優勢的策略武器。

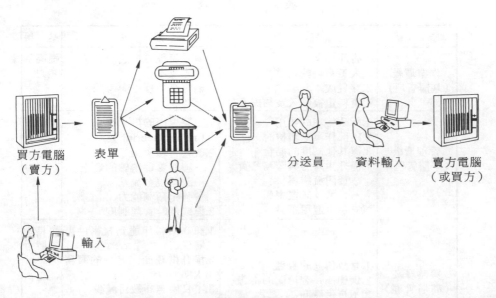

資料來源：經濟部商業司，〈商業EDI簡介〉。

圖6-9　傳統文件作業處理流程

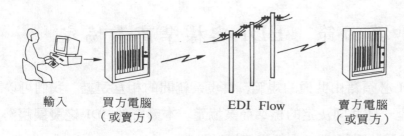

資料來源：同圖6-9。

圖6-10　EDI文件作業處理流程

國際商業界流行一句話 "NO EDI, NO PO"（PO 即 Purchase Order，定單）即表示沒有 EDI 即沒有定單，誠不假也。

表6-1　EDI 效益

| 層　　級 | 減　　少 | 帶　　來 | 結果 |
|---|---|---|---|
| 作業層級<br>（基層管理） | 1.書面作業<br>2.人工資料輸入<br>3.存貨成本<br>4.資料重複輸入及錯誤產生 | 1.資訊流程更快速而正確<br>2.節省成本<br>3.縮短交易程序與時間 | 提高生產力 |
| 管理層級<br>（中層管理） | 1.行政管理的費用<br>2.內部作業重新檢討<br>3.與其他制度的結合<br>4.提升生產力與服務品質<br>　－資訊流錯誤<br>　－金錢及商機喪失<br>　－現金運用不良 | 1.企業程序的再工程<br>　（re-engineering）<br>2.改善管理決策<br>　－獲取更為精確的資訊<br>　－改善現金流量<br>　－強化預測能力<br>3.達成及時管理制度 | 提升獲利力 |
| 策略層級<br>（高層管理） | 1.郵政傳遞的延遲<br>2.供應商／客戶間的抱怨<br>3.不良供應商 | 1.與商業夥伴達到緊密供需關係<br>2.提升供應商／客戶的服務水準<br>3.不良供應商數目減少<br>4.快速反應市場需求<br>5.與原有客戶做更多生意<br>6.新客戶的創造 | 更具國際競爭力 |

資料來源：同圖 6-9。

# 第四節　EDI 與標準商業協定

　　EDI 必須藉由共通的規範，實現系統間的相互連結。我們可以說 EDI 就是一種共同決定的標準商業協定。本節將就 EDI 之發展趨勢、國內之發展狀況與 EDI 之架構等加以說明。

　　美國在 1960 至 1970 年代即由運輸業、倉庫業、食品業、保險業等制定了 EDI 標準。而在 1970 年，確立了「ANSI　X.12」為美國國家之 EDI 標準，目前廣泛用於運輸、汽車、電氣、化學、食品、紡織等業界。

　　歐洲則在 1940 年設立 ECC（歐洲經濟委員會）推動標準化，而有

TDI 之標準（即貿易資料交換），廣泛在貿易業界與零售業界使用。

在 1985 年「ANSI X.12」（美國之 EDI 標準）與「TDI」（歐洲之 EDI 標準）共同合作，著手建立國際標準，該聯合小組稱 UN-JEDI（UN-Joint EDI），在 1987 年完成，並向 ISO（國際標準組織）正式提出 EDIFACT（EDI for Administration, Commerce and Transport），而由 ISO 委員會之 TC／154 制定細部規格。其發展過程如圖 6–11。

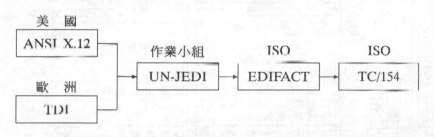

圖 6–11　EDIFACT 發展過程

我國是在 1991 年由中華民國商品條碼策進會，邀集產、官、學、研專家共 325 人組織成中華民國商業標準委員會，其組織架構如圖 6–12。

國內是將 EDIFACT 之子集 EANCOM 引進做為落實國內 EDI 之標準。目前之作業流程如下：

1. 作業小組以 EDIFACT 已有之國際標準訊息為基礎，規劃訊息雛型。
2. 市場調查瞭解國內對商業 EDI 需求。
3. 將國際標準訊息與國內需求比對。
4. 作業小組與顧問小組討論標準訊息初稿。
5. 交由執行委員會審議，產生標準訊息草案。
6. 呈送商業司發布為暫行規範，並交中央標準局國家標準審查委員會審核。

我們在圖 6–13 說明了 EDIFACT 之組織架構。

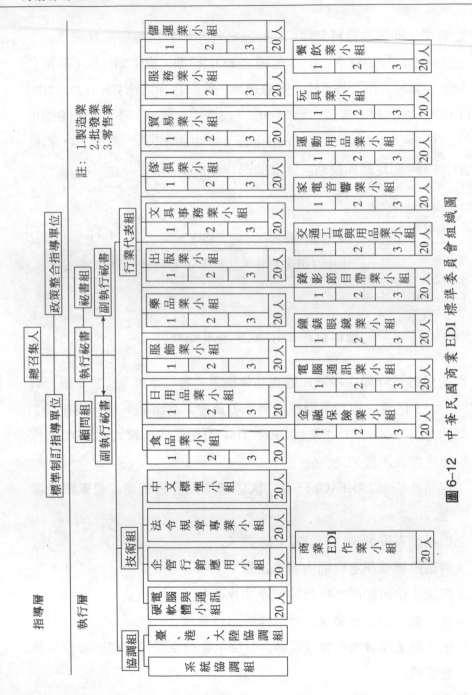

圖 6-12　中華民國商業 EDI 標準委員會組織圖

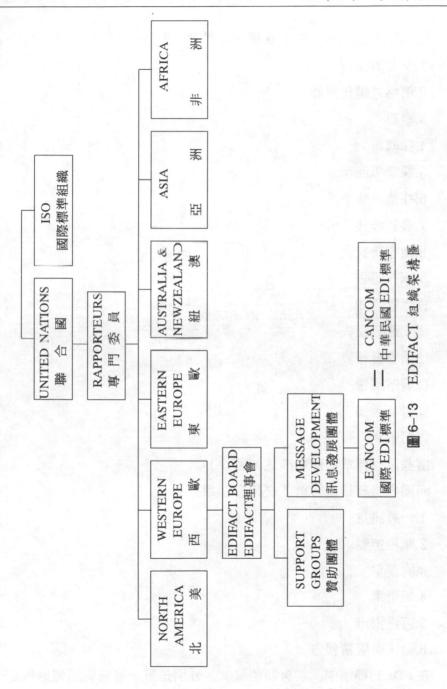

圖 6-13 EDIFACT 組織架構圖

目前國內已制定完成十五項訊息標準，包括：

1.交易對象資料

2.價格／銷售型錄

3.發票

4.採購單

5.採購單回覆

6.採購單變更請求

7.發貨通知

8.銷售統計表

9.庫存報告

10.匯款通知

11.交運日程表

12.銷售日報表

13.發票回覆

14.借貸通知

15.對帳單

這些訊息標準之應用模式如圖6–14。

而國內將繼續進行以下之訊息標準：

1.一般訊息

2.賦稅控制

3.詢價單

4.報價單

5.運送指示

6.語法與服務報告

在 EDI 的標準中，共有四個層次，分別是第一層為資訊傳送規定；第二層為資訊表現規定；第三層為系統與業務運用規定；第四層為交易

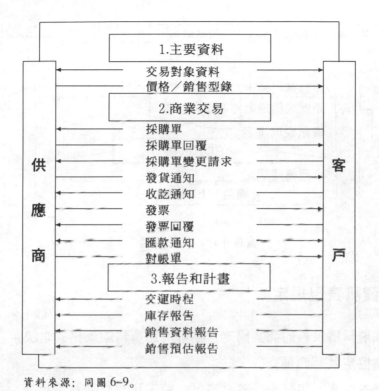

1. 主要資料
交易對象資料
價格／銷售型錄

2. 商業交易
採購單
採購單回覆
採購單變更請求
發貨通知
收訖通知
發票
發票回覆
匯款通知
對帳單

3. 報告和計畫
交運時程
庫存報告
銷售資料報告
銷售預估報告

供應商　　　　客戶

資料來源：同圖 6-9。

圖 6-14　EDI 訊息標準應用模式

基本規定。其架構如圖 6-15 所示。

茲說明如下：

## （一）資訊傳送規定

第一層規範有關資訊、通信系統的規定，稱之為通信協定。

在 ISO 規範裡，OSI（Open System Interconnection）以七層規定，其中應用層即相當於第一層。譬如檔案轉送規格 FTAM（File Transfer Access and Management）及利用貯存機能的訊息處理系統 MHS（Message Handling System）即是。

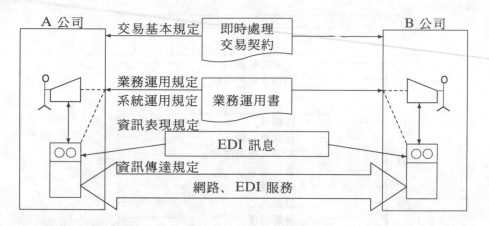

圖 6-15　　EDI 架構

## （二）資訊表現規定

第二層稱為狹義的商業協定，亦可稱為資料編碼格式之決定。在此層之商業協定共有四種：

1.標準訊息：如訂單、發票等包含特定訊息之資料項目表。

2.語法規範：如組成實體信息時構成之規則。

3.資料元件、目錄：如使用資料項目之所有標準訊息，相當於單字辭典，將其簡號、位數、意義及機能，參考號碼等予以定義。

4.資料編碼：如國名編碼、日期、時間的表示方法、貨幣編碼、數量單位編碼、船名編碼、港口、地名編碼等，定義大部分一般使用信息的標準編碼一覽表。

## （三）系統與業務運用規定

第三層稱為系統與業務運用規定，以 EDI 結合業務處理系統運用的規定，目前標準尚不明確，取決於各系統。

規定的內容包含系統運轉相關之規定及業務運用相關之規定。

　1.系統運轉規定: 確保信息實質的正確傳送, 包含系統的運轉時間、訊息的送達確認、系統運轉狀況確認等主要內容以及檢出異常、異常處理、收發信息之時程。

　2.業務運用規定: 比如收信方接受訂單修正信息時應如何判斷, 如何處理以及業務基層水準相關之業務運用的決定。

第三層規定依循條件判斷作固定形態的機械性處理, 決定的方法及手續, 可將自動化加入業務處理之邏輯。預設障礙的復原處理等均包含在該層。

## （四）交易基本規定

基本交易規定, 尚未研擬標準。

依 EDI 相互商業交易的企業間、或企業集團內的EDI 交易基本契約中, 隨處可見契約法律有效性的確認, 事故發生時的損害賠償責任, 通信及 VAN (加值網路) 使用費的分攤。

# 第五節　各國推動 EDI 應用狀況

基本上, EDI 的應用領域, 可以說涵蓋了各行各業, 如運輸業、百貨零售業、製造業、金融業、倉儲業、電子業、保險業等。在美國, 若干行業已訂定產業 EDI 標準, 如運輸業的 TDCC 格式(Transportation Data Coordinating Committee)包含了海、空、公路、鐵路的格式標準, 零售業的 VICS 格式(Voluntary Interindustry Communication Standard)、食品業的 UCS 格式(Uniform Communication Standard)等。

而目前國際主導各業別 EDI訊息標準包括:

　1.EANCOM: 商業 (買賣行為)

2.CEFIC：化學工業

3.EDIFICE：電子工業

4.ODETTE：汽車工業

5.RINET：保險、再保險

6.EMEDI：保健

7.OEDIPE：能源

8.EDICON：建築

9.IATA：航空公司

而各國亦不遺餘力努力加以推動 EDI，茲就美國、歐洲、亞洲等地區之推動狀況簡單說明如下：

### 1.美國

美國是採用 EDI 最盛行的國家，且已訂定若干 EDI 產業標準，如 TDCC，WISN 等。在推展 EDI 過程中，美國政府扮演極重要的角色，率先從官方的財政部之海關先實施，進而影響其他相關民間廠商採用 EDI。如美國港務局採用關務 EDI 系統 ACES（Automated Cargo Expending System）便是一個成功的例子。

### 2.歐洲

歐洲十二個國家正努力將 EDIFACT 擴大應用範圍。

### 3.亞洲

新加坡已發展關務 EDI 系統（TRADNET）和國防部 EDI 系統（Intra-Ministry EDI Network）。在發展過程中，新加坡政府扮演非常重要的角色。並積極透過此二套系統之運作，把 EDI 系統普及至民間。

港、韓等國亦著手從事 EDI 之推廣應用。如香港的現代貨櫃與新加坡海關已建立 EDI 網路，而韓國則與加拿大合作，發展 EDI 技術。

日本 EDI 模式原是以集團標準為主，如 SHIPNETS 的網路僅用於東京、橫濱，擴至神戶、名古屋、大阪等，以連接船務，輪船的業務為

主。但各集團的標準，有時卻無法互通。為了解決這問題，及國際標準
採用的趨勢，日本國內亦積極地發展以 EDIFACT 為主的 EDI 系統。

　　我們以表6-2列出了亞太六國 EDI 的現況分析。

### 表6-2　亞太六國 EDI 現況分析表

| 項目<br>國家 | 資訊化<br>(EDP/GNP)% | EDI 標準 | EDI 發展誘因 | 使用效益 |
|---|---|---|---|---|
| 日　　本 | 1.75 | EIAJ-1C<br>（以 EDI-<br>FACT 為<br>主幹） | ・上下游訂貨系統<br>　自動化<br>・配合國際潮流需<br>　要 | ・降低成本<br>・商情情報流通快 |
| 澳　　洲 | 1.64 | EDIFACT | ・傳統文件交易不<br>　合時宜<br>・產業具國際競爭<br>　力 | ・降低成本<br>・減少交易時間 |
| 新 加 坡 | 1.6 | EDIFACT | ・利用 EDI 提高產<br>　業競爭力<br>・以貿易轉介中心<br>　提供更好貿易服<br>　務 | ・交易時效迅速<br>・降低成本<br>・商情訊息流通快 |
| 韓　　國 | 1.3 | ANSI<br>X.12 | ・促使產業更具國<br>　際競爭力 | ・商業文件上，成<br>　本降低百分之十<br>　五<br>・減少交易時間 |
| 香　　港 | 1.14 | EDIFACT | ・順應國際情勢，<br>　提高國際競爭力 | — |
| 中華民國 | 1.1 | EDIFACT | ・順應國際情勢，<br>　提高國際競爭力 | — |

資料來源：資策會 MIC。

## 第六節　加值網路

　　所謂加值網路（Value Added Network, VAN）是一種在基本網路上附
加價值而提供消費者服務的網路。一個 VAN 乃由服務、基本網路與附
加價值等三部分構成，說明如下：

1.服務: 通常 VAN 之業者根據市場反應, 而決定服務的項目與收費標準。

2.基本網路: VAN 乃建立在基本網路上的。一般而言, 基本網路(Basic Network)就是電話網路。而電腦普及後, 都利用已鋪設好之公眾電話網路做為傳遞資訊之用。因此基本網路不但只傳遞聲音, 亦可以傳遞數據, 資料影像, 圖形等。只要有不同服務的 VAN, 透過電話網路, 即可進入各種不同服務的 VAN。

3.附加價值: 乃由使用者決定價值, 及是否接受這個價值。

加值網路, 乃由 1969 年國防之 ARPANET (Advanced Research Project Agency Network)開啓, 當時美國將各種軍事研究委託各大學及研究機構, 而研究所需的電腦若分別購買, 則預算非常龐大。為共同使用而架構出網路, 但仍非時間分享之形式, 而是以相互研究心得之交換, 或論文及意見的交流等提升通信機能為目標。該網路技術的特徵在於儲存交換方式的廣域分封, 以長距離的分封交換為基礎。

加值網路一般而言, 可分為四個層次, 如圖 6–16 所示。這四個網路分別說明如下❶;

## (一) 管理型通訊網路

因為電話網路是為了音頻訊號傳輸, 而不能滿足數據傳輸所要求的品質速度及效率。因此, 為了數據通訊之需, 而有了第一層的 VAN 稱之為管理型通訊網路, 以分封交換數據網路(Packet Switched Data Network, PSDN)為代表。PSDN 允許用戶端的許多終端機經由多個邏輯通道同時共用一個通訊介面, 一部數據機及一路用戶線。其效益為更高的通信可靠度, 更具融通性的通訊品質及較好的通信品質。

---

❶ 見*PC Magazine*中文版, 1990 年 10 月 10 日, pp. 92–98。

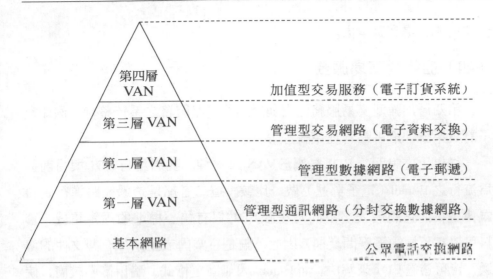

圖6-16　加值網路之四個層次

## （二）管理型數據網絡

第二層加值網路是管理型數據（Managed Data）網路服務，提供資料交換與共享，如電子郵遞，電子佈告欄，資料庫檢索服務等。透過電子郵遞可以發信給特定的收信人，這封信放置在網路主機上收信人的信箱內；收信人可以在任何地方，任何時刻取閱信件而沒有一般電話或書信受到的時間或空間限制。如果要發信給大多數人，則可以利用電子佈告欄。而一般大型網路服務公司提供的資料，可提供天文、地理、日常的新聞、氣象、旅遊、休閒等的各式資訊，讓使用者人在家中坐，透過個人電腦與數據機連上電話線，便可以方便的、迅速的檢索各項資料。

## （三）管理型交易網路服務

第三層加值網路是管理型交易網路服務，亦即電子資料交換（Electronic Data Interchange，EDI），其目的在利用電腦的直接通訊，以電子文件代替紙張文件，避免人員介入而提高效率及減少錯誤，進而降低企業

營運成本，提高競爭力。

## （四）加強型交易服務

第四層加強型交易服務泛指利用加值網路服務之系統整合，例如電子訂貨系統，銷售點管理系統等等。

從以上之說明，EDI 是屬於VAN 之一種。我們可將 EDI 與目前甚為流行之 E-mail（電子郵遞）做一比較。這二者都是透過網路進行資料之傳遞，而它們最大之不同乃在於 EDI 只有統一標準的固定格式，資料可以在不同的電腦間交換，因此不論是企業內或企業外有關文件的傳遞，皆可透過 EDI 來解決。而 E-mail 因無固定格式，適用範圍較廣，使用者也較容易上手，但對於不同電腦應用系統間之全自動化作業，其處理能力就較差。茲將 EDI 與 E-mail 之比較情況列於表 6–3 中。

表 6–3　EDI 與電子郵遞（Electronic mail）之比較

| 項　　目 | EDI | E-mail |
|---|---|---|
| 範　　圍 | 「產業」之間的訊息交換 | 不一定是企業間（可能是企業內部） |
| 對　　象 | 應用系統對應用系統間、電腦與電腦間 | 人與人之間 |
| 訊息性質 | 商業文件 | 可以是個人的訊息、公告，也可能是商業文件 |
| 文件標準 | 文件格式標準由使用者組織訂定 | 資料格式標準並不存在 |
| 資料格式 | 標準的固定格式中存放結構化的訊息 | 在非固定格式中存放不一定是結構性的訊息 |
| 資料內容 | 大都是資料代碼 | 文字 |

資料來源：蕭美麗，〈超市加值型網路先導系統〉。

許多企業尚未具備使用 EDI 應用之前，在做資料交換時，往往先使用第二層的 VAN。茲舉麥當勞在國內之實列。該連鎖企業利用VAN業者提供的電子郵遞系統，將總公司與各分店互相連結。麥當勞在使用

VAN 之前，各分店（即門市中心）其每日的銷售資料必須先以磁片儲存起來，再遞送回總公司重新輸入電腦統計。然而隨著門市部持續的擴增，總公司每日花在重複處理這些資料的人力及時間成本日益加重。因此，麥當勞決定利用加值網路的管理方式來解決這個問題。利用 E-mail 而解決了資訊流。VAN 業者負責提供維護整個網路中心。門市中心的工作人員在每天的固定時間內，利用數據機撥接網路，將當日之銷售資料與人事資料輸入，傳送至網路中心。而總公司人員每日一次收取所有檔案，不必利用人工操作。

當然使用 E-mail 並不需要和外部相關企業做商業協定，但是，當考慮到庫存，訂貨系統要整合時，則必須使用 EDI 不可了。

目前國內已制定「電信加值網路業務管理辦法」，加值網路業者可提供以下業務之服務：

1.資料儲存、檢索業務。指利用電信總局所提供之機線設備，附加資料庫及電腦等設備，提供使用者作資訊儲存，及檢索之電信服務。

2.資訊處理業務。指利用電信總局所提供之機線設備，附加資料庫及電腦等設備，提供使用者作資訊處理之電信服務。

3.遠端交易業務。指利用電信總局所提供之機線設備，附加資料庫及電腦，提供使用者作遠端交易之電信服務。

4.文字處理編輯功能業務。指利用電信總局所提供之機線設備，附加資料庫及電腦等設備，提供使用者作文字處理編輯之電信服務。

5.語音存送業務。指利用電信總局所提供之機線設備，附加資料庫及電腦等設備，提供使用者作語音儲存及收聽之電信服務。

6.電子文件存送業務。指利用電信總局所提供之機線設備，附加資料庫及電腦等設備，提供使用者作電子文件之儲存及傳送之電信服務。但經營者及使用者均不得設置傳真機或電腦加裝傳真卡作傳遞圖形或文字等傳真業務。

7.電子佈告欄業務。指利用電信總局所提供之機線設備，附加資料庫及電腦等設備，提供使用者作特定格式資料交換之電信服務。

最後我們將國內加值網路市場範圍，業者及服務領域，整理如圖6–17。

# 第七節　電子訂購系統

EOS（Electronic Ordering System，電子訂購系統）即是買方將訂貨資料經由電腦終端機輸入後，再利用電訊網路傳送到加值網路中心（VAN CENTER），並經由資料格式交換成標準型式，再送賣方之資訊系統的一種自動訂貨作業方式。

基本上，EOS是一種屬於加值型交易服務之加值網路，通常是先建立產品供應商等檔案，而由操作人員，利用掌上型終端機（Handy Terminal），由貨架或條碼簿上直接掃描後，即可傳至供應商，完成訂貨手續。而一個EOS的環境，必須有下列幾項的配合才可成功：

1.條碼的使用與普及
2.掌上型終端機的功能
3.VAN 業者運作與維護能力
4.EDI 的導入

而使用EOS 的效益，則可分為賣方及買方二個層面加以說明：

**1.買方之效益**

⑴採用電子資料交換，避免重複輸入及人為輸入錯誤。
⑵以網路傳送表單，增加單流之速度，爭取訂貨時效。
⑶簡化訂貨資訊傳送作業及傳票轉登作業而達到減少人工作業之效益。
⑷配合多樣少量貨品之配送，降低缺貨率並可增加存貨周轉率。

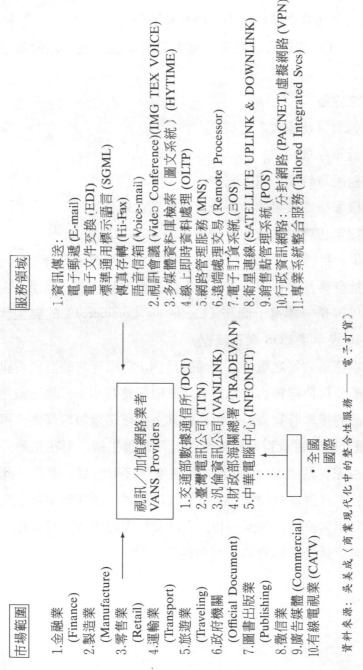

圖6-17 加值網路之市場範圍、業者與服務領域

資料來源：吳美成〈商業現代化中的整合性服務──電子訂貨〉

(5)強化企業間之溝通能力，提升競爭優勢。

(6)藉由 EDI 的導入，改善企業表單之系統達成管理合理化之效
益。

## 2.賣方之效益

(1)降低退貨及補貨之可能性。

(2)降低庫存量。

(3)縮短接單時間，減低成本。

(4)準確掌握應收帳款，便於資金管理之運作。

(5)掌握零售店的進貨異常情況。

從上節中，我們可以看出 EOS 是加值網路應用的最高層次，它結合
了供應商、批發業及零售業，在業務上更是牽涉到物流、商流、金流與
資訊流。可以說是一種電子商務（Electronic Commerce）的典型代表，
我們以圖 6–18 表示了 EOS 業務流程。

茲舉日本花王公司之電子訂貨系統為例。它以零售的訂貨資訊為基
礎，由花王子公司替零售店接單訂貨（收取服務費用），收集向花王或
其他公司產品的接單訂貨資料，而利用掌上型終端機讀取條碼，再利用
MCA 無線電，即時將資料連線傳至總公司電腦主機。而花王總公司與
零售店約二百家，透過 VAN 業者而連線進行接單訂貨，而花王此種銷
售方式，由於不必透過批發業，節省了物流成本，並同時加強了與零售
店的關係。其作業流程，如圖 6–19，它以零售店訂貨資訊為基礎，形成
生產、物流與行銷緊密結合的一個有機體。

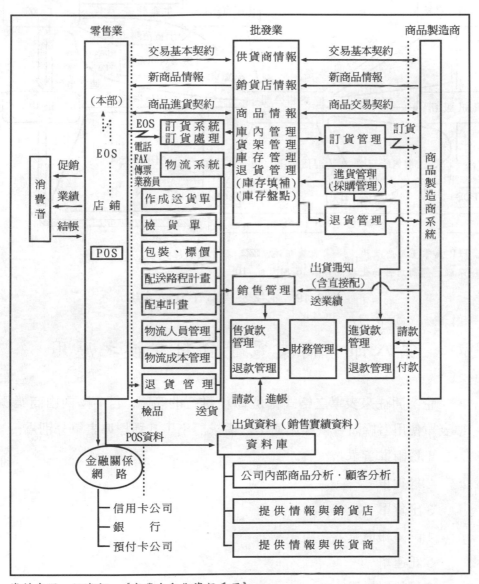

資料來源：經濟部，《商業自動化資訊手冊》。

圖6-18　EOS 相關業務流程

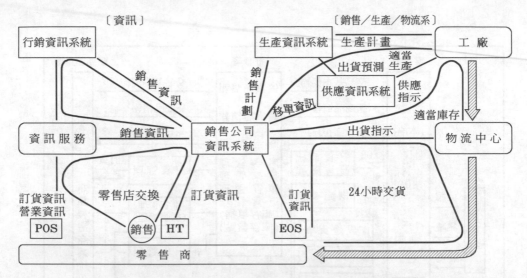

註: HT 為掌上型終端機, —— 為資訊流, ▨ 為實體物流。

資料來源:《商店自動化雜誌》第 16 期, p. 10。

圖6-19　花王公司電子訂購系統

# 第八節　商業電子資料交換之應用

　　企業間往來表單之格式化是 EDI 推行的範圍, 目前國內由商業標準表單使用者聯誼會依據流通業之需求訂出了八種標準表單分別為:

　　1.採購進貨單

　　2.退貨單

　　3.出貨單

　　4.詢／報價單

　　5.託運單

　　6.請款對帳單

　　7.付款明細表

　　8.變價／缺貨通知單

這八種表單已轉換成EDI標準訊息，一般而言這些表單可適用於零售商、批發商、製造商、物流中心及貨運公司等。以圖6–20說明之。

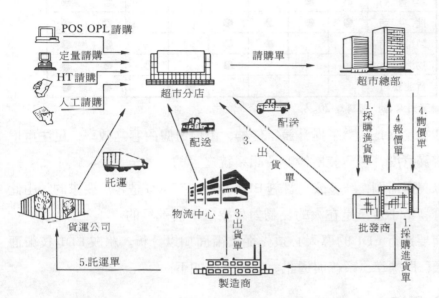

註: POS OPL: POS 建議採購方式，即 Order Proposed Listing。
資料來源: 商業司，《商業 EDI VAN 活用手冊》。

**圖6–20　標準表單之使用流程**

流通業者相關的作業包括: 訂購作業、進貨作業、接單作業、出貨作業、送貨作業、配送作業、對帳作業及轉帳作業。表6–4爲各業者可使用EDI的各項作業關係。

企業在考慮使用EDI時，其目的可以分爲三個:

1.資料傳輸: 爲了與外界企業進行資料傳輸，並爲維持訂單，減少人工輸入及降低輸入錯誤之目的。

2.作業改善: 爲了整合接單、揀貨、出貨等業務，並爲縮短作業時間及早發現錯誤，提高傳輸資料之可靠性及加速自動化作業提升服務品質。

表6-4　業者使用 EDI 應用於業務表

| 作業<br>行業 | 訂購 | 進貨 | 接單 | 出貨 | 送貨 | 配送 | 對帳 | 轉帳 |
|---|---|---|---|---|---|---|---|---|
| 零 售 商 | ● | ● | | | | | ● | ● |
| 批 發 商 | ● | ● | ● | | | | ● | ● |
| 製 造 商 | | | ● | ● | | | ● | ● |
| 物流中心 | | | | ● | | ● | ● | ● |
| 貨運公司 | | | | | ● | | ● | ● |

資料來源: 同圖 6-20。

3.企業改造: 爲了提升競爭優勢,不但考慮內容之效率,更注重增加顧客滿意度,積極發展策略資訊系統之目的。

以美國爲例,許多公司實施 EDI 的目的有40%是客戶要求的。由此可知許多中小企業是在大的交易對象要求下而進行的。

而要進行 EDI 的導入必須先從技術面加以分析。組成 EDI 技術面有三項: 即標準、系統與通訊。分別說明如下:

## （一）標準

國內商業 EDI 所使用的標準是聯合國 EDIFACT 制定出來的各種標準訊息之子集合。其制定的方式是由商用標準表單而來。而商用標準表單由參加表單工作會議的流通業者共同討論制定,並將其依 UN／EDIFACT 標準轉換成標準訊息,以達到標準化及本土化的目的。

## （二）系統

除了標準以外,企業亦需有一套系統可將 EDI 訊息轉換成企業內部的資訊系統而輸出成某種預期的格式。商業 EDI／VAN 系統的主要功能之一即是提供此種轉換。

目前國內已開發完成之 EDI／VAN 系統根據各企業本身資訊系統之

完備程度，分成工作站及前端軟體兩種：

1.工作站。對於企業內部不具備管理資訊系統者，EDI 系統可提供工作站給使用者。而這些使用者必須具備：

　　⑴硬體：包括 PC386 以上及數據機2400 bps 以上。

　　⑵系統軟體：包括Microsoft　Windows　3.1　中文版 SQL　5.2.1　版及
　　　　EDI 翻譯軟體。

2.前端軟體。若企業本身已有管理資訊系統，並且可產生需要傳送給交易對象的標準表單訊息，或整合並運用接收到的表單訊息，可採用 EDI／VAN 系統的前端軟體，其功能如下：

　　⑴可轉換八種商用標準表單訊息。

　　⑵將企業產生需要傳送給交易對象的標準表單訊息轉換成 EDI 訊
　　　　息，並且傳送至加值網路中心。

　　⑶至加值網路中心接收交易對象傳來之 EDI 訊息，並將其轉換
　　　　成企業可運用的標準表單格式。

企業所需具備的設備包括：

1.硬體：包括 PC386 以上及數據機 2400 bps 以上。

2.軟體：中文系統軟體及EDI 翻譯軟體。

一個 EDI 軟體，可以幫助我們進行 EDI 資料收取，格式轉換或資料傳送等工作， EDI軟體基本上可分為二類，如圖 6-21 所示分別說明如下：

1.翻譯軟體。將一般表單資料轉換成 EDI 格式的軟體並確定送達對方，稱為翻譯軟體（Translation Software）。翻譯軟體通常需要三個步驟：

　　⑴資料的擷取與轉換：從電腦的資料庫中擷取所需的資料後，並
　　　　將其依事先設定的次序排列，以供轉換成 EDI 格式。因為每個
　　　　公司的資料庫結構與資料內容均不相同，所以這種轉換軟體需

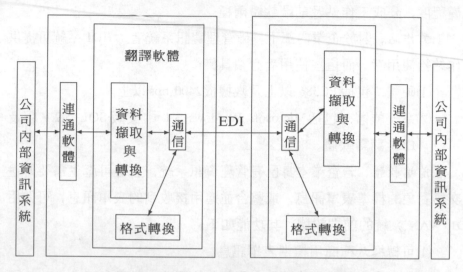

圖 6-21    EDI 軟體功能

要針對各公司而特別開發。

⑵格式轉換: 所謂格式轉換（Formatting）是指將一般非結構化
的表格資料轉換成標準 EDI 格式。或是反過來，將標準 EDI
格式轉換成所需的特定表單的電腦軟體系統，包括代碼、代號
等的轉換。

⑶通信: 當資料轉換成 EDI 格式以後，透過EDI 網路送出，而傳
輸的工作是由 EDI軟體的通信（Communication）軟體負責。
通信軟體先記錄客戶的電話號碼，可執行自動撥接，記錄傳輸
資料，以及錯誤查核。當接到外面送來的EDI 資料，經過確定
無誤後，就產生一個回應信號，通知對方已收到資料。

　2.連通軟體。連通軟體（Bridging Software）主要功用是連接 EDI 的
資料和組織內的其他應用軟體。當經由EDI 接收到其他公司所傳送來的
信息後，由翻譯軟體轉換成自己的表單型式，再經人工繼續處理，直到
需要送出資料時，再由翻譯軟體轉換成 EDI格式送出。在收入和送出的

資料中，往往有其關聯性。例如收到一份訂貨單最後會產生一份發票，其中的資料都是相互有關的。這種將 EDI 和內部的其他應用軟體連接在一起的橋梁，就是連通軟體。

## （三）通訊

EDI 應用上，可按企業本身資料傳輸的對象之多寡有二種不同的通訊方式：

1.加值網路中心（VAN Center）。此種方式適用於傳輸對象多，但每一對象文件數量不多時之情況。如圖 6–22 所示。

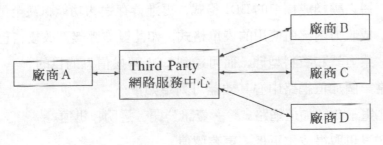

圖 6–22　間接資訊交換方式

加值網路一般提供一些如存證的功能，交換便利性，整合不同資訊處理能力之交易對象及安全保障等附加價值。相對的收費也較一般的 E-mail 高，這種透過第三者加值網路中心之通訊型態，又稱為間接資訊交換。其服務可分為：

⑴存送服務：網路公司最基本的服務是存送服務，或稱為郵箱服務，因為這種就類似郵局的收集和運送信件的功能，每一個使用者只要把要送出的 EDI 資料，利用電腦送到網路中心，網路公司就會依收件對象而存放在其專用的地址（郵箱）中待其取用。這樣使用者只要和網路公司連線，就能把EDI 資料送給許多不同的對象，也可從不同的地方收得 EDI的信息，無需逐一

和各家連線以收送資料，此種服務即爲 E-mail。

(2)加值服務: 網路公司有了存送服務以後，可以進一步再提供一些額外的服務，提高網路的服務價值。這些額外的服務我們稱之爲加值服務。例如兩個公司要交換EDI 的信息，不論是經由點對點的直接傳遞還是透過第三者網路的存送服務，都必須傳送對方可以看得懂的信息，亦就是雙方的格式內容架構都必須一致，若有不同，就必須先行轉換。這時網路的功能只是原原本本的將所收到的資料傳遞出去。有了加值服務，使用者只要依照自己內部使用的表單格式打好資料即可送出，由加值網路將之轉換成標準的 EDI 格式，再進行存送的功能，甚至可轉換成收方內部所使用的表單格式，如此雙方都無需改變自己的作業方式和資料型態，而可達到 EDI 轉換信息的目的。

通常一個加值網路中心其效益可列舉如下:

(1)電子化、加值網路式 —— 資訊公開、透明、迅速。

(2)資訊取得成本更低、更有價值。

(3)品質標準化、統一化、創造競爭優勢。

(4)服務方式多樣而有彈性。

(5)資料庫更新、網路傳輸高速化、行銷更快速。

(6)檢索系統更方便、快速。

(7)與客戶需求同步。

(8)不同產業區分更明顯、更專業化。

(9)與先進尖端產品科技相結合。

(10)再處理措施更保密、安全、便利及掌握時效。

2.專線。又稱爲直接資訊交換。是一種點對點的傳輸方式，如圖 6–23。當交易對象不多時可以用此方式較經濟、較便利。

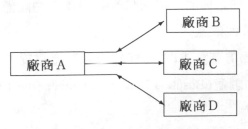

圖 6-23　　直接資訊交換方式

# 第九節　　結論

目前國內 EDI 仍在起步階段，一般而言，企業在推動 EDI 時可能遭遇到以下之困難:

1. 抗拒或害怕改變 —— 包括組織內以及交易伙伴

2. 缺乏教育訓練

3. 與應用軟體整合的困難性

4. 花費很多時間

5. 資料格式的困難 —— 缺乏標準與統一的對照交換

6. 缺乏經費

7. 缺乏人員

8. 成本超過效益

9. EDI／VAN 服務與效率差

企業在推動 EDI 時，可考慮以下幾點:

1. 成立專案小組。專案領導者及成員之層級，可視導入之目的而定，如果僅是資料傳輸，則由資訊部門及相關部門人員即可; 若為企業改造之目的，則領導者非企業首腦不可。

2. 企業內部作業流程評估。在 EDI 系統建置之前，若忽略了對企業

的內部流程進行評估，從而加以調整，則 EDI 之功能僅止於資料傳輸，無法顯現 EDI 的最大效益。

　　3.*考慮 EDI 之衝擊*。 EDI 的推動若只考慮建置方面之問題，而忽略它對企業體質的調適（Business Process Re-engeering, BPR）則 EDI 的效益亦無法顯現出來。

我們以圖 6–24 說明導入EDI 的階段。

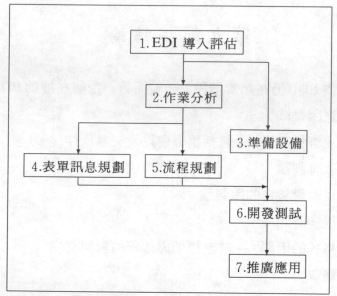

資料來源：同圖 6–20。

### 圖 6–24　 EDI 導入之階段

這七個階段為：

(1)EDI 導入評估：先分析導入之目的。

(2)作業分析：決定分析之範圍。

(3)準備設備：從技術而決定硬體、軟體之規格。

(4)表單訊息規劃：決定表單內容、資料收集、轉錄、建檔。

(5)流程規劃: 表單流程、週期等之決定, 制定表單管理辦法。

(6)開發測試: 開發系統, 並測試其效率與效益。

(7)推廣應用: 持續的教育訓練與推廣。

　　總之, EDI 是電腦與通訊(C&C)整合下的一種資訊應用。它是加值網路的一環, 這種技術可以與管理制度相互有效配合, 提升工作績效, 降低作業成本, 更可提升企業之競爭優勢, 這是未來之趨勢。國內之企業應以前瞻性、長遠性之眼光, 積極推動, 共創電子商務之有利環境。圖 6-25 顯示出藉由 EDI 之推動, 而使企業內、外整合而發揮了最大的綜效(Synergy)。

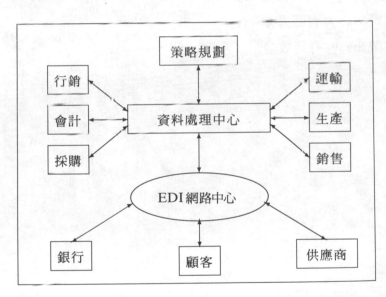

圖 6-25　EDI 在組織中之地位

# 習 題

1.何謂 EDI？

2.何謂多終端機現象？

3.試述 EDI 資料交換之程序。

4.試說明 EDI 之效益。

5.EDIFACT 是什麼標準？試簡述之。

6.試說明 EDI 的四個層次。

7.何謂 VAN？ 有哪幾類？

8.何謂 EOS？ 有何效益？

# 第七章　塑膠貨幣（一）
## ——磁條卡

## 第一節　塑膠貨幣之種類

在商業自動化的應用中，經常使用到塑膠貨幣，而所謂塑膠貨幣即是把商業交易記錄，信用額度等資料儲存在磁條或 IC 內，並將其附於一張卡片上，使整個交易過程如：記帳、付帳，轉帳等，能在短時間內完成的一種消費媒介。

當人類經濟生活進入交換經濟時代之後，最初採取以物易物方式，是為直接交換。後因對方不易找尋、價值標準難以確定，且數量、種類亦無法適合雙方要求，便逐漸演變選擇多數人的需要物品來做交易的媒介，進行間接交換。此種被選擇為初期貨幣的物品，除了用作交換媒介外，亦可供直接消費之用，被稱為商品貨幣（Commodity Money）。後因儲存、攜帶、計算不易，漸為金、銀等金屬貨幣所取代，且隨經濟發展，交易量日益增大，漸演變為用紙幣（Paper Money）來完成交易。然而，隨著人們生活型態、社會環境不斷發生轉變，加上電腦科技的發達，漸漸又發展出替代實物貨幣的交易媒介，於是塑膠貨幣即因應而產生了。

一般而言，塑膠貨幣（Plastic Money）至少應具備下列四項功能之一：

1.具信用循環額度的功能。

2.具賒欠簽帳的功能。

3.具消費時可為支付工具立即扣帳的功能。

4.具提款功能或透支用錢的功能。

目前常見的塑膠貨幣有簽帳卡、信用卡、IC 卡、認同卡、轉帳卡、貴賓卡、預付卡等，不勝枚舉。

塑膠貨幣這幾年快速成長，在臺灣較普遍的信用卡在全球上千萬的商家均可用其刷卡消費。但對於信用不佳卻也想享受付款方便者，轉帳卡是最佳之途徑，因為它不給信用額度，也不給予簽帳的機會，有多少錢在存款戶頭，才能用多少，其基本設計是讓信用不佳者無拖賴預帳的機會。折扣卡是商店促銷的手段之一，通常以貴賓卡、會員卡名義稱之，申請容易，遺失了也不必擔心被冒用的風險。折扣卡與信用卡的功能混合，即形成了認同卡。由上述可知，塑膠卡片的種類琳瑯滿目，但並非每一種卡片都具有貨幣的功能，持卡人在使用時，應清楚其個別的功能，才能發揮卡片的真正效益。

我們將常用的塑膠貨幣列表於表 7-1 中。

辨識塑膠貨幣之方法，最簡單的就是看卡片背面是否有磁條。在所有的塑膠貨幣中最重要也最流行的就是信用卡，而 IC 卡也漸漸在資訊社會中成為一個流行的趨勢。因此，本章先就信用卡簡介、國內信用卡之發展與種類、信用卡作業體系等加以說明，次就其他磁條卡如商務卡、認同卡、轉帳卡等加以說明。在第八章再介紹 IC 卡。

# 第二節　信用卡簡介

信用卡(Credit Card)是塑膠貨幣的一種，取其以塑膠卡片發揮現金的支付功能及先消費後付款的信用功能，早期曾被視為身分、地位的表

**表7-1　塑膠貨幣的種類**

| 卡別／特質 | 利　　　息 | 用　　　途 |
|---|---|---|
| 簽帳卡<br>（Charge Card） | 無 | 一般購物消費如：運通卡、大來卡。 |
| 信用卡<br>（Credit Card） | 當月應繳及未付餘額累計利息 | 一般購物消費如：威士卡、萬事達卡、聯合信用卡。 |
| 認同卡<br>（Affinity Card） | 當月應繳及未付餘額累計利息 | 一般購物消費具認同機構 VIP 卡功能。 |
| 轉帳卡<br>（Debit Card） | 無 | 一般購物消費。 |
| IC卡 | 無循環信用者，無<br>有循環信用者，有<br>並依日計算 | 存提款、查帳，轉帳預付消費，國內信用消費。 |
| 百貨公司卡<br>（Store Card） | 1.貴賓卡：無<br>2.簽帳卡：有滯納金，並依一般銀行規定繳付 | 1.貴賓卡：與其他付款方式合用可亨受折扣。<br>2.簽帳卡：一般購物消費僅限於發卡之百貨公司 |
| 預付卡<br>（Pre-paid Card） | 無 | 可於購買商店使用，如Seven-Eleven Card 與電話卡等。 |

資料來源：〈消費者報導〉，83 年 1 月。

徵，目前已為一種最常用的理財工具。學者專家曾顧慮它會擴張信用，引發通貨膨脹，而保守人士亦擔心它會刺激消費，引起信用破產，但事實證明這些顧慮與擔心是多餘的。

在現代經濟社會中，隨著經濟的成長，國民所得的增加，教育水準的提高，以及生活方式的改變。信用卡已經逐年受到國人的重視與使用，加上其便利性及安全性等因素，因而取代了現金與支票的功能。

而信用卡何以獲得消費者青睞，究其原因乃因其具備以下五種功能：

1.交易的媒介。持卡人在特約商店購物消費，只要憑信用卡在帳單上簽字，即可代替現金支付完成交易，具有貨幣的功能。

2.賒帳的工具。在憑信用卡交易時，不需當時支付現金，而憑卡簽

字記帳，至一特定日期再付款結帳。

3.便利的功能。有了信用卡，外出購物或旅行時，即可免除攜帶現金被偷被搶的危險，又可達到隨時隨地購物的便利，一卡在手，暢行無阻。尤其是突發狀況、出國旅行時尤為方便。

4.理財的功能。發卡公司於每月結帳時，均將持卡人本月所有的消費項目予以詳細開列，可作為家庭記帳、擬定預算等用途的參考資料，有些信用卡甚至提供循環信用內貸款的功能，可以作為短期資金周轉之用。

5.健全社會信用制度。發卡銀行為了避免財務風險，對持卡人的要求十分嚴格，經徵信調查後符合發卡條件者方可獲得信用卡。此可代表持卡人的信譽與身分表徵，有助於培養健全信用交易的風氣。

除了上述之功能外，從商店之觀點而言，信用卡有下列三項功能：

1.識別的功能。信用卡可以確認持卡人，亦即其具有識別個人的功能。信用卡的發行是基於發卡機構信任持卡人，並給予除了直接利用信用卡的場合外，如投宿飯店或訂購機位、租車、郵購等，均可用信用卡代替其他證件，以證明身分。

2.資訊蒐集的功能。目前POS 收銀機與信用卡及刷卡設備可以整合，當客戶使用信用卡（或簽帳卡、貴賓卡等）消費時，同時可把個人資料（卡號）載入電腦，再加上交易細目，則可以利用軟體進行客層分戶，客源分析，客戶消費排行榜分析等。並可做為 DM（Direct Mail）（即郵寄廣告）管理之用。亦即針對某一客戶所購買的商品，分析其購買之型態，然後寄出其有興趣之 DM，從而掌握特定層之客戶。

3.附加價值的功能。國內較著名的發卡銀行在其發行的信用卡上附加飯店、遊樂區等之打折優待，乃至傷害保險及通訊購物等服務與延伸業務，此種業務可擴大商機，並成為促銷之重要工具。就消費者而言，亦增加了追求獨創性興趣與嗜好的附加價值。

　　信用卡之起源，可追溯至 1920 年，美國一家石油公司發出第一張加油用簽帳卡（Charge Card），塑膠貨幣自此問世。而在 1950 年，美國商人福蘭克（Frank X. McNamara）創辦了大來俱樂部（Diners Club），一年之內，大約有二百人加入，他們每年只要付三塊美元，就可以帶著簽帳卡在全市二十七家餐廳的任何一家簽帳吃飯，這項新發明徹底改變了美國人的消費方式。

　　在 1950 年代美國 Diners Club Inc.、美國運通公司（American Express Company）亦推出旅遊及娛樂卡（Travel & Entertainment Cards, T&E Cards），使信用卡使用範圍擴大。

　　銀行信用卡之發行最早見於 1951 年紐約之 Franklin National Bank，具有長期及循環之信用卡，由於虧損，發行銀行紛紛退出。

　　1966 年，美國商業銀行聯合各都市之主要銀行共同組成 Bank America Service Corporation（B.S.C.）加強辦理信用卡業務，其和英國之 Barelay Bank 發行之信用卡相互交換通用成為世界性的多用途信用卡，之後於 1977 年更名為 VISA。而美國另一銀行集團乃另行組一信用卡清算機構 Interbank Card Inc. 共同發行 Master Charge Card 與之競爭，之後於 1977 年合併擴充更名為 Master Card，而形成美國兩大銀行信用卡聯營體系。

　　除了銀行發行之信用卡之外，美國運通公司所發行的 American Express（AE Card），花旗銀行所發行的 Diner Club 均屬另一發行系統。

　　至 1986 年止，信用卡三大主流（即 VISA 卡，Master Card 及 AE Card）持卡人已超過 2 億 9 千萬人，年營業額約 2 千 6 百億美元。

　　日本最早的兩家信用卡公司，是 1960 年成立的 Diners Club 和 1961 年成立的 JCB。目前該二家與 UC 卡、住友卡、DC 卡及 MC 卡同稱日本六大銀行系統卡，每家大都有跟外國卡合作。近幾年，更與人壽、證券、零售業等公司配合運用，擴大支付的服務功能，方式更顯多樣化。

　　下一節將介紹國內信用卡之發展與種類。

# 第三節　國內信用卡之發展與種類

　　國內最早於民國 62 年，由遠東百貨公司自行發展，屬簽帳卡之「購物卡」。因只有簽帳的功能，且只能用在遠東百貨公司，故無法普遍流行。63 年，中國信託公司、國泰信託，先後開辦「信用卡」業務。但因當時此項業務尚未能符合法律規範，財政部於 65 年正式下令暫停新卡之發放。68 年行政院經建會通過「發行聯合簽帳卡作業方案」，決定由銀行與信託公司籌組「聯合簽帳卡處理中心」以「一人一卡」先有存款再消費爲基本原則，70 年財政部正式頒布「銀行辦理聯合簽帳卡業務管理要點」，推定臺灣銀行、第一銀行、中國國際商銀、臺灣中小企銀、國泰信託、中國信託等 6 家金融機構爲籌備小組，並於 72 年完成財團法人之登記。73 年 6 月正式成立「財團法人聯合簽帳卡處理中心」，發行聯合簽帳卡，但僅提供簽帳功能。77 年爲配合金融自由化與國際化及加強國人消費的便利，乃將「聯合簽帳卡」修改爲「聯合信用卡」，並廢除「一人一卡」之限制，擴大信用卡服務功能。簽帳卡中心並於 1988 年 9 月 1 日更名爲「財團法人聯合信用卡處理中心」。自此我國之信用卡業務才初見規模。並制定「信用卡業務管理要點」鼓勵各銀行加入發卡的行列，期望建立個人信用網路，朝向無現金交易的社會邁進。

　　經建會於民國 77 年 8 月 10 日通過財政部提出的「銀行辦理聯合簽帳卡業務管理要點」修正草案，並且決議：⑴將現行聯合簽帳卡修正爲聯合信用卡；⑵開放發行國外可使用之信用卡；⑶廢除一人一卡限制；⑷准許持卡人可在一定額度內透支消費。

　　信用卡在歐美甚至是日本，使用情形已經十分普遍。反觀國內，雖然聯合信用卡發行已久，但在臺灣現金消費仍是主流。不過，隨著臺灣

經濟的快速發展，國人的教育水準及所得提高，加上受世界潮流的影響，一般人已漸接受「先享受後付款」的消費方式，可說屬於信用卡的時代已經來臨。各大國際信用卡公司紛紛搶灘，目前除了國內自行發行的聯合信用卡外，已發卡的國際卡，計有威士卡（VISA）、萬事達卡（Master）、運通卡（AE）、大來卡（Diners Club）及 JCB 卡。以下就各類信用卡分別說明之：

1.聯合信用卡：民國 77 年發行的聯合信用卡，由於發卡時間最久，所開發的特約商店也最多，加上年費也最低，故目前國內所有信用卡中，以聯合信用卡的市場占有率最高。

2.威士卡（VISA Card）：民國 78 年進入臺灣的 VISA 國際卡，是所有國際信用卡組織中最早進入臺灣的，由於較早引進市場搶得先機，知名度相對較高，國內甚至有少數消費者誤以為信用卡即 VISA 卡。威士卡目前在國內有極高的市場占有率，僅次於聯合信用卡。

在發行方面，威士卡有別於運通卡、大來卡等發卡公司獨立發行的卡，它是透過不同的會員銀行發卡，各發卡銀行為了爭取持卡人紛紛各自以有別於其他銀行的服務來加強競爭能力，所以雖然所持的都是威士卡，卻會因為所屬的發卡行庫不同，而享有不同的服務。

3.萬事達卡（Master Card）：與威士卡性質相似的萬事達卡，雖然在國內的起步較晚，市場占有率約為威士卡的四分之一，但由於國人好面子，非常擔心在商店消費時遭拒，多一張卡可以降低因額度不足或線路中斷而拒收的「面子風險」，基於這個原因，在國內萬事達卡一向以「第二張卡」為訴求。

近年來萬事達卡組織發展的方向已逐漸和威士卡區分開來，例如：積極發展旅遊服務，與 Thomas Cook 所簽約的地點超過二十萬家，提供持卡人能隨時在旅遊途中，立即享受兌現旅行支票及旅遊查詢等多項服務。另外「聯名卡」則是和威士卡「同中求異」中的產物，更是萬事達

卡積極推動的主力市場。

4.運通卡（American Express Card）：強調尊榮地位的運通卡，是由美國運通公司獨立發卡，非一般俗稱的銀行卡，由於不具循環信用的功能，因此運通卡的持有人，在消費後不能分期繳款，必須在運通卡指定的時間內將款項結清，否則即被視爲遲繳需繳付滯納金。此外運通公司也是第一家國際信用卡組織，在臺灣設有美國運通保險代理人公司，專門負責替運通卡會員篩選各類保險公司所推出的保險產品。

自VISA、Master Card 在國內發行強調身分地位的金卡後，一向以卡片世界中之貴族卡自居的運通卡，在定位上遭受相當大的衝擊，加上特約商店不夠普及，年費偏高等原因使其在市場的占有率有逐漸滑落的趨勢。所以美國運通公司所採的策略則是儘量讓會員感覺自己的與眾不同，備受尊榮。例如：提供會員海外緊急補卡服務。目前美國運通在臺灣發行的卡有綠卡、金卡及公司卡三種，另外較金卡更高級的白金卡和具有循環信用功能的 Optima 卡，則因市場因素尚未考慮在臺發行。

5.大來卡（Diners Club）：由花旗銀行代理發卡，是另外一張除了運通卡以外同樣講究身分地位的貴族卡，其特約商店大都以分布在世界著名飯店及精品店等高級消費場所爲主，非一般受薪階級所能消費得起，而這也是其市場占有率一直未能提高的原因。因此大來卡在策略上亦如同運通卡，強謂「會員獨享專有權益」。譬如：購物保障只要在三十天內申請即可申請最高賠償金額 3846 美元，而大來卡貴賓候客室等服務更是別種卡享受不到的。其定位上主要以商業人士爲主要訴求的對象。

6.吉士美卡（JCB Card）：吉士美卡是五大國際信用卡（威士卡、萬事達卡、美國運通卡、大來卡、吉士美卡）中最後一家在國內發行，也是唯一日系的國際信用卡，由於注重高品質服務，講究面面俱到的「纖細化」生活，特別是國際旅遊服務方面，遍布世界各大城市的 JCB

熱線服務，提供持卡人當地醫療、處理信用卡掛失及補發、代訂餐廳、旅館等多元化高品質的服務。

截至民國84年2月止，信用卡國內約有450萬張，單月平均消費款約150億臺幣。

一般信用卡的種類，可按使用地區、繳款方式、使用用途與發卡機構等方式予以分類。說明如下：

1.以使用地區分類：

(1)國際卡：可在全球通行使用的國際信用卡，如 VISA、美國運通卡、大來信用卡等。

(2)國內卡：只限某一地區使用的信用卡，如國內的聯合信用卡只能在臺灣地區使用。

2.以繳款方式分類：

(1)短期信用卡：要在一定期間內繳清，若未付款則需按月計付延遲給付的違約金，如大來卡、美國運通卡。

(2)延期信用卡：一次不必繳足金額，只需支付一定金額，餘額可分期償還，但需負擔較一般消費貸款為高的利息。如聯合信用卡、VISA 卡。

3.以使用用途分類：

(1)T&E 卡：適用於「旅遊和娛樂」(Travel and Entertainment)的信用卡，如大來卡、美國運通卡。這些卡通常不預設消費額度，較適合花費較高的旅遊、娛樂之用。

(2)Bank 卡：由許多家銀行共同發行的信用卡，適用的信用卡有 VISA、 Master、聯合信用卡等。

(3)Retail 卡：由單一公司發行的信用卡，只限定使用於該公司及其連鎖分支機構之消費，例如簽帳卡等。

4.以發卡機構分類：

(1)公司卡: 由單一機構所發行的信用卡, 如大來卡、美國運通卡。

(2)銀行卡: 由無數加盟銀行所發行的信用卡, 例如在臺灣至少有二十五家銀行及信託公司皆發行 VISA 卡、聯合信用卡。

我們以表 7–2 列出國內常用信用卡之分類。

**表 7–2  常用信用卡之分類**

| 分類方式<br>卡名 | 使用地區 | 繳款方式 | 使用用途 | 發卡機構 |
|---|---|---|---|---|
| 聯合信用卡 | 國內 | 延期 | Bank 卡 | 銀行卡 |
| VISA | 國際 | 延期 | Bank 卡 | 銀行卡 |
| Master | 國際 | 延期 | Bank 卡 | 銀行卡 |
| AE | 國際 | 短期 | T&E 卡 | 公司卡 |
| Diners Club | 國際 | 短期 | T&E 卡 | 公司卡 |
| JCB | 國際（70% 特約店集中於日本） | 延期 | Bank 卡 | 銀行卡 |

# 第四節  信用卡作業體系

信用卡作業體系包括四個主體, 即持卡人、發卡機構、特約商店與收單機構所構成。茲分別說明如下:

## (一) 持卡人

持卡人先向發卡機構申請, 經核准後, 即可持卡至特約商店享受簽帳消費之便利。此外, 持卡人可享有 15–45 天的信用寬限期; 提高個人身分、地位、良好信用的表徵及以每月結帳方式來幫助個人理財等等。此外, 擁有通行全世界的國際卡, 更可以省去出國結匯的手續。只要善

用信用卡將會帶給持卡人生活上莫大的助益。

## （二）發卡機構

即發行信用卡，負責審核持卡人信用，而當持卡人至特約商店以記帳方式消費後，於一定期間內代為結帳，並製作帳單送交持卡人，在一定時間收取帳款之機構。

國內係以三種方式發行信用卡:

1.由聯合信用卡處理中心統一管理製作交由國內發卡機構發行的聯合信用卡。

2.自行成立公司獨自運作發行。目前有二家銀行，即:

(1)美國運通公司發行的運通卡。

(2)大來國際信用卡公司授權花旗銀行在臺發行的大來卡。

3.國際 VISA、 Master 組織簽約加入聯合信用卡處理中心。在國外製卡，交由國內發卡機構代理發行的 VISA Card 和 Master Card。

而國內發卡機構包括(1)外商銀行（如花旗銀行），(2)信託公司，(3)本地銀行。

發卡機構要對申請人進行信用調查，且送交財政部指定機構建立檔案，對持卡人一切資料應保守祕密。再依據信用程度、消費能力而核定申請人的每月或每次消費限額，當超額消費時，發卡機構得決定是否給予超額消費之優待。並定期將持卡人交易帳款明細資料，以書面通知持卡人，持卡人如有違反約定使用信用或發生拒繳款項事件時，發卡機構有權收回信用卡並停止其使用權。因此發卡機構對信用卡市場來說，是對持卡人的信用把關的一個重要關口。

基本上，發卡機構發行信用卡之收入來源為:

1.年費收入。

2.循環信用之利息收入: 所謂循環信用即是持卡人視本身資金的鬆

緊，而在發卡機構寄來的每月之消費明細表上的應繳款總額，以及最低應繳款數目間運用循環信用額度，彈性繳款以方便理財。

3.**違約金收入**：持卡人逾期繳納其簽帳金額所產生。

4.**手續費收入**：特約商店接受持卡消費，必須繳納一定比率的費用給發卡機構。

5.**其他收入**：如持卡人查閱帳單必須付的查詢費用及遺失卡片的掛失費等。而其費用除人事費用外，以利息與呆帳兩項費用最大。

## （三）特約商店

特約商店係經聯合信用卡處理中心遴選合格，提供簽帳消費之物品或勞務，並接受持卡人憑卡記帳消費之商店。特約商店分布地點是不是夠多，服務層面是否夠廣，都能影響持卡人的消費習慣及信用卡市場的榮衰。

目前信用卡市場中，特約商店大多由聯合信用卡處理中心負責開發。負責遴選、審核後與聯合信用卡處理中心簽訂契約成為特約商店。特約商店在簽約後，除約定的情形外，不得拒絕持卡人簽帳消費。特約商店收到信用卡時，立即刷卡並製作消費帳單，交由持卡人核對簽名，每月依規定時間將整理好的簽帳單交至收單機構請款。

特約商店在接受刷卡時，每一筆交易必須要付給發卡銀行 3–6% 不等的手續費，手續費比率是依特約商店營業性質和特約商店協議後訂定。呆帳風險高的特約商店訂較高的手續費，如精品店、珠寶店等，反之則較低。

特約商店不但有持卡人以信用卡為付款保證，其簽帳金額亦可得到發卡機構的保證支付效力，免除催收與呆帳的損失，可減少風險，穩定經營。另外，先享受後付款的信用卡亦可刺激消費者的購買慾望、增加商店利潤、增強競爭能力。此外，由發卡機構代墊的款項可透過銀行直

接轉入特約商店的帳戶之中，更減少現金作業之風險及收帳時間。

聯合信用卡處理中心將特約商店分為下列十六種類：

1. 大飯店／酒店
2. 中西餐廳、料理店等一般餐廳
3. 鞋類、皮件、服飾店
4. 旅館、旅社
5. 傢俱、廚具、裝璜店
6. 汽機車類（汽機車購買、維護、租借等）
7. 文教類（圖書、文具、體育用品）
8. 旅遊（航空、旅行社、旅社）
9. 娛樂場所（夜總會、KTV、CLUB、MTV）
10. 百貨公司／超級市場
11. 光學器材（眼鏡、照相器材等）
12. 禮品店
13. 珠寶、黃金
14. 醫療（醫院、健診中心、醫學檢驗）
15. 古董、字畫、藝術品、手工藝品店
16. 電器店

涵蓋了幾乎是流通業中的零售店。

## （四）收單機構

收單機構係經由發卡組織的授權而自行推廣特約商店，並彙總持卡人的簽帳單向發卡銀行清算帳款的機構。亦即各個信用卡的發卡組織授權各收單機構開發特約商店，並且定期彙總特約商店的簽帳單，再分別送至其發卡機構以利製作帳單。國內收單機構如下：

1. 聯合信用卡處理中心（National Credit Card Center, NCCC）。

　2.香港上海匯豐銀行臺北分行。

　3.美國商業銀行。

　4.花旗銀行。

　5.金融資訊中心。

　6.渣打銀行。

　聯合信用卡處理中心，係在民國68年成立，77年正式改名。由各銀行捐助基金而成立的。

　中心之功能運作，係採聯合發行、聯合清算模式。凡共同性事務，均由中心集中處理，如信用卡業務規範之訂定，信用卡之設計與印製，特約商店之遴選、簽約及目錄之編印，持卡人基本資料檔案之建立，消費簽帳單之統籌彙送、收單與清算等。此外，凡共同性設備，皆由中心統一投資，目的是使發卡銀行減輕作業負擔與避免資源浪費。

　中心之會員發卡銀行，計有中國信託、中國商銀、國泰信託、臺北市銀、中信局、亞洲信託、華僑信託、中聯信託、世華銀行、第一信託、農民銀行、華僑銀行、花旗銀行及上海銀行等。各發卡銀行負責辦理信用卡有關業務與持卡人之推廣、徵信審核、發卡、對帳單之通知、帳款之繳清與墊付、催收及中心委託處理或要求協助之相關事務。

　至於信用卡作業之流程，我們分為國內與國外消費二方面說明之。

## （一）國內消費流程

　以圖7–1說明國內消費流程。

　1.持卡人至特約商店消費時，表明刷卡意願，即可在特約商店刷卡購物。因電腦聯線，在聯合信用卡處理中心、發卡機構及特約商店都會留下持卡人的刷卡記錄。

　2.特約商店每二、三天將整理好的簽帳單送至收單機構。

　3.收單機構將簽帳單彙總分類，再轉交各發卡機構。

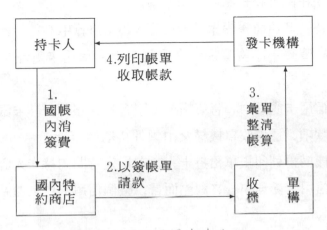

圖 7-1　信用卡國內消費流程

4.發卡機構接獲付款單後，七天內替持卡人先行付款給特約商店；再將持卡人的消費記錄列印成帳單，通知持卡人在指定期間內付款。

## （二）國外消費流程

以 VISA 卡為例，圖 7-2 為國外消費流程：

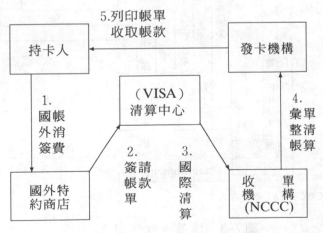

圖 7-2　信用卡國外消費流程

1.持卡人在國外特約商店刷卡消費。

2.國外特約商店將簽帳單送至國際 VISA 清算中心進行清算。

3. VISA 清算中心將簽帳單交至國內聯合信用卡處理中心彙整帳單。

4.聯合信用卡處理中心將簽帳單交至各發卡銀行；發卡銀行亦先替持卡人墊付款項，透過收單機構交由國外特約商店。

5.發卡機構再列印帳單給持卡人，在指定時間內持卡人必須付款。

從聯合信用卡處理中心之觀點而言，整個信用卡作業體系，可以圖 7-3 表示之：

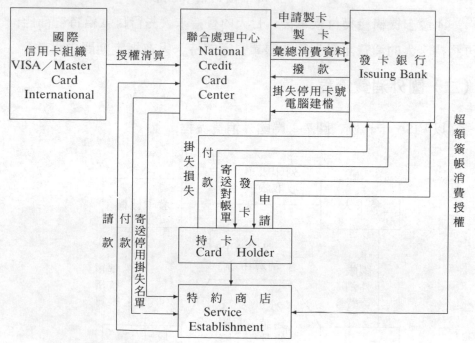

資料來源：NCCC,《81 年度年報》。

圖 7-3  信用卡作業體系

1.持卡人先向發卡銀行申請信用卡。

2.發卡銀行核准後，向聯合信用卡處理中心申請製卡。

3.聯合信用卡處理中心製作信用卡後交發卡銀行轉給持卡人。

4.持卡人持卡向特約商店簽帳消費後，特約商店與 NCCC 聯線，經授權後始完成交易。

5.特約商店彙總帳單後向聯合信用卡處理中心請款。

6.聯合信用卡處理中心再彙總消費資料向發卡銀行請款，經發卡銀行撥款給聯合信用卡處理中心後交給特約商店。

7.發卡銀行再將帳單寄給持卡人，持卡人向發卡銀行繳費。

8.如有掛失，則由持卡人向發卡銀行申請，並向 NCCC 掛失及建檔。

# 第五節　其他磁條卡

臺灣的信用卡市場可謂正值戰國時代，競爭相當激烈，除了價格競爭（免年費、低商店手續費、低循環信用利率）外，更在產品差異（意外傷害保險、緊急支援服務……）上大動腦筋，目前國內進一步發展出針對不同需求不同層面而發行的塑膠貨幣。以下略舉三種說明之：

## （一）商務卡

商務卡是指鑲印有「公司名稱」以及「公司統一編號」的信用卡或簽帳卡，目的在於方便公帳簽用。如果沒有上述資料，通常要報公司帳，還需要向刷卡商店額外提供名片，以便刷卡時註明公司名稱和統一編號。

企業的負責人、高級主管和公關人員，因為宴客應酬及出差的機會較多，因此常要報公帳，因此有必要申請商務卡。目前國內發行商務卡

的發卡機構很少，花旗大來商務卡是少數的一家，但花旗不接受單獨申請商務卡，必須是大來卡的會員，或正在申請大來卡者，方可申請花旗大來商務卡，年費則需額外付費。

自從花旗信用卡首創將持卡人相片鑲在信用卡上，以作爲個人表徵後，爲因應企業形象和識別系統（CIS）的需要，未來商務卡不僅可鑲上公司名稱和統一編號，更可以將企業的符號（Logo）也放在商務卡上，讓使用者覺得更氣派、更光采。

商務卡最大的便利就是在簽帳刷卡時，省下了遞名片或口述公司名稱和統一編號的麻煩，除此之外無特殊功能。因此，對於不經常宴客、採購或需要報公費開支的人而言，商務卡的使用價值並不大，並不是非要不可。

對於經常出國洽公的人而言，公司卡的使用不僅免去了準備大筆現金的麻煩，更省掉了結匯這一道手續，而且在付款方面，至少享有六十天的延展期，使公司的資金能做有效而靈活的運用，另外發卡公司更針對不同部門提供各自所需的消費報表供部門主管參考，財務部門則可根據這些報表追蹤公費開銷，並擬定未來的支出計畫及編列預算。

## （二）認同卡

認同卡乃是一種運用市場區隔的行銷手法，而以信用卡的基本功能爲中心，衍生出不同附加價值的信用卡。基本上分爲回饋認同卡，聯名式認同卡及品味認同卡三種型態。茲分別說明如下：

### 1.回饋認同卡

是針對一群對某組織或機構，如校友會、宗教團體、環保團體等，有強烈認同感，願意爲組織作出奉獻的人士所發行的信用卡。發卡銀行除了在年費上提供優待外，最主要是會提撥消費金額的某一比率回饋給該卡認同的組織。對認同組織而言，財務上可獲得額外的收益；對發卡

銀行而言，藉著有組織的會員申請，而刺激信用卡的發行量。

認同卡市場目前流行起「行善風」，標榜「你消費，我捐款」，即持卡人不須額外付款，發卡銀行及合作企業會固定捐款給社會公益團體，現在市場以「行善」爲訴求的認同卡多達六種（見表7-3）。

**表7-3　消費兼行善的認同卡**

| 認同卡名　稱 | 發卡銀行 | 合作企業 | 捐款比例 | 捐款對象 |
|---|---|---|---|---|
| 蓮花卡 | 中國信託銀行 | —— | 每筆刷卡金額的千分之二點七五 | 慈濟功德會 |
| 蘭花卡 | 中國國際商銀 | 自然美機構 | 每筆刷卡金額的千分之二 | 中華民國兒童福利聯盟文教基金會 |
| 全　美得意卡 | 中國國際商銀 | 全美人壽 | 每筆刷卡金額的千分之二 | 將選擇誠信良好的公益團體 |
| 康和卡 | 臺新銀行 | 康和集團 | 臺新銀行捐出每筆刷卡金額千分之一，再加上康和集團提撥款項 | 每年選定社會福利機構 |
| 平安卡 | 聯邦銀行 | —— | 每筆刷卡金額的千分之二 | 中華民國兒童燙傷基金會、早產兒基金會、安寧基金會等社會福利機構 |
| 家扶卡 | 中國國際商銀 | | 每筆刷卡金額的千分之二 | 中華兒童福利基金會 |

資料來源：《聯合報》，1994年3月15日。

其中最普及的是中信銀行與慈濟功德會發行的「蓮花卡」，申請人基本上是認同慈濟的理念，所以持卡人使用蓮花卡支付的每一筆消費金額，由發卡銀行捐出該金額的 0.275% 給慈濟。「蓮花卡」的推廣策略上，儘可能剔除商業色彩，以降低慈濟功德會可能被批評與商業掛鉤的壓力，因此在卡片、申請書、海報的設計上，走「唯眞」、「唯善」、「唯美」的軟調。

蓮花卡這類認同卡的成功模式，立即引起許多類似組織的跟進，其中最普遍的是許多大學，爲了籌募學術及教學經費，轉向以畢業校友、

在校學生及教職員推廣使用認同卡，發卡銀行也相對捐錢給學校。臺灣首張由學校發行的認同卡，是淡江大學與華信銀行推出的「淡江大學認同卡」。現時許多組織如佛光山、基督教長老會、時報文教基金會，以及臺大、政大等，都有意跟進發行認同卡。

其實國內發行最早的認同卡，是臺北市牙醫公會與上海商業銀行發出的第一張國內認同卡，隨後上海商銀與醫師公會、會計師公會、青商會，及東方名人高爾夫球會都相繼發出認同卡。這些認同卡與前述蓮花卡間的最大差異是，只供給少數會員申請；而且信用卡年費大多由公會替會員支付，作為會員福利；但是會員刷卡消費，公會獲得回饋的基金也是一筆可觀的數目。

## 2.聯名式認同卡

上述認同卡的特色是與銀行合作的發卡機構是非營利事業組織。至於與商業機構結合發出認同卡，以利益結合為前題的，則稱為「聯名式認同卡」。例如華信銀行與小雅服飾店共同發行「小雅認同卡」，持卡人具有小雅貴賓卡的優惠與權益，華信也提供年費減免，共同提供優惠，並開放給民眾申請。但是麗嬰房與富邦銀行結合的聯名認同卡，則只以麗嬰房的貴賓為發卡對象，並非所有民眾可申請的。

這些聯名式信用卡，主要是藉著信用卡提供的折扣優惠，刺激消費，又能提高發卡機構的企業知名度。對發卡銀行而言，相對吸引消費者申請，增加發卡量；對持卡人而言，則可獲得更多優惠。由於不同卡片提供不同之優惠，消費者只能以自己最迫切的需求為選擇優先次序。

## 3.品味認同卡

第三類認同卡是所謂的「品味認同卡」，這是發卡銀行以大眾關心的主題發行信用卡，如中信銀行計畫發行的巨蛋卡（職棒）及環保卡（整治淡水河），藉此吸引民眾申請具有特別意義的信用卡。

美國的通用汽車（GM）發行認同卡的成功，對認同卡未來的發展，

投下了催化劑。國內目前認同卡市場已漸漸形成，其中涉及商業利益的較多，大都以百貨公司及零售業的認同卡爲主，因爲藉著信用卡的使用，對於企業的形象也有所提升，最重要的是能確實掌握忠實的客戶群，對業務穩定擴展有非常大的幫助。表7–4列出這三種認同卡之特徵。

**表7–4　認同卡、聯名卡、品味卡之特徵**

| 種　　類 | 認同感 | 團　　體 Third Party | 目標對象 |
|---|---|---|---|
| 回饋認同卡（Affinity Card） | √ | √ | 非營利組織、認同感極強 |
| 聯名認同卡（Co-Branded Card） | ? | √ | 營利組織、認同感較弱 |
| 品味認同卡（Lifestyle Card） | √ | ? | 大眾關心的話題 |

資料來源：《突破雜誌》,101 期， 1993 年 12 月。

我們在表7–5列出了國內各種認同卡種類與特色。

國內認同卡市場，自82年推出蓮花卡以來，整個市場就急速的增加。目前認同卡種類已超過五十種。以發卡對象而言，可分爲以下二種：

1.封閉性的認同卡：其申請的資格是有條件或有限制的，只針對特定的會員、特定的顧客所發行的。目前市場上屬於此類型的有信義房屋卡、經濟日報之友卡、醫師公會卡、鴻禧俱樂部卡等。

2.開放式的認同卡：發卡的對象，申請的資格是沒有限制的，對外開放所有人士皆可申請，目前有蓮花卡、大統百貨卡等。

就發卡目標而言，可分爲五種類型，即：公益性質卡、百貨公司卡、人壽卡、汽車卡及其他等。這五種的比較說明及舉例等，列示於表7–6中。

表 7-5　國內認同卡種類與特色（舉例）

| 項目<br>種類 | 卡　名 | 發卡機構 | 屬性 | 卡別 | 優 惠 與 特 色 |
|---|---|---|---|---|---|
| 回饋認同卡 | 蓮花卡 | 中信銀行 | 開放 | M、V、聯 | 認同慈濟功德會，持卡人的消費金額中信銀行相對捐出 0.275% 給慈濟 |
| | 淡大認同卡 | 華信銀行 | 封閉 | V | 普通卡年費600 元，消費金額華信相對撥 0.2% 給淡大 |
| | 北市牙醫公會<br>北市醫師公會<br>會計師公會<br>建築師公會<br>青商會 | 上海商銀 | 封閉 | V | 只發行金卡，年費減半，多由公會替會員支付，消費金額提撥一定比例給各公會 |
| | 中華民國醫師公會 | 臺北企銀 | 封閉 | V | 只發行金卡，年費減半。持卡人贈聯合折扣卡，配偶申請免年費。提撥 0.1% 給各公會 |
| 聯名信用卡 | 小雅卡 | 華信銀行 | 開放 | V | 小雅百貨購物有折扣，贈閱 People 雜誌半年 |
| | 世貿帝國聯誼社 | 華信銀行 | 封閉 | V | 可在世貿聯誼社簽帳 |
| | 明曜卡<br>大統卡<br>大立卡 | 聯邦銀行 | 開放 | M、V、聯 | 在發卡百貨公司購物有折扣（非打折季節） |
| | 麗嬰房 | 富邦銀行 | 封閉 | V、M | 普通卡 700 元，金卡 1400 元麗嬰房購物有優待 |
| | 安泰人壽 | 中國商銀 | 封閉 | M | 金卡 800 元，普通卡 400 元。持卡人汽車一年免費維修。特定醫院健康檢查收費折扣 |
| | 蘭花卡 | 中國商銀 | 封閉 | V | 普通卡 600 元。自然美美容會員申請。消費金額提撥捐給社會福利機構 |
| | 來來飯店 | 中國商銀 | 封閉 | V | 只發行金卡，鴻禧機構及來來俱樂部會員申請，會費多由會方支付 |
| | 南陽實業 | 國泰信託 | 開放 | M | 持卡人消費金額，每年提撥為購車基金，最高達 2 萬元，可抵扣買車價款 |
| | 大葉高島屋 | 中信銀行 | 開放 | V、M、聯 | 全球高島屋百貨購物享有折扣 |
| | 長榮航空 | 富邦銀行 | 封閉 | M、V | 長榮航空機票折扣，飛行累積公里數贈送機票 |
| | 群益證券 | 世華銀行 | 封閉 | V | — |
| | 環亞百貨 | 亞洲信託 | 開放 | 聯 | 第一年免年費，第二年 200元。大亞、環亞百貨購物折扣 |
| 品味認同卡 | 巨蛋卡 | 中信銀行 | 開放 | — | 以職棒球迷為認同發卡對象（研議中） |
| | 環保卡 | 中信銀行 | 開放 | — | 以整治淡水河污染為主題 |

M：Master 卡，　V：VISA 卡，　聯：聯合信用卡。
資料來源：《財訊》，1994 年 1 月。

　　最後我們以 Master Card 與 VISA 卡二大信用卡系統之認同卡其合作對象、相互關係、歷史，持卡人之好處、合作對象之好處等其比較情況列示於表 7–7 及表 7–8 中以供參考。

　　持卡人在面對各種的認同卡時，必須慎重選擇，否則可能花了年費，卻申請到一張與自己需求不符的信用卡。而對於認同卡所提供的優惠是否實用? 是否符合自己的支付習慣? 是否會中途停止? 都應該要留意。否則因不切實際的優惠而胡亂申請認同卡，花了年費，換來的卻是一張不實用的認同卡，就得不償失了。

表 7–6　認同卡之比較說明表（依目標）

| 目　　　標 | 說　　　　　明 | 舉　　　　　例 |
|---|---|---|
| 公益性質 | ・強調行善及助人<br>・每一筆消費或年費中捐出固定比率給予特定團體 | ・蓮花卡<br>・蘭花卡<br>・平安卡<br>・東海大學卡 |
| 百貨公司卡 | ・與原有貴賓卡結合<br>・憑卡消費可享折扣 | ・大統、大立認同卡<br>・新光三越卡<br>・統領卡<br>・高島屋卡 |
| 人　壽　卡 | ・以人壽保險公司之保戶為目標群<br>・保費折扣優惠<br>・低年費 | ・新光人壽卡<br>・南山人壽卡<br>・安泰人壽卡 |
| 汽　車　卡 | ・持卡人簽帳消費的某一比例（如5%）可累積成購車基金，用來扣抵購車款<br>・享有保修廠折扣、免費拖吊 | ・南陽卡<br>・賓士卡<br>・國產汽車卡 |
| 其　　　他 | ・藝術、文化、房屋、旅遊等目標 | ・藝術卡<br>・信義房屋卡<br>・大鵬旅遊卡<br>・長榮航空卡 |

## 表7-7 Master 與 VISA 認同卡之比較（1）

| 組織／項目 | Master Card 國際組織 | | VISA 國際組織 |
|---|---|---|---|
| 卡片名稱 | Co-Branded Card<br>聯名認同卡 | Affinity Card<br>回饋認同卡 | Affinity Card<br>回饋認同卡 |
| 定　義 | 發卡行與有良好信譽的著名商業組織訂立契約，以其顧客或貴賓卡持卡人為發卡對象 | 發卡行與有特定共同興趣、嗜好、背景、職業或活動而成立之組織或團體訂立契約，以其組織成員或認同支持該組織者為發卡對象 | 發卡行與社會福利機構各種意義集團（含營利、非營利組織）訂立契約，以其會員為發卡對象 |
| 合作對象 | 1.加油站<br>2.超級市場<br>3.電話公司<br>4.零售店<br>5.其他私人公司卡（以營利為主之組織） | 1.校友會<br>2.公益團體：環保團體<br>3.職業團體：同業公會、醫師公會<br>4.兄弟會：退伍軍人協會<br>5.其他：運動（地方足球隊）<br>　嗜好：（釣魚協會）<br>　（通常為非營利組織） | 1.航空公司或旅行社<br>2.文教機構：國際文化交流協會<br>3.百貨公司等零售業<br>4.公／私機構團體：新聞社、雜誌社、政府機構<br>5.社會福利團體：勵馨園、幸福家庭<br>6.俱樂部<br>7.職業公會<br>8.同鄉會 |
| 相互關係 | 聯名集團 ↕ 顧客　顧客<br>顧客之間無相互關係，聯名團體對使用聯名卡之顧客提供折扣或其他優惠 | 認同集團 ↕↕ 認同會員　認同會員<br>認同會員間有特定共同興趣或理想，持認同卡消費時，認同集團可獲得某一定比例之回饋 | |
| 認同卡之歷史簡介 | 1984年　銀行聯盟（Bankcard Associations）核准其他組織之標誌印在卡片正面<br>1985–1988年　認同卡快速地成長<br>1988年　M／C 推出僅有其他組織之標誌在卡片正面之卡片<br>1990年　M／C 開始推出聯名性質的卡片<br>1991年　M／C 制定聯名卡之規則及政策<br>1992年　聯名在美國成長中 | | 1970年<br>VISA 在美國開始推出認同卡計畫<br>1985–1988年<br>日本會員開始發行認同卡 |

資料來源：交大科技管理研究所，〈我國銀行塑膠貨幣業務推展管理之研究〉，劉克明、王台貝，《塑膠貨幣》，pp. 256–259，商周出版社。

**表7-8　Master 與 VISA 認同卡之比較（2）**

| 項目 ＼ 組織 | Master CARD 國際組織 | | VISA 國際組織 |
|---|---|---|---|
| 卡片名稱 | Co-Branded Card<br>聯名認同卡 | Affinity Card<br>回饋認同卡 | Affinity Card<br>回饋認同卡 |
| 對持卡人之好處 | 1.與眾不同的卡片<br>　-有特殊折扣<br>　-有個別的設計及名稱<br>　-有特別的服務<br>2.更多的用途<br>　-除聯名公司外，可在全球使用<br>　-可增加信用額度<br>　-有提現之服務 | 1.可表示對認同集團之支持並引以為榮<br>2.卡片之使用可使認同集團受惠<br>3.有歸屬感 | 1.有特別的折扣及服務<br>2.可在全球使用<br>3.可表示對認同集團之歸屬<br>4.卡片之使用可使認同集團受惠 |
| 對發卡行之好處 | 1.可增加持卡客戶及簽帳金額<br>2.降低推廣成本<br>　-區隔客戶群<br>　-可將合作對象原有之持卡人轉換為聯名卡持卡人<br>3.可增加與合作對象更多業務往來之機會<br>4.可提升市場競爭力 | 1.可增加持卡客戶及簽帳金額<br>2.降低推廣成本<br>　-區隔客戶群<br>　-招募持卡人回覆率提高<br>3.可提高認同集團的名義及其會員之忠誠 | 1.可增加持卡客戶及簽帳金額<br>2.可爭取認同會員為發卡對象<br>3.其會員可共享認同集團之名義，及其會員之忠誠<br>4.可獲得與認同集團更多的業務往來 |
| 合作對象之好處 | 1.減少製作及管理卡片之成本<br>2.降低應收款項之成本<br>3.改進現金流程<br>4.解決催收業務<br>5.重新策劃不景氣的應對策略<br>6.增加直接行銷之機會<br>7.可獲得更多客戶購買模式之資訊<br>8.分設個別之持卡人帳戶<br>　-聯合團體與發卡行可選擇使用不同的持卡人帳戶及信用額度<br>　-聯合團體可保留對持卡人之控制權 | 1.可加強會員與認同團體之關係<br>2.可提高知名度<br>3.定期通訊：每月寄送帳單時，可同時通知會員訊息<br>4.增加收入<br>5.可針對認同集團的特色設計卡片 | 1.可獲得宣傳之機會<br>2.增加收入<br>3.減少自行發卡的各項處理作業及相關投資，可減輕認同集團之成本及人員之負擔 |

資料來源：同表7-7。

因此年費愈低、利率變化愈少及功能愈多的信用卡或認同卡，是選擇的重要條件。如果持有的認同卡或是信用卡條件並不好，可以等到期後剪卡退還，重新申請服務較好的發卡機構所發行的認同卡。相信在良性競爭下，各發卡機構將會提供愈來愈優厚的條件，得利的將會是持卡人。

## （三）轉帳卡

轉帳卡(Debit Card)不是信用卡，因為它沒有循環信用額度可供使用；它也不是簽帳卡，因為無法享有先消費後付款的便利。使用轉帳卡時，卡片持有人必須已開立存款戶，在消費存款時，持轉帳卡即可使銀行帳戶內的存款直接轉入商家帳戶。它比起金融卡更方便的是，可直接轉帳付費而不必先去提款機提款後，再以現金方式付費，減少了現金存提運送過程中的不便與風險。

商店在消費者使用轉帳刷卡時，並不會查詢存款餘額，只會查明是否有足夠餘額可供消費金額扣帳。目前轉帳卡在國際上正逐漸受到重視，因為作跨國的消費，轉帳卡結帳係於當時（或隔日）自帳戶內扣款，受匯率變動風險影響較小。

目前由 VISA 國際組織所推出的「電子轉帳卡(Interlink)」及萬事達卡所推出的「萬事順卡(Mastero)」，皆是獨立發行的轉帳卡。而最適合使用轉帳卡的人是信用較差，而不易申請到信用卡者。

# 習　題

1. 何謂塑膠貨幣？其具備哪些功能？

2. 試列舉五種塑膠貨幣。

3. 對商店而言，信用卡有何效益？

4. 目前國際信用卡有哪些？試列舉五種。

5. 試說明以信用卡消費時，商店、持卡人、發卡機構及收單機構四者之間之關係。

6. 何謂商務卡？

7. 認同卡有幾類？試比較之。

8. 何謂簽帳卡？

# 第八章　塑膠貨幣（二）
## ——IC卡

## 第一節　IC卡之意義與種類

　　IC卡 (Integrated Circuit Card) 是一種將積體電路封裝於塑膠卡片上的一種卡片。最早是在 1974 年由法國人 Roland Moreno 所發明並申請專利後，吸引了許多國家紛紛投入 IC 卡的研究與應用的推廣。經過二十多年來，已在商業自動化中扮演了重要的角色。本章將就 IC 卡之意義與種類、各國 IC 卡發展概況、IC 卡特性與應用範圍、我國 IC 卡發展概況、IC 金融卡的應用及結論等層面加以說明。本節乃先就 IC 卡之意義與種類提出探討。

　　首先，我們將目前卡的種類以圖 8–1 表示。基本上，IC 卡即是半導體卡中之附接點卡之一種。而 IC 卡依其內容的不同可分為 IC 記憶卡 (IC Memory Card)，IC 智慧卡 (IC Smart Card) 及 IC 超級智慧卡(IC Super Smart Card) 三種，分別說明如下。

　　1.IC 記憶卡：是指內藏 IC 記憶體的卡片，主要用途在儲存資料。最早於 1984 年應市，主要當作儲存電視遊樂器之軟體。目前則朝向取代硬碟機之研究方向。它主要用途如資料保存、車輛維修、身分證、預付消費等。

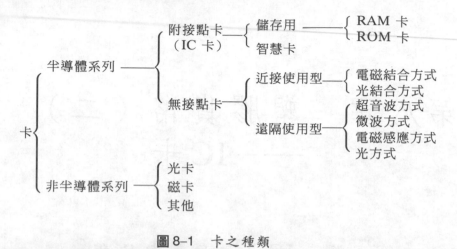

圖 8-1　卡之種類

2.IC智慧卡：即指除內藏記憶體外，還裝有CPU。因此它具有算術及邏輯運算的功能。目前 IC金融卡就是屬於這種IC卡，它的主要用途可以做爲電子轉帳、醫療保險等。

3.IC 超級智慧卡：乃指除記憶體、CPU 外，薄薄的一張卡片上還附有鍵盤、液晶顯示器(Liquid Crystal Display, LCD)及電源供應器等，它就是一部卡片型電腦。

IC 卡目前是朝向 8 個接點的 ISO（世界標準組織）標準發展。本章主要在探討 IC 智慧卡在流通業之應用，因此，在本章中 IC 卡即代表 IC智慧卡。

我們將三種不同的 IC 卡按照其特性及用途分別比較於表 8-1 中。

# 第二節　各國 IC 卡發展概況

IC 卡問世至今已有二十年之歷史，世界各國紛紛投入此領域的探討與推廣。本節針對法國、日本、美國及其他各國在 IC 卡的發展概況做一說明。

表8-1　三種IC卡之比較

| | 特　性 | 用　途 |
|---|---|---|
| IC／MEMORY 卡<br>（IC 記憶卡） | 有一個或多個積體電路組成具有記憶能力者 | ・資料保存<br>・車輛維修<br>・身分認證<br>・預付式消費（電話、停車、商品採購……） |
| IC／SMART 卡<br>（IC 智慧卡） | 在積體電路中具有微電腦 (CPU) 和使用者記憶能力，具多功能、高安全、高智慧（可離線處理）功能 | ・電子轉帳<br>・預付及信用式消費<br>・醫療及保險 |
| IC／SUPER SMART 卡<br>（IC 超級智慧卡） | 在Smart 卡的基礎上裝置有鍵盤、LCD、電源供應器 | ・信用式消費<br>・股票交易<br>・家庭採購<br>・預約訂票…… |

## （一）法國IC卡發展概況[1]

眾所皆知，法國是發明 IC 卡的國家。1976 年，為了加速資訊化社會而由政府推行資訊網路計畫，IC 卡開始萌芽成長。

法國在 IC 卡的推廣上主要是在 IC 電話卡及 IC 金融卡二大方向，茲說明如下：

1. IC 電話卡：法國的 IC 應用即起源於電話卡。乃因法國的公用電話常遭人破壞以竊取硬幣，於是電信局就以電話卡來取代投幣。結果發現不但電話不再遭受破壞，且民眾使用 IC 電話卡後，講電話的時間也拉長了，使得電信局的收益增加。此一先例，為 IC 卡的使用鋪下康莊大道，政府也訂定長期發展計畫，並由 VISA、Master 二家信用卡公司與電話公司合作，先在三個城市進行實驗，並逐漸擴大範圍。

---

[1]　盧復國，〈臺灣IC 卡發展概況(上)、(下)〉，《產業經濟》，140、141 期。

2. IC 金融卡: 法國自 1986 年開始即有計畫的將原有的銀行金融卡由 IC 卡取代, 其重要階段可參考表 8-2。

　　由於政府大力的推動, 除電信及金融外, 諸如醫療保險、休閒旅遊、交通運輸等都有 IC 卡的應用。至 1992 年止, 發卡量達到 2 仟萬張, 成爲世界上 IC 卡最普及的國家之一。

**表 8-2　法國發展 IC 金融卡記事**

| 1967 | 付款卡首次在法國使用 |
|---|---|
| 1971 | 付款卡加上磁條 |
| 1980 | 商號首次裝設電子付款終端設備 |
| 1984 | CB 金融卡集團 (Le Groupment des Cartes Bancaires CB) 成立 |
| 1985 | CB 金融卡集團決定將 IC 卡技術應用於金融卡 |
| 1986 | 電子金融卡首次在 Bretagne 實驗發行 |
| 1990 | 決定將電子金融卡在全法國發行 |
| 1992 | 預計建立完整的 IC 卡金融系統 |

資料來源: 資策會 MIC 及《資訊與電腦》雜誌。

## (二) 日本 IC 卡發展概況

　　由於日本之磁卡發展與應用極爲成功, 因此 IC 卡的發展遠落後於法國。但因日本在 IC 之技術深具雄厚的基礎, 因此從 1985 年開始對無現金購物的 IC 智慧卡及非付款用 IC 卡進行實驗及運用, 成效顯著。表 8-3 及表 8-4 分別列出這二方面的實驗及運用狀況。

## (三) 美國 IC 卡發展概況[2]

　　由於美國信用卡及通訊網路極爲發達, 因此在金融 IC 卡的推動與應用並不積極。IC 卡的應用主要在軍事方面, 做爲軍人的身分識別證與資料之儲存。因爲美國軍方對全球各地的軍人及其眷屬在認證上有許

[2]　同[1]。

表8-3　日本付款用IC卡運用及實驗狀況

| 相關公司 | 卡片名稱 | 主　要　目　的 |
|---|---|---|
| 協和、住友銀行 | NMS卡 | 著手於Smart卡片所具有功能，並由多目的使用之住友銀行，加以摸索出安全上的實用性及普及化。由設置NMS中心，減輕企業的事務員負擔和謀求有效回線利用。開發出便宜、小型、量輕端末機且即使是不同Smart卡片製造商，亦能相應使用之系統。 |
| 三和銀行 | IC TOTAL CARD | 爲了調查出新應用需求顧客，以充分掌握動向，需把Smart卡交易上具體Know How累積之清帳功能，及防犯、情報檔案功能等Smart卡特色加以活用。 |
| 大和銀行 | BETTER LIFE DAIWA | 將把握顧客需求的IC卡利用，且查證其商品內容的安全性和持久性。 |
| 三菱銀行 | 普用卡 | 對無風險卡片購物普及化之可能性，給予銀行連線POS，並檢討得失，以試行卡片功能複合化，理解卡片的技術特性。 |
| 富士銀行 | IC多用卡 | 查證卡片安全性與持久性。開發出顧客需求商品（例如連線POS的有用性），檢查暗碼等防犯措施（例如使用假名編號對策式在多位暗碼上的有效性），以及查證多卡片功能。 |
| 太陽神戶 | IC多用卡 | 確立以卡片作爲清帳系統的銀行基本技術，找出多功能卡片之技術知識累積和真正活用方法。 |
| 北海道拓殖銀行 | takugin IC卡 | 對顧客需求作Smart卡片安全性和持久性調查，並查證商品性在開發暗碼編號等防犯問題。 |
| 東海銀行 | 東海IC卡 | 對卡片的具體活用進行實驗，接著作用於代金清帳卡活用的具體實驗，足有對今後銀行業務活用亦做實際實驗。 |
| 第一勸業銀行 | 未來IC卡 | 調查卡安全性與持久性，並查證顧客需求，利用以作好高品質研發之有關暗碼編號等防犯式卡片，進行確立複數加盟店基本清帳系統技術，進而統一卡片規格，以實施在此規格下之多區域性連線網路實驗。 |
| 協和、住友銀行 | OBPIC卡 | 著手於卡片所具有功能，並探索在多目的使用下，高安全性卡片的實用普及化。 |
| 首都銀行 | nanto NICE CARD | 研究新金融服務的應有作法，且以此推測不用現金卡社會展望。提出適宜卡片健全且圓滑普及的系統方案。 |
| 橫濱情報網路連線 | Y-NET IC卡 | 藉由和區域性成爲一體之有關卡片利用，以找出不用現金卡購物（離線銀行POS）系統。 |
| 駿河銀行 | suruga IC POS CARD | 實現使用非現金卡購物，提高多位數暗碼編號的防犯措施。增加Smart卡片可靠性。 |

資料來源：李良猷，〈IC卡在流通業的發展趨勢與應用〉。

**表8-4　日本非付款用IC卡運用及實驗狀況**

| 範　圍 | 應　用 | 企業和機關名稱<br>（地　區） | 卡片名稱 | 利　用　目　的 |
|---|---|---|---|---|
| 金　融 | 資產管理 | 東洋信託銀行 | 管理財產系統<br>pack 卡 | 記錄財產情報，運用財產<br>的輔導服務 |
| | | 日本信託銀行 | H&P 卡 | 記錄財產情報，運用財產<br>的輔導服務 |
| 流通零售 | 管理顧問<br>圖標記<br>購物 | 大阪豐田汽車<br>烏山站前商店<br>公園城市<br>新川崎 | TOYOTA IC<br>CARD<br>IC-CARDIA | 管理顧客<br>促進販賣、圖標記，簡目<br>招待不用現金購物和入退<br>室管理實驗 |
| 服　務 | 管理顧問 | 日產租車 | | 租車管理，租用車顧客管<br>理，顧客動向分析 |
| 運　輸 | 車輛運行<br>管理 | 建設省北陸地方<br>建設局<br>日興電機工業 | WORK DATA<br>CARD | 管理除雪車運行<br><br>管理車輛運行 |
| 醫　療 | 醫療卡 | 稻苗產業<br>Jesibi | 資金健康卡 | 緊急時的迅速治療、健康<br>診斷、全身檢查的檢修資<br>料記錄 |
| | | 稻煙產業<br>西武信用卡 | 黃金卡・季節 | 緊急時的迅速治療，健康<br>診斷，全身檢查的檢診資<br>料記錄 |
| | | 五色街保護中心<br>Hudson | 保健卡 | 管理街民保健 |
| | 測量血壓 | | | 在IC卡片上記錄血壓值<br>與脈搏數（IC記憶器） |
| | 健康俱樂<br>部 | 札幌健康中心 | IC 會員卡 | 全身檢查的診斷結果，記<br>錄測量體力結果 |
| | | 一心館旅社 | Kuahonse 一心館 | 記錄測量會員體力結果，<br>製作入浴程式 |
| | | 魚俱樂部 | Nautilus Club | 會員管理，提供訓練課<br>程，練習量報告 |
| 辦公室<br>自動化<br>（OA） | 企業內系<br>統 | NTT<br>JR<br>三菱電機<br><br>三井情報系統<br>協議會 | NICE system<br>CARD<br>JR CARD | 員工餐廳、入退室管理、<br>電子手冊、存款卡<br>出退勤管理、禁入管理、<br>健康管理、Cashless之利<br>用，現金出納管理，情報<br>存取管理，資材管理，設<br>計時間收集分析<br>清帳、健康管理、入退室<br>管理的實用實驗 |
| | 大樓管理 | 幕張 techno<br>garden | 幕張 techno<br>garden 系統 | 支援入經企業，支援屋主<br>和管理公司，用於不用現<br>金，以及施行來館者服務<br>等 |
| | 個人情報<br>管理 | sharp | 電子手冊 | 個人情報管理，七國語言<br>電子翻譯機，技術計算函<br>（IC記憶器） |
| | 員工卡 | 東海銀行<br>協和銀行 | | 員工證<br>員工證 |

資料來源：同表6-4。

多困難，在服務及福利系統上估計每年約1億美金之損失。因此，目前
採用即時自動化個人身分系統（Realtime Automated Personal ID System），
利用IC 智慧卡取代過去的磁性卡。圖8–2列出法國、日本及美國三個先
進國家發展 IC 卡的過程。

## （四）其他國家IC卡發展概況

　　義大利在 1986 年爲了世界划雪公開賽，而由各銀行組成一個協會
CIME，發起 IC–POS 的運作。後來此系統稱爲Moneta。目前應用範圍
主要在金融及高速公路收費系統。

　　匈牙利主要由郵局主導，建立自動提款機以操作 IC 卡片。

　　綜觀各國 IC 卡之發展情況，可以看出銀行取得共識是一個極爲關
鍵的成功因素，表 8–5 列出法日美三國在發展 IC 卡之動機與面臨的困
難之比較。

### 表8–5　法日美發展IC智慧卡基本動機與面臨問題

| 國家 | 動 機 分 析 | 推 動 困 難 |
|---|---|---|
| 法國 | 1.將 IC卡視爲進入資訊化社會之重要工具。<br>2.創造更高附加價值的服務。<br>3.減少銀行支票處理作業之成本。<br>4.策略性國家級資訊應用項目。 | 1.在醫療 IC卡方面面臨個人隱私權及醫療術語標準兩大方面的問題。<br>2.產品及技術出口問題。<br>3.發卡單位受政府嚴格管制發行。 |
| 日本 | 1.著眼於 IC技術及產品欲取得世界領先地位。<br>2.提升效率。 | 1.因日本在磁卡方面的投資已很大，不易推動。<br>2.何者爲 IC卡的發行機構，在法制上尚未明確規定。<br>3.將 IC卡當泛用卡的消費意識型態尚未成型。 |
| 美國 | 1.防止信用卡之僞造及不正當之使用。<br>2.防止信用過度使用而無力償還。<br>3.減少事務處理成本。 | 1.支票、信用卡應用普及，信用風氣普遍。<br>2.線上電腦系統發達，資料庫發達，阻礙了離線的誘因。 |

資料來源: 資策會 MIC。

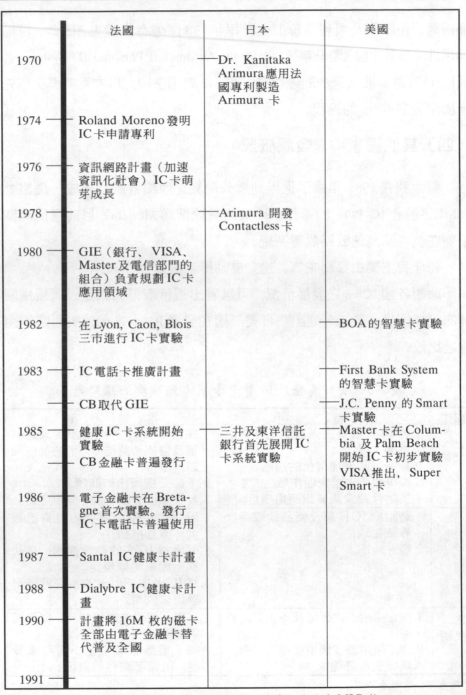

| | 法國 | 日本 | 美國 |
|---|---|---|---|
| 1970 | | Dr. Kanitaka Arimura 應用法國專利製造 Arimura 卡 | |
| 1974 | Roland Moreno 發明 IC 卡申請專利 | | |
| 1976 | 資訊網路計畫（加速資訊化社會）IC 卡萌芽成長 | | |
| 1978 | | Arimura 開發 Contactless 卡 | |
| 1980 | GIE（銀行、VISA、Master 及電信部門的組合）負責規劃 IC 卡應用領域 | | |
| 1982 | 在 Lyon, Caon, Blois 三市進行 IC 卡實驗 | | BOA 的智慧卡實驗 |
| 1983 | IC 電話卡推廣計畫 | | First Bank System 的智慧卡實驗 |
| | CB 取代 GIE | | J.C. Penny 的 Smart 卡實驗 |
| 1985 | 健康 IC 卡系統開始實驗 / CB 金融卡普遍發行 | 三井及東洋信託銀行首先展開 IC 卡系統實驗 | Master 卡在 Columbia 及 Palm Beach 開始 IC 卡初步實驗 VISA 推出, Super Smart 卡 |
| 1986 | 電子金融卡在 Bretagne 首次實驗。發行 IC 卡電話卡普遍使用 | | |
| 1987 | Santal IC 健康卡計畫 | | |
| 1988 | Dialybre IC 健康卡計畫 | | |
| 1990 | 計畫將 16M 枚的磁卡全部由電子金融卡替代普及全國 | | |
| 1991 | | | |

資料來源: 日本金融情報系統中心、日本工業調查會, 資策會 MIC 整理。

圖 8-2　主要國家發展 IC 卡過程

# 第三節　IC 卡之特性與應用範圍

目前使用最普遍的卡片是裝有磁條的磁卡，主要的用途是儲存資料及當作電腦的輸入媒體。舉凡金融卡、信用卡、大樓出入卡、會員卡……等皆是其應用範圍。磁卡有二個缺點，因此造成了 IC 卡的興起。這二個缺點為：

1.安全性低，易於偽造：例如金融卡很容易偽造，而造成了電腦犯罪的可能性。

2.必須連線處理，增加作業成本及等待時間。

而 IC 卡由於具有以下之優點，故逐漸取代了磁卡：

1.記憶容量大：約為磁卡的 100 倍，容量可達 64K Bits（約 8000 字），可成為手攜式資料庫。

2.安全性高，幾乎不可能偽造：IC 卡由於在積體電路內有特殊的安全系統，稱 DES(Data Encryption Standard)，無法仿冒與偽造。

3.採離線作業：減少連線作業成本及等待時間。

4.具有邏輯運算及資料處理功能：IC 卡中裝有 CPU，因此具有邏輯運算及資料處理功能。

5.可與應用軟體結合：與各種應用軟體結合，而提供各種資訊服務。

6.一卡多用：IC 卡可代替多種卡片，減少申請攜帶多卡的麻煩，例如 IC 金融卡兼具提款卡、信用卡等功能。

過去金融磁條卡的發展，在安全上因為控管不嚴謹而被外包的程式設計師竄改自動提款機的內部程式，截取客戶密碼與帳戶資料，偽造了多張的金融卡，從自動提款機提取現金，此種現象造成了社會問題。又有信用卡犯罪集團亦與不肖或自設的特約店串通，截取客戶信用卡（也

是一種磁條卡）資料，僞照信用卡，製造假帳單，向聯合信用卡處理中心詐財。

以上二種金融犯罪，都因金融交易卡是磁條且爲線上處理之故。一般而言，IC 卡晶片內有特殊的安全程式，即使卡片遺失，在不知道密碼情況下，盜用者無法讀取資料，再加上每個 IC 出廠時都內含有出廠編號，無法仿冒。因此 IC 卡在安全性方面，可以按照資料安全模組、卡片讀取之認證、持卡人之驗證及防止詐欺等四個層面列出 IC 卡之安全措施：

### 1.資料安全模組層面

IC 卡讀取設備使用之安全模組符合標準，且將其運算法則存於安全模組之 ROM （唯讀記憶體）內，無法竊取。其次，在主基碼存放在安全模組的Secret Zone 內，任何不當的企圖，保護系統會自動感應並自動將記憶體內主基碼清除。而 IC 卡單晶片設計，包含 DES 晶片與運算晶片，安全性更高。最後，參數由使用者單位自行設定，採軟體程式皆受監督的安全控管原則，製造廠商無法預留設定空間。

### 2.卡片讀取之認證層面

由主電腦（或 POS 收銀機）認證卡片，卡片亦可認證主電腦之讀取設備。

### 3.持卡人之驗證層面

由於 IC 卡失竊後，只要密碼不外洩，即無法冒用或僞造。近年來，信用卡有加上照片之做法乃爲防止此項犯罪問題，但 IC 卡絕無此項顧慮。

### 4.防止詐欺層面

IC 卡可將交易記錄於卡片上，使用卡片之特別鍵值可代表商店及交易的資料以密碼方式記錄此交易，因此無法僞造假帳單或詐欺之情形發生了。我們以表 8–6 列出磁卡與 IC 卡之比較。

**表8-6　磁卡與IC卡特性比較表**

| 項目＼卡片 | 磁　卡 | IC　卡 |
|---|---|---|
| 構　造 | 將磁性記憶體黏於塑膠卡片上 | 將IC晶片置入塑膠卡片中 |
| 大小規格（寬×長×高） | 54mm × 86mm × 0.76mm | 同左 |
| 資料儲存媒體 | 磁體 | IC記憶 |
| 記憶容量 | 72字（約0.58K位元） | 2000字（16K位元）<br>8000字（64K位元） |
| 資料消除與重寫 | 是 | 是 |
| 運算功能 | 不具 | 具備 |
| 優　點 | * 使用方便<br>* 成本低<br>* 已廣泛流行 | * 具邏輯判斷、運算能力<br>* 具讀寫管制能力 |
| 缺　點 | * 安全性差<br>* 容量少 | * 卡片成本高 |
| 外在環境影響／限制 | 易受外部磁場影響，而破壞記憶容量 | 不受外部磁場影響，但須注意靜電造成之高電壓 |
| 卡片價格 | 約10元／張 | 約100元／張 |
| 系統作業方式 | 連線作業 | 連線／離線作業皆可 |
| 電腦／網路費用 | 高 | 低 |
| 卡片本身資料管理能力 | 無 | 可依業務類別提供不同之資料檔案供外界使用。同時可按資料檔及其內之細目資料，依業務需求，分別賦予不同使用者不同之使用資料權限 |
| 卡片真偽之辨識 | 由肉眼辨識,無法用自動化處理方式達成 | 利用卡片本身之資料安全運算法則，以電子簽章方式，自動達成卡片與終端機間之相互認證，藉以達成卡片及終端機之真偽辨識 |
| 持卡人身分之核驗 | 以持卡人之簽名由肉眼核驗或以密碼以連線方式核驗 | 以持卡人之密碼經由離線方式核驗 |
| 交易授權方式 | 每筆交易需以連線方式向發卡機構要求授權 | 交易授權完全藉由卡片與終端機間之作業以離線方式完成 |

資料來源：劉克明、王台貝，《塑膠貨幣》，商周文化出版社。

IC 卡之應用範圍極爲廣泛，其中最常見的就是 IC 金融卡，它的功能包括：

1.提款 —— 憑卡可以在各金融機構的自動櫃員機上提領現金、辦理轉帳或查詢餘額。

2.轉帳 —— 持卡人可就預先圈存在晶片的金額之額度內，憑卡到商店、百貨公司或其他消費場所轉帳消費，消費金額自存款帳戶內扣除，但圈存金額在未消費扣帳前，銀行一樣依規定付利息。

3.信用消費 —— 如同一般信用卡，持卡人可就發卡銀行核給的信用額度內至特約商店簽帳消費，帳款則等到次月繳款日再由發卡銀行自持卡人存款帳上扣除，先消費後付款。

4.打電話 —— 可以直接用 IC 金融卡在 IC 卡式的公用電話上打電話。

在表 8-7 中，我們列出了 IC 卡的應用範圍。舉凡金融財務、零售

表 8-7 IC卡應用範圍

| 領 域 | 應 用 方 式 |
|---|---|
| 金融財務 | 現金卡　信用卡　預付卡　電子支票　資產管理卡　證券卡 |
| 零售服務 | 購物卡　信用卡　包裝卡(Cashing Card)　預付卡　會員卡<br>點券卡禮品卡　訂購卡 |
| 社會安全 | 人壽和意外保險卡　健康保險卡　年金卡　健康保險聯合卡 |
| 交通旅遊 | 登機卡　汽車保險／檢查卡　座位保留卡　執照　旅遊卡<br>房間卡鎖護照　車輛卡鎖　停車卡　附費 TV 卡<br>高速公路付費卡　檢查卡 |
| 醫 療 | 健康檢查卡　捐血卡　診斷圖卡　血型卡　健康記錄卡<br>婦產卡　病歷卡　保險卡　藥方卡 |
| 通 信 | 電話卡　公用電傳視訊／傳真卡　網路揭取卡　電子信箱卡<br>操作員卡　郵箱卡 |
| 政府行政 | 居民卡　戶口名簿　印鑑卡　資格卡　免稅卡　印鑑登記卡 |
| 教 育 | CAI卡　圖書卡　學生證　報告卡　輔導卡　成績卡 |
| 娛 樂 | 電玩卡　卡拉 OK 卡　娛樂卡　成績卡　戲院卡 |
| 辦 公 室 | 程式卡　保養卡　工廠自動化卡　網路揭取卡　操作員卡<br>品質控制卡　進出管制卡　工作卡　電話卡　複印機使用卡 |
| 其 他 | 房間卡鎖　個人記錄卡　家庭安全卡　烹飪卡 |

資料來源：《資訊傳眞》雜誌。

服務、社會安全、交通旅遊、醫療、通信、政府行政、教育、娛樂、辦公室、家庭等都是 IC 卡應用的領域。在這些應用範圍中，金融財務、辦公室自動化等其需求乃在安全之考慮，而教育、健康醫療及交通運輸等則著重於大記憶容量之考慮。

# 第四節　我國 IC 卡發展概況

我國有鑑於 IC 卡發展之雄厚潛力，於民國 77 年 3 月成立「IC 卡推動小組」，成員包括交通部電信局之 IC 電話卡小組、財政部金融資訊中心 IC 卡小組、衛生署 IC 醫療小組、資策會、電信研究所、數據通信所、工研院電子及電通所等。

與法國、日本、美國相比，我國 IC 卡的發展約落後十五年。目前國內發展的應用領域主要集中於金融領域、電信領域及醫療領域。這三種領域以電子金融卡、電話卡、健康卡為代表。發展概況如表 8-8 所示。

表 8-8　我國 IC 卡發展概況

| 卡片名稱 | 推動單位 | 是否含 CPU | 記憶容量 | 發　展　動　機 |
|---|---|---|---|---|
| 電子金融卡 | 金資中心 | 含 CPU（智慧卡） | 3KB | 1.因記憶容量大，安全性高，可擴大銀行的服務功能。如：Sanking-POS<br>2.減少貨幣在外之流通損耗。<br>3.提升信用卡服務競爭。 |
| 電話卡 | 電信局 | 不含 CPU（記憶卡） | 1024 Bit | 1.改善目前使用光卡所產生的失誤。<br>2.未來可與電子（郵局）金融卡結合。 |
| 健康卡 | 衛生署 | 含 CPU（智慧卡） | 8 KB | 儲存個人資料、應用資料、病歷資料（暫訂）。 |

資料來源：資策會 MIC。

茲將 IC 卡發展的三個領域分述如下：

## （一）電信領域

目前推展的重點在 IC 電話卡，而傳統投幣式及光卡式話機預計於民國 88 年全面改為 IC 卡及投幣兩用。

目前正推展二種不同的 IC 電信卡，說明如下：

1.預付式 IC 卡：即為一種記憶卡，記憶容量 128 Bytes，成本約在 20 元，用完即丟的方式。

2.轉帳式 IC 卡：即與 IC 金融卡結合，用戶先至發卡銀行申請 IC 金融卡，持卡人即可將 IC 卡插入話機，鍵入密碼及預付公用電話使用費金額，則可自動轉帳。電信局並計畫大哥大電話亦用此種方式撥打，方便轉帳及避免被人拷貝話機或盜用。

電信局為配合 IC 卡的推展，並設計了 IC 卡式公用電話機，此種話機功能除了可以中文顯示、音量放大、重撥外，更可簡碼撥號。

## （二）金融領域

國內在民國 80 年 6 月建立金融業用 IC 卡標準後，即積極推動，目前金融 IC 卡的功能涵蓋了提款卡、轉帳卡、預付卡及信用卡之功能。一般而言，由於 IC 智慧卡具備功能強大的安全措施，再加上有記憶體，因此作為提款、轉帳、預付或信用卡等用途極為適當。IC 智慧卡可以儲存持卡者下列有關的資料：

1.持卡人的身分識別及密碼。

2.發卡銀行或金融機構的身分識別。

3.持卡者帳戶的餘額，此一帳戶可能是信用帳戶或是直接扣款帳戶。

4.持卡者可以利用此智慧卡進行交易的最高額度。

5.在一定期間之內所有交易細項之歷史資料。

至於金融 IC 卡的功能，一方面可取代傳統的卡片的功能，另一方面也提供了新型的服務，茲將此二種功能分述如下：

1.傳統卡片功能：

(1)提款卡：可在自動提款機上提款。

(2)轉帳卡：消費者持卡到流通業營業場所消費，透過 EFT／POS（電子資金轉帳銷售點管理系統），將帳戶之金額，直接轉到商店之帳戶。亦可利用 IC 卡進行跨行轉帳。

(3)預付卡：持卡者事先預繳一定金額後，IC 卡即可在此額度內使用。如電話卡、加油卡、停車卡、捷運卡等。

(4)信用卡：金融機構可以給持卡人一個信用額度，在此範圍內，可以允許持卡人消費後，再付費。

2.新型服務方面：

(1)電子旅行支票：金融用 IC 卡可以取代旅行支票。當持卡人預付金額購買這種旅行支票卡時，可能是某一國的外幣支付的。此一外幣表示的購貨額度就記錄在智慧卡的記憶體中。當持卡人出外旅行時，只要到設置適當讀卡裝置的商店消費，其金額自然就由卡上減除直到用完爲止。而旅行支票金額自然可以在日後由發卡銀行與商店的往來銀行冲銷。

(2)服務業電子收費：類似預付卡之功能。乃針對一般公用事業或自動販賣機等之服務項目。例如水電瓦斯、汽油或停車場的計時器，甚至一些公共場所的各種自動販賣機，都可以利用智慧卡來做電子收費。這也就是利用智慧卡的安全保密性及儲存資料特性來完成的。當持卡人購買此張智慧卡時，發卡機構即在智慧卡上儲存了若干單位的「服務」，而在需要針對這些服務做定期或不定期付費時，即可以讀寫卡片的方式將預付的單位由卡上扣除，直到用完後仍然可以重新輸入新購買的單位而不

停的使用。圖 8-3 爲自動販賣機預付卡整合系統圖。

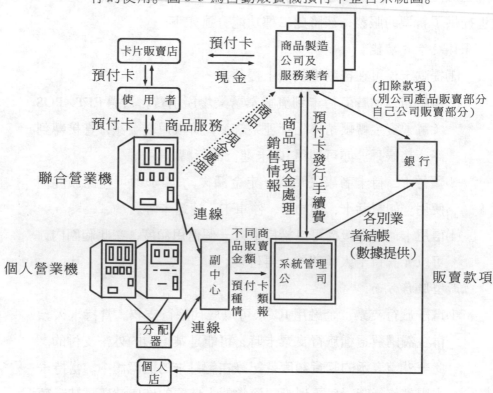

資料來源: 同表 8-3。

**圖 8-3　自動販賣機通用預付卡整合系統**

(3)社會福利之發放: 智慧卡也是提供社會福利機構發放福利金、保險金或退休金的媒體, 它減少許多文件處理所需要的時間, 而有資格領取社會福利之市民可持卡到商店購物或醫療單位接受醫療服務。我們可以將金融用 IC 卡之應用範圍按付款方式歸納成表 8-9。

## (三) 醫療領域

全民健康卡, 利用 IC 卡即可儲存個人的身分證明、健康保險號碼、

**表8-9　IC／智慧卡商業交易應用領域付款方式**

| 項　　　目 | 付款時點 | 實　　例 | 說　　明 |
|---|---|---|---|
| 電子支票<br>(Electronic Check) | 款後付 | ・類似Debit Card, Credit Card Check<br>・目前的百貨信用卡屬之 | ・屬事後付款，在交易過程中，認證與安全較為複雜 |
| 電子錢包<br>(Electronic Wallet) | 款先付 | 超級市場的 Prepaid 卡 | ・如同鈔票在口袋中一樣<br>・可減少零星的交易成本<br>・遺失不能申請補發<br>・減少找零 |
| 電子代幣<br>(Electronic Token) | 款先付 | 電話卡<br>停車卡<br>巴士儲值卡<br>City Card<br>Game Card | ・收費者與消費者可無需收據或記錄者<br>・零錢使用頻率較高之地方<br>・法國政府發行之 City Card，任何使用政府之公共設備、設施及服務由 City Card 來支付 |
| 電子票證<br>(Electronic Pass) | 款先付 | Foot Ball Card<br>Electronic Travel Check | ・往往具有特定條件下才發生或通過之定點<br>・歐洲之 Foot Ball Card 具有 ID 及Payment 之功能<br>・Electronic Travel Ticket 可將訂購之票券加以記錄在卡片中，目的在減少成本及防止偽騙 |

資料來源：資策會MIC。

血型、過敏症、健康檢查結果、過去及目前所罹患的病症、藥物治療效果以及醫生診斷結論等資料，當有人發生意外事故，醫院可以經由IC卡快速地瞭解病患的基本資料、健康情形、染患疾病、敏感資料和以往診斷記錄等。減少醫師再做檢查或調閱病歷的時間，提高診斷的時效與正確性。此外，病人也可藉由IC卡上的個人資料及銀行帳號，而透過銀行轉帳的方式來繳納診療費，而可以降低醫療成本及提升醫院管理的效率。政府正積極推動醫療網計畫，並建立全國醫療資訊網路，IC卡正是最好的技術。至於IC卡在醫療上之用途，可由規劃中的IC卡儲存

內容瞭解，這些資料包括以下幾項：

　　1.個人基本資料

　　2.身分戶口資料

　　3.保險就業記錄

　　4.保險費用記錄

　　5.醫院轉診資料

　　6.住院治療簡歷

　　7.檢驗報告記錄

　　8.健康檢查記錄

　　9.公衛疫防記錄

　　10.診斷處方記錄

　　11.醫療費用記錄

我們將國內 IC 卡片市場的預估量列於表 8–10 中。

### 表 8–10　我國 IC 卡片市場預估

| 卡片<br>應用類 　產量 民國年 | 民國 82 年<br>（萬張） | 民國 83 年<br>（萬張） | 民國 84 年<br>（萬張） | 民國 85 年<br>（萬張） | 民國 86 年<br>（萬張） | 預估民國 86 年<br>年總產值<br>（百萬美元） |
|---|---|---|---|---|---|---|
| 金　融 | 46 | 87 | 306 | 183 | 199 (10%) | 12.74 (6.4%) |
| 電　信 | 100 | 500 | 800 | 1600 | 1600 (8.1%) | 12.80 (6.5%) |
| 醫　療 | 0.8 | 1.2 | 1.6 | 2 | 8 (1%) | 2.43 (1.6%) |
| 其　他 | 1.5 | 70 | 197.5 | 425 | 725 (8.6%) | 27.44 (10.8%) |
| 總　計 | 148.3 | 658.2 | 1305.1 | 2210 | 2532 (8.2%) | 55.41 (6.9%) |

（　）：表示我國占世界百分比

資料來源：資策會 MIC、IC 卡推動小組產業分組整理。

# 第五節　金融IC卡概述

　　由於 IC 卡的發展中，對商業自動化最有關係的莫過於金融 IC 卡，因此本節特就 IC 卡銷售點轉帳系統、金融 IC 卡之利益及金融 IC 卡之作業方式等項目加以說明。圖 8-4 即為 IC 金融卡之樣式。

圖 8-4　IC 金融卡

## （一）IC銷售點轉帳系統（Electronic Funds Transfer IC–POS, EFT / IC–POS）

　　持卡人、特約商店、金融機構及清算中心等構成了金融 IC 卡銷售點轉帳系統，如圖 8-5 所示。

　　持卡人首先到銀行申請卡片，可在自動櫃員機上操作，可做圈存、圈提等。而所謂「圈存」是指存款客戶在其活動性存款帳戶內，將部分存款指定讓銀行保管，並設定為專供 IC 卡消費時所用，客戶即可將這部分的錢進行 IC 卡消費。當「圈存」的金額已消費完，客戶需再補足金額，才能消費。簡言之，「圈存」就是把存款「圈」出一部分做消費之

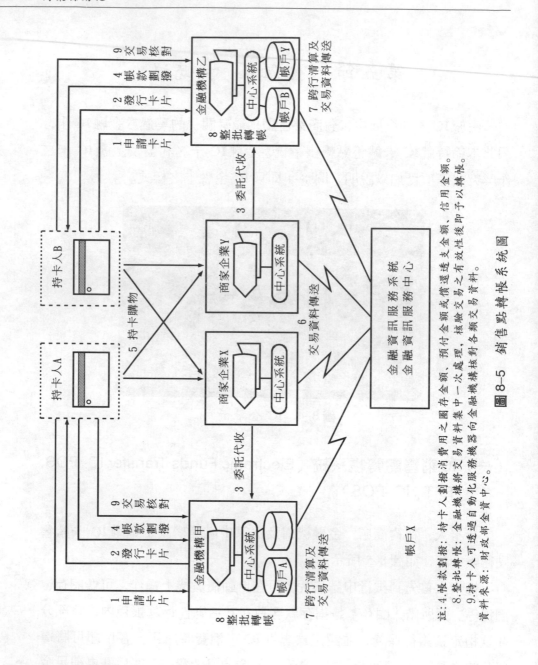

註：4.帳款劃撥：持卡人劃撥消費用之圖存金額，預付金額或償還透支金額，信用金額。
　　8.整批轉帳：金融機構集中一次處理，核驗交易之有效性後即予以轉帳。
　　9.持卡人可透過自動化服務機器向金融機構核對各類交易資料。
資料來源：財政部金資中心。

圖 8-5　銷售點轉帳系統圖

用，被圈出的款項，照樣計息，直到實際消費才扣去。而「圈提」則是
持卡人利用自動櫃員機將 IC 卡內之金額存回銀行存款帳戶內的動作。

　　持卡人持卡到特約店消費，將 IC 卡插入 IC 卡銷售點轉帳端末設
備 (IC-POS)。如圖8-6 所示。輸入密碼，即可在圈存的額度內扣帳，而
IC 卡交易採離線作業，商店可利用晚上將交易資料傳至金融資訊服務
中心，清算後，完成扣帳、轉撥及入帳之作業。

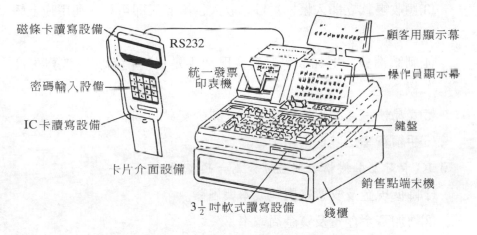

圖8-6　IC 卡銷售點轉帳用端末設備架構圖

## （二）金融IC卡之利益

　　金融 IC 卡之利益可按照對消費者，對特約商店，對金融機構及對
流通業等四個方向說明之：

　　1.金融 IC 卡對消費者之利益：

　　消費者使用金融 IC 卡之利益，可以分以下二點說明：

　　⑴可替代現金付款，一卡在手，行遍天下，兼具自動提款卡、電
　　　話預付卡、轉帳卡、國內信用卡、國際信用卡、電子旅行支票
　　　等用途。

(2)採用美國國家之DES 安全模組及 IC 卡密碼保障，不怕他人盜用、偽造或搶奪等。

2.IC 卡對特約商店之利益可分為以下六項說明：

(1)簡化店內現金管理，減少店內現金之收、受、保存及轉存之時間及人力。

(2)安全性高，降低被搶劫及收到偽鈔、偽幣之風險。

(3)應收帳款立即入帳，當日之收入，第二天即可用（利用晚上轉帳）。

(4)刺激消費，增加收入，來客現金不足仍可消費，不致喪失商機。

(5)交易快速，不須找零及點鈔，減少交易時間。

(6)手續費率比其他信用卡低。

3.IC 卡對金融機構之利益可分為六項說明之：

(1)降低現金及支票之處理成本與風險。

(2)增加資金存量及資金周轉率。

(3)增加及掌握客戶存款。

(4)提升客戶服務水準，增加顧客滿意度。

(5)免除收帳麻煩。

(6)延伸銀行營業據點。

4.IC 卡對流通業之利益：

至於 IC 卡對整個流通業之利益則有以下八點：

(1)降低現金及支票之處理成本與風險。

(2)縮短結帳時間。

(3)增加流通量，提高營業額。

(4)提高資金周轉率。

(5)增進客戶服務與提升顧客滿意度。

(6)提高平均銷售金額。

(7)提高銷售管理資訊之應用。

(8)減低連線之成本。

## （三）IC金融卡作業內容

從圖8-5銷售點轉帳圖中，為了達成IC金融卡之應用，所涵蓋的內容包括：

1.發卡、製卡：金融機構接受消費者之申請而製作IC金融卡，圖8 7為相片個人化IC卡之製作流程圖。

2.圈存、預付：客戶必須先圈存一筆金額，而由行員與客戶一起在圈存機上操作。

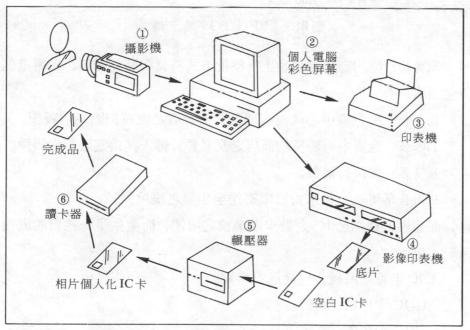

①攝影機
②個人電腦 彩色屏幕
③印表機
④影像印表機
底片
空白IC卡
⑤輾壓器
相片個人化IC卡
⑥讀卡器
完成品

資料來源：Gemplus公司，資策會MIC整理。

**圖8-7 相片個人化IC卡製作流程圖**

3.簽訂代理契約: 與特約商店簽訂代理契約, 包括手續費等之協議。

4.消費: 消費者至特約商店消費, 並在 IC-POS 上鍵入密碼, 完成交易。如圖 8-8。

資料來源: Bull 公司。

**圖 8-8　EFT／POS 讀卡機**

5.傳檔: 特約商店利用晚上, 整批方式將當日交易資料, 利用電腦傳至金資中心。

6.扣帳: 由金資中心代為處理各個消費者之帳戶扣除其消費額。

7.入帳: 金資中心將特約商店之交易額, 轉入其指定銀行之帳戶。

8.清算: 做跨行清算。

9.對帳單寄送: 往來對帳單寄送至相關之帳戶。

而金融機構由於 IC 金融卡之業務之增加, 而產生了一些新的處理系統, 包括:

1.IC 卡管理系統。包括以下六點:

(1) IC 卡申請／註銷

(2) IC 卡生效／解除

(3) IC 卡掛失／解除

⑷ IC 卡融資解除

⑸ IC 卡密碼變更

⑹ IC 卡製發卡

2.IC 卡帳務管理系統。包括以下五點：

⑴持卡人帳款撥款：圈存、圈提、預付款扣帳

⑵ POS 交易扣入帳

⑶交易明細資料列印

⑷預付款扣入帳

⑸帳務清算

3.基碼管理系統。

4.帳單管理系統。

5.線上查詢系統。

6.檔案傳輸管理系統。

7.其他相關系統。

# 第六節　結論

IC 卡由於是一卡多用，加上目前金融資訊系統與國內大部分金融機構建立金融資訊網路連線作業。IC 卡銷售點轉帳作業 (IC-EFT／POS) 已在 82 年開始開辦，截至 84 年 3 月，國內共有十九家銀行發行 IC 金融卡，發卡量超過二十萬張，特約商店也在二千五百家。流通業在日益龐大之交易量壓力下，使用 IC 卡以降低現金管理成本，提高銷售支付作業效率以及提升顧客滿意度，是一個必然趨勢。我們可以歸納 IC 卡的發展趨勢如下：

1.與信用卡、轉帳卡、提款卡、預付卡整合，成為一卡多用：目前世界最大之信用卡支付系統 Europay、Master Card 與 VISA 共同達成協

議創立 EMV（即三家公司之首字母），預計 1995 年底公布 IC 卡之國際規格標準，屆時藉由國際組織的統一標準 IC 規格，形成了 IC 卡的國際化，達到了解決多卡的困擾，又可記錄交易資料，更增加了安全與保障，真正達到一卡行遍天下之境界。

2.IC 卡個人通信：大哥大電話卡即可用 IC 卡，免除被盜打之虞。

3.IC 卡個人識別：企業可發給員工 IC 卡做為出入大門之識別、出勤管理，亦可做為預付卡或信用卡可在餐廳等消費，亦可做為檢索資料之識別卡等之用。

4.IC 卡駕駛個人應用：駕照 IC 卡化，可配合車子生命卡（記錄所有保養記錄）、高速公路過路卡、路邊停車卡與租車卡等，達到便利與保存資料之目的。

5.IC 卡商業應用：IC 卡取代了電子支票、電子錢包、電子代幣及電子票證等。其中電子錢包的推廣，可以美國電子付款服務公司 EPS 為代表。

從 1995 年起在德拉瓦州率先推出「電子錢包」。股東包括多家美國東北部及中西部大銀行，希望能吸納其他美國銀行及自動櫃員機網路加盟，建立一個遍及全美的電子錢包體系。「電子錢包」是大小和皮夾相似，內部藏有微晶片的電子卡。消費者持有這種圈存有定量金錢的「電子錢包」，就可以用它來購買食物或支付高速公路通行費，省掉隨身攜帶零錢的麻煩。一般而言，消費者透過自動櫃員機或費用低廉的專線電話把電子錢包「裝滿錢」之後，就可以用它在裝有讀卡器的自動販賣機上購取糖果、飲料等物品。販賣機只要辨識電子錢包真偽及餘下金額是否足夠，便可以執行交易。交易完成後，消費者可透過販賣機或櫃員機查對購物扣掉的金額及電子錢包之餘額。

EPS 的智慧卡企業部門總裁葛里森指出：「消費者要的就是方便，但現金在使用上確實頗為不便。對於商家而言，處理、計算及存放的成

本都相當高昂，而且還有被偷的危險。」據統計，美國每年高達 3600 億美元的交易中有80%屬於現金交易，同時這80% 現金交易中又有90% 的交易金額不到 20 美元，所以從理論而言，電子錢包的推出應可大受市場歡迎。

　　6.IC 卡資料應用：如身分證、全民健保、醫療用 IC 卡等。

　　最後，我們將 IC 卡之作業方式、功用與特點等歸納於表 8-11 中。

**表 8-11　IC 卡特性歸納表**

| 功能別 | 作業方式 | 功　用 | 特　點 |
|---|---|---|---|
| 提　現 | 1.憑帳戶發給卡片，並登錄卡片<br>2.設定密碼<br>3.憑卡片及密碼交易<br>4.連線作業<br>5.卡片掛失，消除卡號 | 確定持卡人<br>保護持卡人<br>卡片及密碼作爲交易指示<br>雙重認證<br>即時處理存戶之交易指示<br>不再接受掛失卡之交易 | 密碼由電腦控管，行員無法查知<br>確認存戶（或受託人）<br>交易無誤<br>確保持卡人安全 |
| 預　付 | 1.有持卡人之紀錄<br>2.現金撥轉，帳款即日轉事業單位消費紀錄<br>3.消費時在卡片扣減，不另紀錄<br>4.金額小 | 簡化帳務處理<br>減少持卡人滅失損失 | 無法掛失 |
| 信　用 | 1.製卡過程嚴謹，晶片安全控管嚴密<br>2.轉帳消費未篩選<br>　依持卡人信用情形核給額度<br>3.登錄持卡人資料<br>4.持卡人設定密碼（1～16位）不預留簽名式樣<br>5.交易時透過 POS 端末機認證<br>　①卡片真僞<br>　②密碼正確性<br>　③離線授權<br>6.交易限制：於限額內自由運用<br>7.掛失後（6 小時至 30 小時）免責（國內信用消費） | 杜絕僞卡<br>力求普遍化<br>篩選持卡人<br>掌握持卡人資料<br><br>控管授信對象之品質<br>保護持卡人交易安全<br><br><br>安全控制<br>確認有權使用人<br>免除作業時間之限制<br><br>方便持卡人彈性運用<br><br>POS 端末機掌握黑名單爲免責始點 | 持卡人在存款範圍內圈存無信用風險<br>密碼私人保管不虞洩露（密碼被測出機率一億分之三）<br><br>問題卡不受理輸入錯誤密碼三次即將卡片鎖碼<br>可 24 小時全年無休受理交易<br><br><br>持卡人權益保護以密碼爲主 |

資料來源：同表 8-6。

# 習 題

1.何謂 IC 卡？

2.IC 卡之種類有哪幾種？試比較說明之。

3.IC 卡與磁條卡之比較，最大的特性差異爲何？

4.IC 卡在金融業之應用有哪些？

5.何謂 IC-POS 系統？

6.金融 IC 卡對消費者之利益有哪些？

7.金融 IC 卡對特約商店之利益有哪些？

8.金融 IC 卡對金融機構之利益有哪些？

9.試說明IC 卡在國內應用之情況。

# 第九章　金融業自動化應用

## 第一節　金融自動化之趨勢

　　國內在金融自由化之趨勢下，新銀行紛紛成立，造成了金融界高度競爭。在這種環境之下，服務品質的差距將決定競爭優勢。尤其老銀行電腦主機容量不足所引發的服務品質不佳現象更明顯的呈現在客戶的眼前。例如自動提款機跨行成功率的問題，使國內銀行所使用的資訊系統與其服務品質間的關係，劃上了等號。

　　一般而言，金融業自動化具有以下之特色[1]：

1. 資訊技術支出總額在各行業中為最大。
2. 應用軟體非常複雜（程式模組高達數萬個）。
3. 對內部控制、安全控管等非常注重，並留存稽核證跡。
4. 反應時間要求迅速，尤其是在連線交易時，此項績效更是重要。
5. 迅速的故障復原措施及二十四小時作業時間是必須具備的條件。
6. 法令及內部規章最繁複，且具多樣化及多量化之業務特性。
7. 端末設備特殊化，如存摺印錄機，ATM（Automatic Teller Machine，自動櫃員機）及 EFT（Electronic Funds Transfer，電子資

---

[1]　謝文欽，〈商業與金融 EDI〉，經濟部商業司，商品條碼&商業 EDI 論文發表。

金轉帳系統）／IC／POS。

8.注重雙重化設備及備援之理念。

　　事實上，我們可以用圖9–1來表示一個典型的金融業，是一種由業務、電腦、通訊三位一體所形成的有機體。

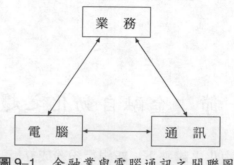

圖 9–1　金融業與電腦通訊之關聯圖

　　而金融業尤其是銀行的資訊系統可用圖9–2表示。在圖中可以清楚的看出一個銀行的資訊系統包括以下幾個功能：

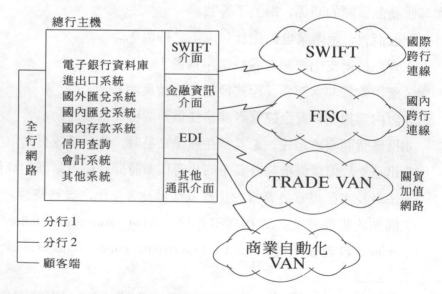

圖 9–2　銀行整合資訊系統圖

1.應用系統：包括國內存款系統（存摺存款、支票存款、定期存款）、外匯進出口系統、信用卡系統、國內匯兌系統（跨行及自動櫃員機）、會計系統、信用查詢系統、國外匯兌系統等應用。

2.資料庫管理系統。

3.電子資料交換系統(EDI)：包括外接其他加值網路，如外貿及商業自動化 VAN 等。

4.通訊介面：包括國內金融跨行連線 FISC 與國際金融跨行連線等。

5.網路通訊及端末設備：包括 ATM 及顧客之個人電腦、終端機等。金融網路可分為自行網路、跨行網路、對外網路及國際網路等，列於圖9-3中，其中 FISC(Financial Information Service Center)為金融資訊服務中心，目前營業據點共三千多家，八千多臺 ATM，金融卡共約二千四百萬張。

| 自行網路 | 分行、無人銀行、自動付款機(Cash Dispenser, CD)、自動櫃員機(ATM)、自動查詢機 |
|---|---|
| 跨行網路(FISC) | CD、ATM、智慧卡(IC卡)、銷售點管理系統(Point of Sales, POS)、通匯查詢、退票查詢、徵信調查 |
| 對外網路 | 語音銀行、加值網路中心、企業銀行、家庭銀行、個人銀行、電子銀行、關貿網路中心等 |
| 國際網路(SWIFT) | 環球銀行財務通訊系統(Society for Worldwide Interbank Financial Telecommunication, SWIFT)、路透社、國際金融卡系統、國際信用卡系統海外分行 |

圖9-3　金融網路分類

銀行資訊系統，可按照使用者層次而予以分成四類，如圖9-4所示，說明如下：

1.使用者層面：主要著重於如何利用資訊技術使銀行的客戶直接獲利，亦即增加客戶的便利性與滿意度。例如企業資金管理系統，即是提供客戶有關人事薪資、整批匯款、票據管理及轉帳或明細查詢等功能；而家庭銀行系統則提供以下之功能：

| EIS | 高層管理人 |
|---|---|
| 決策支援系統 | 員 |
| 人事管理 | 中層管理人 |
| 管理資訊系統 | 員 |
| 存款、會計、CD／ATM | 各類業務人 |
| 交易處理系統 | 員 |
| 金融資訊系統 | 使用者 |

圖9-4　銀行資訊系統應用層次

(1)帳戶餘額查詢。

(2)個人帳戶之間的轉帳，例如將活儲帳戶之資金轉入支票帳戶。

(3)完成繳費交易，例如繳交電費、水費等。

(4)申請新的支票簿。

(5)信用卡交易明細查詢。

(6)新種業務資料查詢。

(7)外匯匯率，各種利率查詢等。

2.業務人員層面：此類資訊系統乃在提供業務人員有關交易處理之資訊，如存、放款、會計、CD／ATM處理系統等，其目的即在增加銀行內部作業之效率。

3.中階管理人員層面：即銀行內部之管理資訊系統，主要提供整合性、濃縮性之資訊以供中階管理人員下決策之用，如人事管理系統、財務報告分析等。

4.高階管理人員層面：即主管資訊系統(Executive Information System, EIS)，主要提供高層主管有關決策支援方面之資訊，並且透過與電腦之人機交談方式，由主管提出問題，再由EIS系統加以分析或進行敏感度分析，提供一個讓主管下決策之支援工具。

一個銀行投資在資訊技術的開發，主要也是在提升競爭優勢。而其

考慮層面，歸納而言有二，即：

　　1.利用資訊技術使顧客直接獲利，即由使用者層面。

　　2.利用資訊技術使公司直接獲利，即利用整合外部與內部之行銷資訊系統，或利用辦公室自動化系統幫助組織間之溝通等，包括業務人員、中階管理人員與高階管理人員等層面。

　　國內各銀行為了因應自動化之趨勢，無不紛紛投入大量資金發展硬體與開發軟體。表9–1列出了國內各銀行電腦系統之狀況。

**表9–1　國內銀行電腦主機現況調查表**

| 銀 行 名 稱 | 電 腦 主 機 與 數 目 |
|---|---|
| 臺灣銀行 | UNISYS A17J×1、A4×1 |
| 臺灣土地銀行 | UNISYS 主機 |
| 彰化商業銀行 | IBM S/36×1、9375×1、9406×2（AS/400）<br>NCR 9800-0604×1、8635×1、8570×1、3445×1<br>　　　3225×200、5095×150 |
| 第一商業銀行 | IBM 5363×1、4341×1、9404×1、9406×1<br>DEC VAX 4200×1 |
| 華南商業銀行 | IBM 5363×1、3083×1、3090×1、9404×1、9406×2<br>DEC VAX 4300×1、3300×3、3100×7 |
| 交通銀行 | IBM 9406×1、UNISYS主機 |
| 中國農民銀行 | IBM 9121×2、WANG VS主機 |
| 上海商業儲蓄銀行 | IBM 4381×1、9121×1、9404×1、<br>NCR 9854×1、5095×24 |
| 世華聯合商業銀行 | IBM S／36×20、4381×2、3090×1、AS／400×19 |
| 華僑商業銀行 | IBM 9404×1 |
| 中國輸出入銀行 | IBM S／36×1 |
| 中國國際商業銀行 | IBM 5360×1、4341×2、4381×1、3090×1、9121×1<br>　　　9404×2<br>DEC VAX6210×1、4400×1、Micro VAX×30、<br>　　　3100×10 |
| 臺灣省合作金庫 | IBM 3083×1、3081×1、9404×5、9406×2 |

（續表 9–1）

| 中央信託局 | TANDEM |
|---|---|
| 臺北市銀行 | IBM 3090×1、 9406×1 |
| 高雄市銀行 | IBM 4361×1、 4381×1 |
| 中國國臺灣中小企業銀行 | IBM S／36×115、S／38×1、3090×1、AS／400×3<br>NCR 8570×1 |
| 臺北中小企業銀行 | IBM 4341×2、 3090×1、 9404×1、 9406×1 |
| 新竹中小企業銀行 | TANDEM Non-stopII×3、 TXP×4 |
| 臺中中小企業銀行 | NEC ACOS S–610×1、 STRATUS XA2000–57×1 |
| 臺南中小企業銀行 | UNISYS 2200／400×1 |
| 高雄中小企業銀行 | IBM 9221×1、 UNISYS A6FX×2 |
| 花蓮中小企業銀行 | NCR 9822×1、 3550×1、 3445×15 |
| 臺東中小企業銀行 | TANDEM CLX 720×1 |
| 萬泰商業銀行 | IBM 9121×1、 AS／400 |
| 大安銀行 | IBM 9221×1、AS／400<br>NCR 9822×1 |
| 聯邦銀行 | IBM 9221×2、RS／6000<br>NCR 9822×1 |
| 大眾銀行 | IBM 9221×1、 AS／400 |
| 玉山銀行 | IBM 9121×2、 AS／400 |
| 臺新國際商業銀行 | IBM 9221×2 |
| 寶島銀行 | IBM 9221×2 |
| 中華銀行 | IBM 9221×2 |
| 富邦銀行 | IBM 9406×2 |
| 中興銀行 | IBM 9221×2 |
| 安泰銀行 | IBM 9406×2、 NCR 3450×1 |
| 中國信託商業銀行 | IBM 9406×1、 NCR 9822×1 |
| 萬通銀行 | UNISYS AS2B×1、 A6FX×1 |
| 遠東銀行 | UNISYS A4FS×1 |
| 亞太銀行 | NEC ACOS S–3400×1 |

註： 舊銀行以金融局 81 年 3 月統計為準。

　　過去銀行經營比較保守，金融機構十分強調本身之經營特色。但隨著自由化與國際化之趨勢衝擊下，國內銀行之經營體制開始產生了新的

震盪。如 CD／ATM， EFT／POS，企業銀行，電子資金轉撥系統，語音銀行等業務紛紛因應而生。這些新型的業務可以以電子銀行(Electronic Banking, EB)為代表。

電子銀行乃是利用電子化科技設備，提供各項服務，銀行客戶不須經由銀行櫃臺服務，可直接透過各種與銀行相連接之終端機，即可啟動交易，並經由通信線路傳遞，進入銀行電腦主機系統內，即時享受各項服務，由於這種服務係利用電腦與通信技術之結合，故稱為電子銀行。

銀行為求滿足更便捷，更有效率之客戶需求，目前都在積極推展電子銀行業務，延伸營業據點至各場所如加油站、百貨公司、超級市場甚至於企業、公司行號之辦公室或每一家庭，使客戶免於往返銀行營業地點，即可完成消費或資金轉移。銀行以此方式服務顧客、增加客源、吸收營運資金，並從中獲取各項服務收入，電子銀行已成為未來銀行之趨勢。

一般常見的電子銀行有五種，列示於圖9-5 中。

| 系統名稱 | 所須設備 | 功　能　說　明 | 通用對象 |
|---|---|---|---|
| 無人銀行 | 自動櫃員機 自動諮詢機 | 存、提款轉帳、密碼更換 | 企業、個人理財 |
| 語音銀行 | 電　話　機 傳　真　機 | 餘額查詢金融卡掛失、密碼變更、轉帳 | 同　　上 |
| 企業銀行 | 個人電腦 數　據　機 | 人事薪資系統、整批匯款系統、資金管理 | 同　　上 |
| 家庭銀行 | 個人電腦 印　表　機 | 信用、提款、轉帳、查詢 | 個　　人 |
| 資金轉帳 (POS) | IC金融卡 | 信用、轉帳、提款 | 企業、個人 |

資料來源：陳章正，〈電子銀行之趨勢〉講稿。

**圖9-5　電子銀行分類圖**

電子銀行的開發其效益可由顧客與銀行二個層面獲得，如圖9-6所示。

| 產　品 | 銀　行　層　面 | 顧客層面 |
|---|---|---|
| 1.無人銀行 | 1.隨時隨地掌握資金 | 顧客滿意 |
| 2.家庭銀行 | 2.降低經營風險與成本 | 度之提升 |
| 3.語音銀行　➡ | 3.系統控管正確且安全性高　➡ | （如形象 |
| 4.企業銀行 | 4.理財迅速資金不閒置 | 力、商品 |
| 5.EFT／POS | 5.利用電腦系統易於管理 | 力） |
|  | 6.操作方便理財輕鬆 |  |
|  | 7.提升財務人員理財品質 |  |
|  | 8.易於掌握顧客及拓展業務 |  |
|  | 9.收付款迅速，顧客滿意 |  |

圖9-6　電子銀行之效益

　　這五種業務包括無人銀行（或稱爲自動銀行，Self-Service Banking）
，企業銀行（Firm Banking），語音銀行（Phone Banking），家庭銀行（Home
Banking），及資金轉帳（Electronic Funds Transfer Point of Sales）。

　　根據美國狄洛特利與特屈會計公司研究，由於電子銀行交易之趨
勢，未來五年內美國銀行界將有四萬伍仟個工作機會將會消失，十年內
有一半以上的銀行分行也會關閉。

　　以下將分別就無人銀行、語音銀行、家庭銀行、企業銀行與電子資
金轉帳—銷售點服務系統等之應用加以說明。

# 第二節　無人銀行系統

　　無人銀行一般而言，有二種型式，一種爲附屬於分行的自動化服務
區，在一般銀行營業時間，與分行相連通，扮演減輕櫃員工作負擔的角
色，而在營業時間外，則因分行暫停營業而成爲一獨立的無人分行，客
戶可在此區域內自行操作相關設備，獲得其所需要的金融服務。而另外

一種型式則為不附屬於分行的獨立據點，通常為銀行擴張營業據點的作法，不僅可節省銀行開設分行的成本，更可將營業觸角深入社區、企業與家庭，而擴大服務領域。

　　以下我們針對無人銀行的特點說明如下：

　　1.二十四小時服務。無人銀行由於完全以電腦或機械取代人工作業，因此可以二十四小時提供服務。不僅能滿足顧客之需求，亦可節省人工費用。

　　2.客戶群不受限制。無論個人或企業，只要有密碼及卡片即可自由使用無人銀行提供之服務。

　　3.提供全方位金融服務。一個無人銀行可藉由自動提款機（Cash Dispenser, CD），或自動櫃員機（Automatic Teller Machine, ATM）、繳款機、存摺補登機等自助式機器，客戶不須經由櫃臺即可自行操作，享受下列服務：

　　　　(1)存款

　　　　(2)提款

　　　　(3)繳款

　　　　(4)補摺

　　　　(5)餘額查詢

　　　　(6)匯款

　　　　(7)轉帳

　　　　(8)密碼變更

　　　　(9)金融卡自動貸款

　　　　(10)列印往來明細帳

　　　　(11)存放款利率查詢

　　而一個典型的無人銀行，至少應提供如圖9-7之四種功能導向的服務：

| 型態 | 交　易　導　向 | 銷　售　導　向 | 服　務　導　向 | 資　訊　導　向 |
|---|---|---|---|---|
| 功<br><br><br><br>能 | ・現金存／提款<br>・支票存／提款<br>・自／跨行轉帳<br>・各種帳戶餘額查詢<br>・存摺補登<br>・對帳單印錄<br>・夜間金庫 | ・金融卡／信用卡貸款<br>・信用卡購物<br>・新開戶申請<br>・信用卡申請<br>・支票簿申請<br>・新種業務推廣介紹 | ・公用事業繳費<br>・信用卡繳費<br>・理財試算<br>・金融顧問 | ・利／匯率查詢<br>・股市行情<br>・房屋租售情報<br>・汽車購買情報 |

**圖 9-7　無人銀行四種功能導向服務**

4.提供空中理財服務。隨著科技的不斷發展，事實上未來無人化電子銀行之功能幾乎不受限制。以目前電信局所推動的整體服務數位網路（ISDN）而言，事實上銀行便可利用 ISDN 網路可傳遞影像，語音資料的功能，讓無人化電子銀行變成有人服務的空間。未來無人銀行將具備金融理財試算之功能，並且結合雷射印表機及文件掃描器來執行開戶申請及信用卡申請等服務。而建立一個金融專家中心，並可同時服務數個在遠程的視訊服務區。

目前在臺灣，一般大眾使用金融卡進行自行或跨行的提款，轉帳及查詢等交易，已是最常見之無人銀行業務。此種交易型態在 1988 年金資中心成立，並提供跨行服務後更加蓬勃發展。ATM 在國內也已有二項重大之進展。第一，郵局之 ATM 網路系統與金資中心之 ATM 網路系統正式連線，此二網路連線之意義在於，每一張 ATM 卡將可在全國任何一臺 ATM 上進行交易，為一般大眾提供了更便捷的服務。第二，國際金融卡業務的推出是另一重大進展。所謂國際金融卡就是卡片持有人在全世界任何地方，只要在有標示該符號之提款機，均可進行跨國之提款，提領當地貨幣。本項業務先期推出之業務為 CIRRUS 國際金融卡品牌，目前已發行之銀行有中國信託、中國國際商銀、富邦銀行、花旗銀

行等均直接與萬事達卡國際組織的國際組織網路連線。第一家透過金資中心與國際組織網路連線的銀行爲臺灣企銀，但連線進度只到模擬系統測試階段。而目前金資中心只提供國際金融卡的發卡與收單業務，功能僅限於跨國提款，無法提供持卡人在國外查詢餘額或交易種類選擇等服務。而銀行若與國際組織直接網路連線，將同時具備國際金融卡及國際轉帳卡兩項系統功能。目前花旗銀行櫃員機二十四小時供應美金現鈔之提款，爲無人銀行之功能又增添一大進步。花旗銀行的客戶持其金融卡可在花旗全能櫃員機上，隨時輕鬆地提領美金現鈔，不須付手續費，不限次數，每日提領金額可高達300美元，櫃員機會顯示匯率，且與銀行當日牌告相同，利用臺幣活存或支存轉提美金，以當日公告之現金兌換匯率，爲櫃員機功能之一大突破❷。

## 第三節　語音銀行系統

所謂電話及語音服務系統是客戶利用電話啓動交易，經電話網路至語音介面程式做轉換處理，再傳輸至主機完成金融交易處理的服務系統。其中，若爲較複雜的交易，則直接由中心服務員操作連線終端機，以完成金融交易的處理。故本系統可分爲自動回應系統（Auto Response System）及人工回應系統（Manual Response System）二部分。無論對一般大眾及金融機構來說，都是一項既方便且成本最低的服務系統。

這種突破空間與時間的服務，已成爲銀行提供服務的趨勢。目前國內語音銀行的服務有以下五類：即查詢類、轉帳類、申請類、掛失類與傳真類等。列於圖9-8中。

---

❷　花旗銀行提供之資料。

| 查詢類 | ・存款餘額查詢 |
| | ・本行存放款利率查詢 |
| | ・本行匯率查詢 |
| 轉帳類 | ・存摺存款轉支票存款 |
| | ・存摺存款轉存摺存款 |
| | ・綜合存款轉定期存款 |
| | ・活存轉繳付信用卡及貸款 |
| 申請類 | ・金融卡掛失 |
| | ・存摺掛失 |
| | ・印鑑掛失 |
| 傳真類 | ・交易明細表 |
| | ・匯入匯款明細表 |
| | ・信託基金淨值傳真 |
| | ・存款利率掛牌利率傳真 |

圖9-8　語音銀行服務項目

我們以國內萬通銀行及美商花旗銀行為例，其語音銀行之操作方式如圖9-9及圖9-10所示。

## 第四節　家庭銀行系統

所謂家庭銀行乃是客戶可在家或在公司，於任何時間，經由PC即可享受銀行所提供的多項服務。而客戶需要之設備僅為一部PC個人電腦或終端機，並附上數據機，經由撥接電話網路與中心系統連線即可。

一般而言，家庭銀行可提供以下之服務：

1.可查詢存款餘額，匯率，利率，或做電子性金融交易。

2.委託支付各種帳單：如水電費，稅費等，並可隨時增列任何付款帳單或預計一年內付款之帳單及付款日，交由銀行來按時支付。

**語 音 專 線**:（02）718-8680

| 服　務　項　目 | 依 語 音 引 導 選 擇 您 所 需 要 的 服 務 |
|---|---|
| 一、查詢作業<br>　1.查詢存款餘額<br>　2.查詢利率<br>　3.查詢匯率 | 輸入語音專線→選服務項目 1→┌查詢餘額按 1┐→輸入 14 位帳號→輸入密碼<br>　　　　　　　　　　　　├查詢利率按 2┤<br>　　　　　　　　　　　　└查詢匯率按 3┘ |
| 二、轉帳作業<br>　1.存摺存款轉支票存款<br>　2.存摺存款轉存摺存款<br><br>　3.綜合戶活期存款轉定<br>　　期性存款 | 輸入語音專線→選服務項目 2→┌轉支票存款按 1┐→輸入 14 位轉出帳號→輸入密碼→輸入 14 位<br>　　　　　　　　　　　　└轉存摺存款按 2┘<br><br>存入帳號→輸入金額結束後按＃<br>輸入語音專線→選服務項目 2→綜存戶活期轉定期按 3→┌轉定期存款按 1┐→輸入轉帳金額後按＃<br>　　　　　　　　　　　　　　　　　　　　　　├轉整存整付按 2┤<br>　　　　　　　　　　　　　　　　　　　　　　└轉存本取息按 3┘<br>　　　　　　　　　　　　　　→按入期數（01－60）→選機動利率按 1 或選固定利率按 2 |
| 三、交易明細傳真<br>　須先申請傳真機號碼<br>　可傳當日、當月、前<br>　一營業日交易明細表 | 輸入語音專線→選服務項目 3→┌當日交易明細按 1┐→輸入 14 位帳號→輸入密碼<br>　　　　　　　　　　　　├當月交易明細按 2┤<br>　　　　　　　　　　　　└前一營業日交易明細按 3┘ |
| 四、變更申請<br>　1.密碼變更<br>　2.支票申請 | 輸入語音專線→選服務項目 4→┌變更密碼按 1→輸入舊密碼→輸入新密碼→輸入新密碼<br>　　　　　　　　　　　　└支票申請按 2→輸入 14 位帳號→輸入身分證字號後四位數字 |
| 五、掛失止付<br>　1.金融卡掛失<br>　2.存摺掛失<br>　3.印鑑掛失 | 輸入語音專線→選服務項目 5→┌金融卡掛失按 1┐→輸入 14 位帳號→輸入身分證字號後四位<br>　　　　　　　　　　　　├存摺掛失按 2┤　　數字<br>　　　　　　　　　　　　└印鑑掛失按 3┘ |
| 六、業務簡介<br>　簡介本行各項業務 | 輸入語音專線→選服務項目 6→系統自動撥放業務語音簡介 |

資料來源：萬通銀行臺南分行。

**圖9-9　語音銀行示例**

3.**查詢功能**: 可查詢交換票據及存款過帳情形, 託收票據之狀況及存款帳戶三個月內之餘額。

4.**轉帳作業**: 不同帳戶可做資金調撥, 如: 儲蓄存款與支票存款之轉帳, 或信用卡融資至支票存款, 此外, 亦可跨行轉帳。

5.**簡易連線**(Easy Link): 可用 PC 或終端機與電傳視訊系統連接而擷取新聞, 天氣, 旅遊資訊等之大容量的電子資料庫。

6.**股票連線**: 可獲得二十分鐘內之股票及選擇權報價資料, 同時亦可下單交易。

7.**快速驗證**: 可運用銀行提供之財務管理軟體, 及通訊軟體資料庫作財務規劃; 亦即將銀行與個人財務管理透過軟體設計相連結其功能如下:

進入電話理財服務系統

請依下列步驟進入花旗電話理財服務系統

| 使用按鍵式電話按入:080-221-966 |
|---|

▼

| 接通後, 選擇使用語言 —— |
|---|
| 國語　按: 1　　台語　按: 2　　英語　按: 3 |

▼

| 進入語音系統, 選擇主要服務範圍⋯⋯ | |
|---|---|
| 有關您個人的交易及服務 | 按: 1 |
| 設定或變更電話理財密碼 | 2 |
| 其餘服務項目 | 3 |
| 直接與電話理財專員通話 | * |

· 注意事項:

*選擇主要服務範圍後, 請繼續依照語音說明操作, 獲得想要的服務。

*若選擇主要服務[1]或[2], 必須再按入您的花旗金融卡號碼 588785 之後的 11 位數字, 以及您的電話理財密碼後, 才能使用該服務範圍內之項目。

*在操作過程告一段落時按入[*], 則可以隨時直接與電話理財專員通話。

**圖 9–10　花旗銀行語音銀行示例**

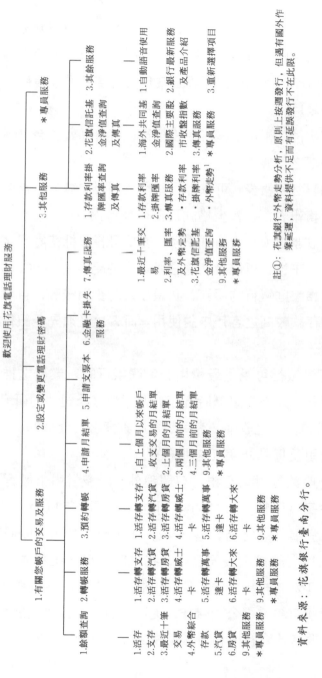

花旗電話理財服務系統操作流程圖

歡迎使用花旗電話理財服務

1. 有關您帳戶的交易及服務
2. 轉帳服務
3. 預約轉帳
4. 申請月結單
5. 申請支票本
6. 金融卡掛失服務
7. 傳真證券
* 專員服務

1. 餘額查詢
2. 轉帳服務
3. 預約轉帳

1. 活存
2. 支存
3. 最近十筆交易
4. 外幣綜合存款
5. 汽貸
6. 房貸
9. 其他服務
* 專員服務

1. 活存轉支存
2. 活存轉汽貸
3. 活存轉房貸
4. 活存轉威士卡
5. 活存轉萬事達卡
6. 活存轉大來卡
9. 其他服務
* 專員服務

1. 活存轉支存
2. 活存轉汽貸
3. 活存轉房貸
4. 活存轉威士卡
5. 活存轉萬事達卡
6. 活存轉大來卡
9. 其他服務
* 專員服務

1. 自上個月以來帳戶收支交易的月結單
2. 上個月的月結單
3. 兩個月前的月結單
4. 三個月前的月結單
9. 其他服務
* 專員服務

1. 最近十筆交易
2. 利率、匯率及外幣走勢
3. 花旗信託基金淨值查詢
9. 其他服務
* 專員服務

3. 其他服務

1. 存款利率掛牌匯率查詢及傳真
2. 花旗信託基金淨值查詢及傳真

1. 存款利率
2. 掛牌匯率
3. 傳真服務
  * 存款利率
  * 掛牌匯率
  * 外幣走勢[1]

1. 海外共同基金淨值查詢
2. 國際主要股市收盤指數
3. 傳真服務
* 專員服務

* 專員服務

3. 其餘服務

1. 自動語音使用
2. 銀行最新服務及產品介紹
3. 重新選擇項目

資料來源：花旗銀行臺南分行。

圖 9-10　花旗銀行語音銀行示例（續）

註①：花旗銀行外幣走勢分析，原則上按週發行，但遇有國外作業延遲，資料提供不足而有延誤發行不在此限。

(1)自動調節支票存款帳戶：可收到每天之最新餘額、交換票據及存款過帳之資料，並可自動將銀行帳戶依客戶之各項相關記錄作調節，例如：預先設定某年某月某日從某帳戶將某金額轉另一帳戶。

(2)安排付款帳單：經客戶授權後，可自動做資金調撥，以便支付到期之票據。

(3)編製財務報表：可依客戶報稅及編製預算等之需要編製所需的財務報表，且報表格式可自行設計。

(4)可以連線或批次方式處理：客戶可將整批待處理之資料上傳至中心主機，再經批次處理將結果傳至客戶的 PC。

通常因為家庭銀行的服務，必須投入的費用較高，目前家庭銀行只開放給平均存款較高之客戶申請使用。而客戶必須先至銀行申請支票存款帳戶。

美國花旗銀行可說是最積極於家庭銀行的新業務之推展。1994 年推出此一服務，此一專案歷時五年，與菲利普公司共同研發製造 Screen Phone（螢幕電話）之設備，客戶購買此設備需美金 699 元，並繳交 50 美元之起始費用及每月 15 美元之服務費。

除了一般銀行對家庭銀行有興趣外，許多信用卡發行公司亦對此一市場產生高度興趣。例如 VISA 司推行一種附有 LCD（液晶）顯示幕的電話，並發展個人財務軟體，稱作 Managing Your Money。而國外已有銀行藉由與有線電視公司合作，將家庭銀行之業務成為交談式電視（Interactive TV）各種服務之一種。此種方式之優點為投資成本最低，並且由於銀行與有線電視公司合作，更可進而共同提供家庭購物。

我們按照傳輸資料所利用之媒體及服務項目列出家庭銀行之特性如圖 9–11。

| 傳輸資訊所<br>利用之媒體 | | ・電話<br>・傳真機<br>・個人電腦<br>・家庭遊樂器 |
|---|---|---|
| 服<br>務<br>項<br>目 | 交易<br>資料<br>查詢 | ・交易明細表查詢<br>・餘款資料查詢<br>・定期、定存到期日、利率、利息之查詢 |
| | 資金<br>轉帳 | ・預約轉帳<br>・匯款 |
| | 計算<br>服務 | ・貸款利息之每期應攤還額<br>・定存利息<br>・到期本息之計算服務 |
| | 資訊<br>提供 | ・各項資訊查詢 |

圖 9-11　家庭銀行特性

# 第五節　企業銀行系統

企業與銀行間利用電子端末設備，經由通信網路之連接，由銀行提供各項資訊或存、提款、轉帳之服務，稱企業銀行（Firm Banking）。

傳統上，一般公司與客戶及銀行間之關係可以圖說明，公司與客戶資金的往來爲收款、付款；公司與銀行的往來則爲開票、存入、轉帳、託收、兌帳、銷帳、改帳等；客戶與銀行則爲存款、放款，如圖9-12所示。

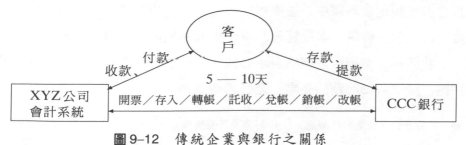

圖 9-12　傳統企業與銀行之關係

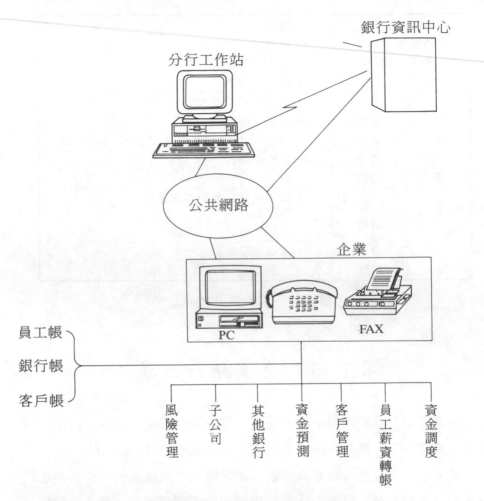

圖 9-13 企業銀行架構圖

　　而一個企業銀行的目的乃在將員工帳、客戶帳、銀行帳、財務帳等
整合於電腦化資料庫中，並與銀行連線，可隨時存取資訊以執行資金調
度、員工薪資轉帳、客戶管理、資金預測與風險管理等之財務功能。

　　我們將企業銀行之架構表示於圖 9-13 中，可以看出由銀行透過公共
網路，提供各項服務給企業，進行資金管理工作❸。

---

❸　陳章正，〈企業銀行概述〉，1994 年 4 月演講稿。

　　以國內萬通銀行為例，企業銀行除提供上述之資金管理外，亦提供了包括查詢、轉帳、申請、掛失、電子布告欄及傳檔等服務。如圖9–14所示。至於資金管理的服務，其詳細功能與客戶效益之說明，列於圖9–15中。

　　茲將萬通銀行企業銀行之資金管理各子系統功能圖示於圖9–16至圖9–21中，圖9–22則為應收票據明細報表之一例❹。

| 資金管理 | ・人事薪資　　・整批匯款<br>・票據管理　　・轉帳系統 |
|---|---|
| 查詢類 | ・存款餘額查詢　・本行存放款利率查詢<br>・本行匯率查詢　・信託基金淨值查詢 |
| 轉帳類 | ・存摺存款轉支票存款<br>・存摺存款轉存摺存款<br>・綜合存款轉定期存款 |
| 申請類 | ・申請領用支票<br>・使用者密碼變更 |
| 掛失類 | ・金融卡掛失　・存摺掛失<br>・印鑑掛失 |
| 電子佈告欄 | ・業務簡介<br>・外接資訊 |
| 傳檔類 | ・交易明細檔　　　・匯入匯款明細檔<br>・託收票據銷帳檔　・應付票據銷帳檔 |

資料來源：萬通銀行。

**圖9–14　企業銀行服務一覽表**

---

❹　此為萬通銀行「企業銀行系統」畫面之舉例。摘自南台工商專校電子銀行實習室使用手冊。

| 系統名稱 | 主要功能 | 客戶效益 |
|---|---|---|
| 人事薪資 | 員工資料管理<br>員工薪資管理 | 電腦自動產生磁片及清單<br>當日即可入帳，並可轉入他行 |
| 整批匯款 | 匯款客戶管理<br>匯款資料檢核 | 當日匯到，不限量大小<br>匯款地全國金融機構<br>自動印錄匯款單 |
| 票據管理 | 應收帳款<br>　託收管理<br>　資金管理<br>　兌現管理<br>　風險管理<br>應付帳款<br>　開票管理<br>　寄發支票<br>　到期管理<br>　回籠管理 | <br>電腦自動託收<br>可預估未來資金狀況<br>電腦自動核對銷帳<br>個別客戶期票統計<br><br>支票由電腦自動印出<br>顧客名條列印<br>可預估未來資金狀況<br>電腦自動核對銷帳 |
| 轉帳或明細查詢 | 存款轉帳<br>往來交易明細查詢 | 增加利息收入<br>節省銀行往返之時間 |

資料來源：萬通銀行。

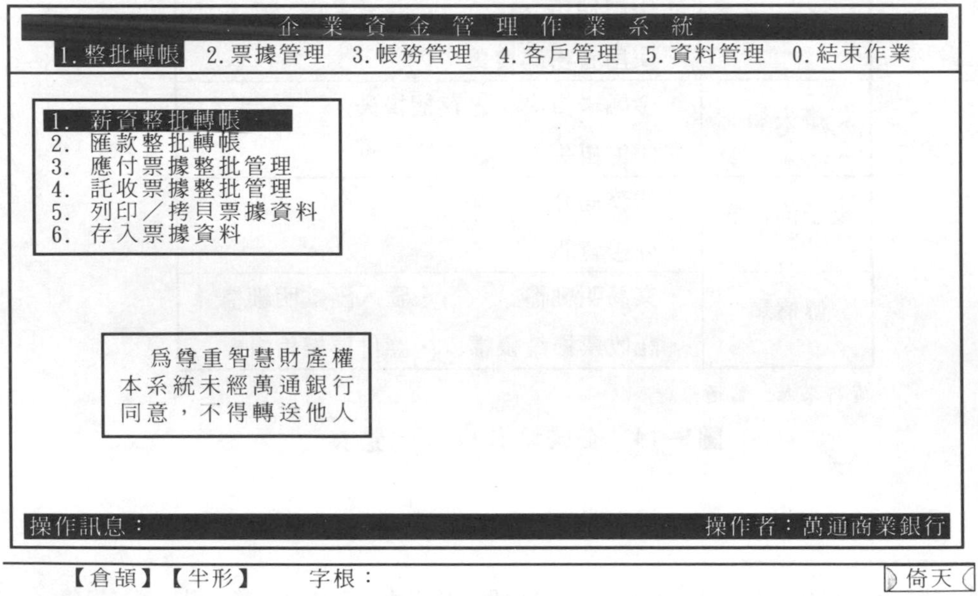

```
   企 業 資 金 管 理 作 業 系 統
 1.整批轉帳   2.票據管理   3.帳務管理   4.客戶管理   5.資料管理   0.結束作業

 ┌─────────────────────────┐
 │ 1.  薪資整批轉帳          │
 │ 2.  匯款整批轉帳          │
 │ 3.  應付票據整批管理      │
 │ 4.  託收票據整批管理      │
 │ 5.  列印／拷貝票據資料    │
 │ 6.  存入票據資料          │
 └─────────────────────────┘



      ┌──────────────┐
      │ 為尊重智慧財產權 │
      │ 本系統未經萬通銀行│
      │ 同意，不得轉送他人│
      └──────────────┘



操作訊息：                              操作者：萬通商業銀行
```

【倉頡】【半形】　　字根：　　　　　　　　　　　　　　　倚天

圖9-16　整批轉帳功能圖

```
企 業 資 金 管 理 作 業 系 統
【 員 工 薪 資 轉 帳 作 業 】

        1： 當月份員工薪資轉帳新增

        2： 當月份員工薪資轉帳更正

        3： 當月份員工薪資轉帳刪除

        4： 當月份員工薪資轉帳印錄

        5： 當月份薪資轉帳磁片拷貝

        6： 當月份固定薪資自動轉帳




檔 案 名 稱：
操作訊息：                                    操作者：萬通商業銀行
```
【倉頡】【半形】　　字根：　　　　　　　　　　　　　　　　倚天

**圖 9-17　員工薪資轉帳功能圖**

```
企 業 資 金 管 理 作 業 系 統
1.整批轉帳  2.票據管理  3.帳務管理  4.客戶管理  5.資料管理  0.結束作業

        1.  應付票資料管理
        2.  應付票資金管理
        3.  應收票資料管理
        4.  應收票資金管理




        為尊重智慧財產權
      本系統未經萬通銀行
      同意，不得轉送他人



操作訊息：                                    操作者：萬通商業銀行
```
【英數】【半形】　　　　　　　　　　　　　　　　　　　　倚天

**圖 9-18　票據管理功能圖**

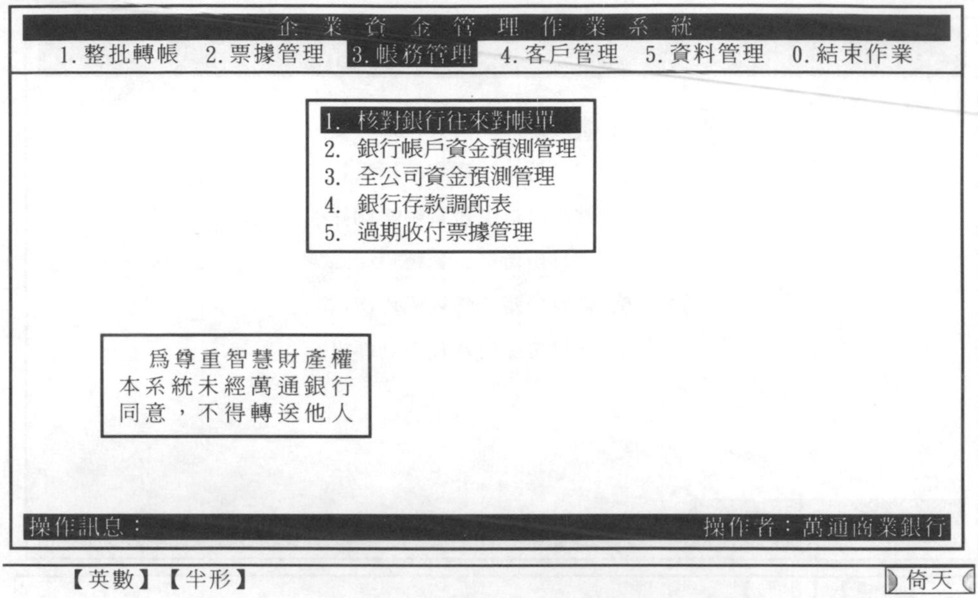


圖9–19 帳務管理功能圖

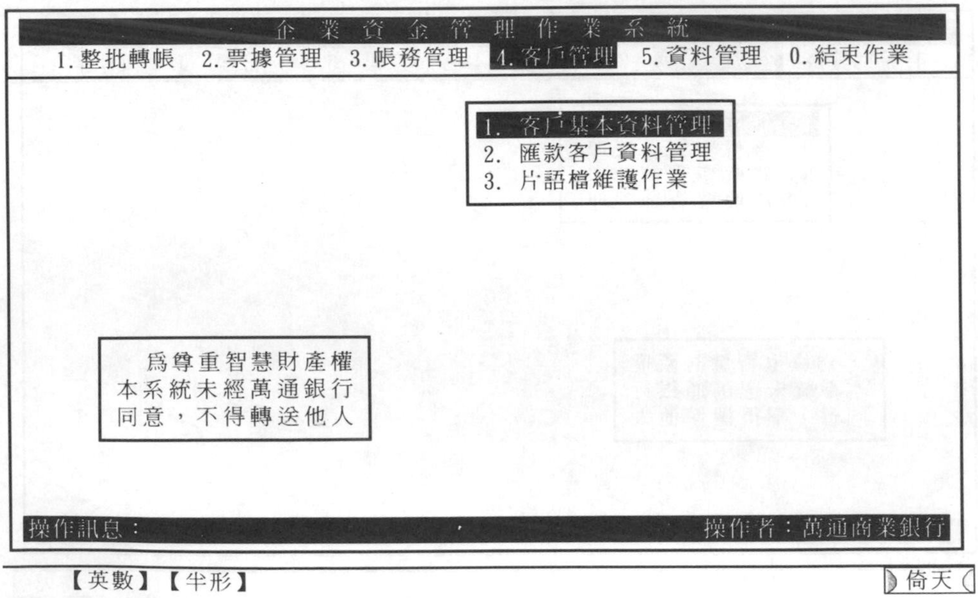


圖9–20 客户管理功能圖

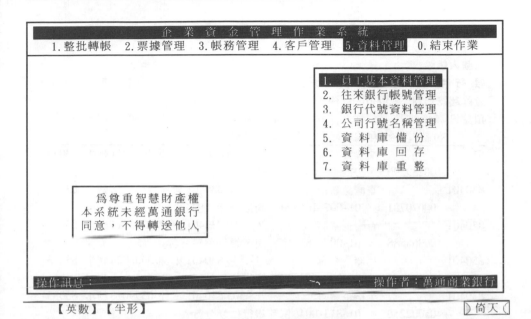

圖9-21　資料管理功能圖

# 第六節　　EFT / POS系統

　　電子資金轉帳—銷售點服務系統（Electronic Funds Transfer-Point of Sales System）簡稱EFT／POS服務系統，是指客戶持用金融機構發行之卡片，在有委託特定金融機構代收貨款之商家，以持卡付款方式支付帳款，而該帳款是藉電子資金轉帳方式達成消費款項之支付。其結合了商家的POS系統與銀行電子資金轉帳（EFT）系統，成為一種以科技與系統為導向的電子轉帳收款系統，客戶不必持有現金、支票就能消費，為實現「無現金社會」的購物方式之一。

　　為了提供這項服務，各有關之成員必須先具備以下之條件：

　　1.消費者：即持卡人，必需在金融機構開戶，並申請POS卡片，以做為消費之媒介物。

企　業　資　金　管　理　作　業　系　統

應　收　票　據　明　細　報　表（依預兌日）

收款人帳號:　　　　　　　　　　　　　　　　　　頁次:　　　2

銀　行　名　稱:　萬通銀行（備償戶）　　　　　　印製日期:　83/04/21

查詢起訖日期:　830401–830401

| 預兌日 | 傳票號碼 | 付款人 | 收款金額 | 兌現日 | 方式 | 票據號 | 狀況 | 到期日 |
|---|---|---|---|---|---|---|---|---|
| | | 付款人帳號　付款銀行 | 代碼／名稱 | | | | | |
| 830401 | | 文強實業有 | 213,000 | 830401 | 票據 | 3641911 | 轉中 | 830331 |
| | 00239290 | 01–606–0042 樹林鎮農會 | | | | | | |
| 830401 | | 臺灣晶晶鋁 | 16,600 | 830401 | 票據 | 4361258 | 轉中 | 830331 |
| | 00070781 | 01–007–1613 第一商業銀行大安分行 | | | | | | |
| 830401 | | 百樂企業股 | 260,610 | 830401 | 票據 | 4324714 | 轉中 | 830331 |
| | 00065588 | 01–007–1819 第一商業銀行萬華分行 | | | | | | |
| 830401 | | 民瑞企業有 | 19,530 | 830401 | 票據 | 5406926 | 轉中 | 830331 |
| | 03143855 | 01–009–5598 彰化商銀福和分行 | | | | | | |
| 830401 | | 英格企業有 | 8,505 | 830401 | 票據 | 0399013 | 轉中 | 830331 |
| | 05002250 | 01–813–0046 富邦銀行仁愛分行 | | | | | | |
| 830401 | | 永好合成化 | 104,312 | 830401 | 票據 | 0153053 | 轉中 | 830331 |
| | 01371200 | 01–051–0213 臺北企銀營業部 | | | | | | |
| 830401 | | 德資股份有 | 173,250 | 830401 | 票據 | 0162694 | 轉中 | 830331 |
| | 00000880 | 01–017–0365 中國商銀民生分行 | | | | | | |
| 830401 | | 德資股份有 | 173,250 | 830401 | 票據 | 0162693 | 轉中 | 830331 |
| | 00000880 | 01–017–0365 中國商銀民生分行 | | | | | | |
| 830401 | | 德資股份有 | 173,250 | 830401 | 票據 | 0162692 | 轉中 | 830331 |
| | 00000880 | 01–017–0365 中國商銀民生分行 | | | | | | |
| 830401 | | 欣旺實業股 | 27,300 | 830401 | 票據 | 0533418 | 轉中 | 830331 |
| | 00705071 | － － 北市七信景美 | | | | | | |
| 830401 | | 偉台有限公 | 6,563 | 830401 | 票據 | 2997224 | 轉中 | 830331 |
| | 00007371 | 01–008–1267 華南商業銀行民生分行 | | | | | | |
| 830401 | | 捷億國際有 | 45,489 | 830401 | 票據 | 2639517 | 轉中 | 830331 |
| | 00069641 | 01–013–0017 世華商銀營業部 | | | | | | |
| 830401 | | 麟展企業有 | 37,800 | 830401 | 票據 | 9095375 | 轉中 | 830331 |
| | 00038995 | 01–006–0796 合庫東臺北支庫 | | | | | | |

票據筆數合計:　　　　　　　29

票據金額合計:　　　　　2812897

圖 9-22　企業銀行列印報表例

2.商店：即提供財貨、勞務之特約商店，必需在金融機構開戶並與金融機構訂有委託代收付之契約，且需具備可處理POS卡片之連線設備，如：PC型收銀機，其周邊設備包括：鍵盤或條碼掃描器、密碼鍵入器、卡片讀寫器、小型印表機、軟碟或硬碟等儲存媒體等。

3.金融機構：提供電子轉帳作業之銀行，包括自動扣帳、入帳、資料之驗證、網路之安全控管等。

4.共用中心：當數家金融機構作POS跨行轉帳時，共用中心即扮演各金融機構間交易資料傳遞的仲介者，及跨行清算帳務等工作的主持者。

5.電信局：提供通訊網路者，其網路可分為專線、電話線、或分封式交換網路等。

目前國內除了發展磁條卡，如信用卡之外，現在積極發展IC卡。因此EFT／POS的作業方式有二種，一為離線方式（IC卡情況），亦即消費者先至銀行做圈存交易，將帳戶內之部分金額輸入IC卡內，使用時將卡片插入卡片讀寫器內，以便將IC卡晶片內資料讀出做驗證及處理。待商店結帳後，再將交易明細資料傳至共用中心（國內為金融資訊服務中心），轉結各發卡行及代收行做整批扣帳或入帳處理。其作業方式已詳述於第八章中。

另一種作業方式乃採取即時連線方式（磁條卡情況），在磁條卡內附卡號、卡片序號等資料，消費時只需刷卡即可，不必事先圈存，採取即時扣帳方式。例如信用卡、簽帳卡等。此種即時扣帳方式大都透過共用系統，以便資源分享，減少網路設備等支出。此作業方式亦已詳述於第七章中。

# 第七節　結論

電子銀行已成為金融業之趨勢，由於電子銀行的帳務多以電子轉帳方式處理，不僅為自行交易型態，亦可能為跨行交易型態，且交易都由客戶端啓動，其處理過程與傳統之作業方式有別，因此主管機關面臨電子銀行業務規範及電子資金法之明確訂定之壓力。這是必須及早確立的，以利金融自動化之推展。

而目前製造業與通關作業上應用了 EDI，對於金融 EDI 的走向，亦值得注意。所謂 EDI 即電子資料交換（Electronic Data Interchange）是指公司與公司往來的商業文件以標準化的格式，不須人為介入，直接以電子傳輸的方式，在不同企業的電腦之間互傳。其應用範圍包括商業、運輸、海關、金融、保險、營運、旅遊、醫療、統計、社會行政等，其中應用於金融業務的即為金融 EDI，國內目前推動之通關、商業 EDI 均與金融 EDI 有密切之互動關係。金融 EDI 的系統架構如圖 9–23 所示。

企業間的貿易往來可透過加值型網路經由金融 EDI 系統完成款項之支付，甚至可以經由銀行間的 SWIFT（國際跨行連線）完成跨國貿易。也因此，企業與銀行間的電子資料交換、資料庫查詢及電子郵遞，即可借由銀行間的金融資訊服務系統及國際跨行連線達到跨行及跨國之電子銀行的境地。

由於國際網路 Internet 應用日廣，加上企業銀行與家庭銀行的成長，銀行開始面對比以往更複雜的網路。以往銀行只須租用專線來做特定用途，如分行與總行的資料傳送。當企業銀行及家庭銀行業務日益增多，國際性之交易亦不斷增加，銀行將開始需要使用某些公眾網路。目前已有不少銀行開始研究使用 Internet 做為銀行與眾多客戶之間的通訊管道。但是使用 Internet 最大的問題仍在資訊安全，這是金融資訊業必須

克服的挑戰。

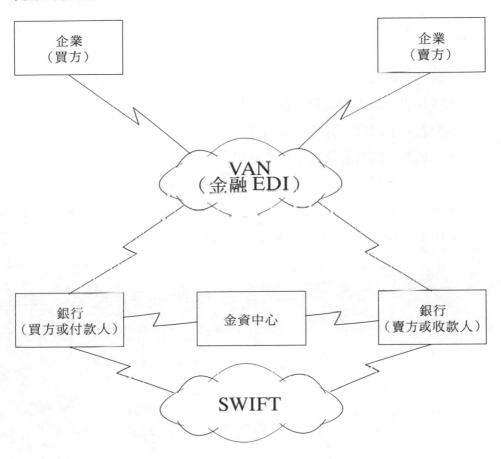

圖 9-23 金融 EDI 系統架構

# 習　題

1. 試述金融業自動化之特色。

2. 試說明一個銀行之資訊系統架構。

3. 何謂電子銀行，有哪幾種類型？

4. 試述無人銀行服務的項目，列舉之。

5. 列舉語音銀行之服務項目。

6. 何謂企業銀行，試詳述之。

7. EFT／POS系統有哪二種類型，試說明之。

# 第十章　網路應用

## 第一節　電傳視訊之應用

本章將就網路應用加以介紹、主要以電傳視訊、關貿網路與國際網路等三個應用為實案討論之項目。本節先就電傳視訊之應用加以說明。

電傳視訊(Videotex)是一種交談式的服務，此種服務提供用戶終端機經由適當的標準接取程序，透過電信網路，資料庫及其他電腦應用而達到滿足資訊檢索，電傳交易，信息交換，電傳會議，資料處理與電傳軟體等需求。因此，電傳視訊自七〇年代由英國電信局發展成功後，各國皆紛紛加入此項服務的經營，如英國 Prestel，法國 Minitel，德國 BTX，加拿大 Telidon，及日本 Captain 等系統。我國是在 1985 年由電信局建設完成第一個國內的電傳視訊系統，稱為中文電傳視訊系統(Chinese Videotex System)，簡稱 CVS。

CVS 在 1987 年正式開放服務。以下我們針對電傳視訊提供的服務，電傳視訊系統的組成及電傳視訊用戶所需終端設備及結論等項目加以探討。

## 壹、電傳視訊提供的服務

一般而言，電傳視訊提供的服務可分為六大類:

1.資訊檢索：乃提供用戶與資料庫交談，以獲取資訊的服務。目前 CVS 提供了證券交易行情，外貿商情資訊，農產品市場行情，工商財經資訊，電子號簿，地籍地價，政府資訊，求才求職，飛航時刻，氣象及購屋資訊等資訊的檢索。

2.電傳交易：乃提供用戶與應用提供者之間進行商業之交易。例如訂票服務。而電子銀行，電子購物或預訂旅館等都是電傳視訊服務的潛在範圍。

3.信息交換：乃提供用戶將信息存放於一個可共同檢索之資料庫，而達到互相通信之目的，例如電子郵遞(Electronic Mailing, E-mail)與電子佈告欄(Bulletin Board System, BBS)等。目前 CVS 有數十個 BBS 提供了社會福利、醫療，教育，休閒及軟體等服務。

4.電傳會議：乃提供用戶利用電腦處理，視訊處理及網路傳送能力，使用戶間能以會話方式傳送及接收信息。

5.資料處理：乃提供用戶使用應用提供者之主電腦之儲存及處理能力。

6.電傳軟體：乃提供用戶使用應用提供者之主電腦所傳送之軟體及檔案，以擴充檔案交換的功能。

目前 CVS 提供的資料庫近一百種。可分以下幾類說明之：

1.大專求才求職：行政院青輔會為促進就業資訊的充分流通，擴大求才求職資料庫應用，特與交通部數據通信所合作，結合「電傳視訊系統」以快速、確實的訊息交流，提供大專求才求職資訊，提供用人機構，需才廠商與求職青年利用。大專求才求職資訊內容包括公民營機關、學校、廠商所提供就業機會之求才資訊，及國內大專以上畢業青年、回國留學生至青輔會登記之求職資訊。

2.藝文活動：全國藝文活動資訊涵蓋美術、音樂、舞蹈、戲劇、民俗及其他與藝文有關之活動資訊，服務項目包括活動名稱、展演日期、

展演地點、展演者、電話及活動簡介等。

　　3.新鮮活休閒情報: 現代生活，盡在眼前。「新鮮活」內容包括全省各地休閒去處、交通時刻、藝文天地、最新電影介紹、新潮熱門活動、旅遊旅訊快樂遊、職棒看板、排行榜、活動快報……等各式各樣項目。「新鮮活」對善於享受現代生活的人，將是獲取休閒資訊的最佳媒體，亦是假日尋找旅遊去處的必備工具。

　　4.電子號簿: 電子號簿是將市內電話用戶名稱、電話號碼及產品服務廣告資料，建立於電傳視訊系統中，供用戶經由電腦連線即時查詢之服務。由於將傳統電話號碼簿電腦化，即時更新各項資料，客戶可用倉頡、簡易，注音、字典及語言輸入法，查詢急用電話、住宅電話與分類電話等資料。操作簡便，並可用姓名、區域或街道查詢，資料正確可靠。

　　5.證券交易行情: 電信局為服務大眾，特與臺灣證券交易所合作，提供證券交易行情，內容有:
　　　(1)個別股票行情
　　　(2)分類股票行情
　　　(3)熱門或自選股票行情
　　　(4)分類股票成交量
　　　(5)加權股價指數成交量及走勢圖
　　　(6)各股股價及走勢圖
　　　(7)委託及成交筆數、張數、成交價
　　　(8)公告資訊
　　6.債券交易行情: 為配合臺灣證券交易所開放債券交易資訊，提供債券交易行情，內容有:
　　　(1)個別債券行情
　　　(2)政府債券行情

(3)公司債券行情

(4)成交買進賣出總金額

(5)個別債券概況

(6)債券代碼表

7.**外匯**：電傳視訊外匯資料庫內容資訊係由臺北外匯交易市場發展基金會所提供的即時資訊，內容有：

(1)銀行間即期美金對臺幣交易資料

(2)銀行間即期美金對臺幣匯率走勢圖

(3)銀行間換匯匯率

(4)銀行間遠期外匯交易資料

(5)銀行間外匯拆款市場資料

(6)商業本票利率

8.**時報即時新聞**：掌握完整資訊，當企業及個人的經營投資已全面走向多角化、高速化之際，如何掌握立即、豐富而有用的資訊，將成為投資者的決勝關鍵。電信局為服務大眾，特與時報資訊公司合作，推出「時報即時新聞系統」，將時報體察社會脈動一貫的瞭解，具體的以「電子報紙」形態表現，提供企業及個人投資經營的重要參考工具，而且享受較電視新聞更快速的線上即時新聞，善於利用本系統，將有助於提高決策品質，進而作更正確、迅速的投資判斷。

9.**外貿商情**：隨著經濟活動的趨向國際化與多元化，廠商對於貿易資訊的需求也日益殷切，外貿協會為了提供國內貿易業者快速而正確的資訊，特與交通部數據通信所合作，利用最快速、最新穎的傳播媒體——電傳視訊網路，開放電腦資料庫對外連線查詢服務。資料內容有：

(1)我國海關統計

(2)我國進出口商

(3)全球經貿資料庫

10.工業行政：為便利工商企業瞭解並迅速掌握政府頒布之各項工業行政資訊，經濟部工業局特與交通部數據所合作建立電傳視訊「工業行政資料庫」，將各項與工業相關之租稅減免，融資獎勵，技術輔導等數百項工業局主管業務之簡介及申辦程序，納入兼具即時更新、便捷新穎特色之傳播媒體 —— 電傳視訊中，提供工商企業查詢使用。工商業者運用本項資料庫必可坐享「工業輔導措施，觸鍵可及」、「工業法令顧問就在您身邊」之服務，減少往返洽詢奔波之苦，立即掌握資訊，盡得商機。

11.工業技術研究院：工業技術研究院自成立以來即以「開發創新性高科技工業技術，改變產品及製程」為宗旨，以應用研究成果移轉國內廠商，促進產業技術升級。電信局為使業界即時獲得工研院最新資訊，特與工研院合作建立電傳視訊「工業技術研究院資訊系統」。內容如下：

　　　(1)工研院介紹

　　　(2)研究與服務領域

　　　(3)各所出版刊物

　　　(4)近期活動

　　　(5)產業科技資訊服務(**ITIS**)出版品

　　　(6)可對外移轉技術

　　　(7)專利與著作權

## 貳、電傳視訊系統的組成

　　電傳視訊整個系統由電腦、通信網路和使用者終端設備三個主要部分所構成。電傳視訊中心資料庫存有各種資訊，當使用者希望查詢時，先撥通特定的號碼或使用數據專線接續，然後利用鍵盤輸入簡單的指令，就可以立即從終端設備的螢幕上看到以中、英文或彩色圖形顯示的

資料，以供使用者即時收看。電傳視訊系統中，除了電信局和客戶外，另一扮演重要角色的是資訊提供者，是指擁有一般或專門資訊的機構或單位，將其資訊透過電傳視訊系統，而提供服務給電傳視訊客戶。

我們以圖 10-1 繪出了電傳視訊的網路架構。

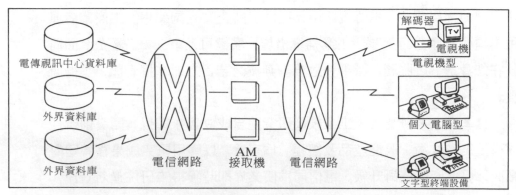

資料來源：電信局，《中文電傳視訊說明手冊》

**圖 10-1　電傳視訊網路架構**

## 參、電傳視訊用戶所需終端設備

由圖 10-1 中，在使用端的用戶可以有三種型式，包括個人電腦型、電腦機型及文字型終端機等。分別說明其所需的設備如下：

1.個人電腦型：所需設備包括以下五項：

　(1)IBM PC／XT、AT 或其相容性之個人電腦主機，至少 512K RAM 以上之記憶體容量。

　(2)軟式磁碟機二部，或軟式磁碟機一部和硬式磁碟機一部。

　(3)數據機（內裝者亦可）。

　(4)彩色／單色圖形顯示器及其相關介面板。

　(5)中文電傳視訊開機軟體(如 XTALK、PROCOM、KERMIT、TE-LIX 等)。

圖10-2為個人電腦型 CVS 用戶設備圖。

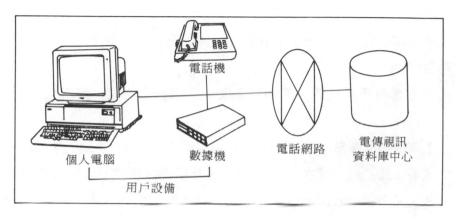

圖 10-2　個人電腦型 CVS 用戶設備圖

2.電視機型：所需設備包括以下二項

　⑴電視機

　⑵視訊機（內含解碼器，鍵盤及數據機）

　3.文字型終端機（ANSI 及 BIG5 碼）：所需設備為可連接純文字型資料庫。目前市面上有 VT100 加中文系統、PROCOM 加上中文系統及 CROSSTALK 加上中文系統（如倚天）等產品。

## 肆、結語

　綜觀各國電傳視訊發展的方向，可以歸納如下：

　1.英國以提供一般新聞、氣象、運動、娛樂等資訊為主。

　2.法國以發展特殊服務如銀行、證券交易、農業等為主，並發展電子電話簿系統。

　3.加拿大以教育資訊為主要方向。

　4.德國以轉接系統為重點，使用戶直接透過由電傳視訊系統，連接到第三者電腦。

　　5.美國則是在已建立之線上查詢服務基礎下，發展符合特殊的資訊需要與學術性的客戶服務系統。

　　6.日本以發展社會資訊系統為主，使社會邁入低廉大眾化的資訊時代為目標。

　　而電傳視訊系統的分類由於各國文字系統之不同，而有以下之系統：

　　1.鑲嵌字母圖形（Alphamosaic）：以英國的Prestel、法國的Antiope系統為代表。此二種系統在 1981 年結合成為歐洲之標準 CEPT 標準。

　　2.位元型態（Bit-pattern）：以日本的 CAPTAIN 為代表。

　　3.幾何圖形顯示：以加拿大的 Telidon 為代表。美國 AT&T 並提出 NAPLPS 標準（北美展示層通信協定）。我國亦採用 NAPLPS 標準，做為我國發展 Videotex 的基礎。

　　綜合各國發展電傳視訊的經驗，參與電傳視訊發展者包括有：

　　1.電傳視訊設備製造者 —— 終端機、解碼器、及電腦製造者。

　　2.傳送信號者 —— 廣播系統、電話公司、電信局等。

　　3.資訊提供者 —— 出版商、廣播業、廣告業等。

　　4.使用者 —— 商業、專業、教育，與其他廣泛大眾。

　　以下，我們提出幾個層面的考量，提供國內電傳視訊之參考：

　　1.電子出版物的編輯面考慮。資訊提供者需要有新的技巧才能完成編輯電子資訊每頁的內容。因此 Prestel 等系統鼓勵「傘式資訊提供者」 —— 創造資料頁及設備賣給想要提供資訊但沒有能力設立完整的資訊提供頁設備者（稱作次要資訊提供者，約占 Prestel 資訊提供者的3/4）的觀念，以解決此問題。至於國家對編輯管制應採何種政策？一如英國郵政當局採「中立」，或者如德國的高度管制？管制的權限由誰負責？以目前國內情況而論，由新聞局先審後播的原則可以應用於此，在初期，可以由政府資助建立政府政令、政策及服務類的資訊提供，並漸漸形成

「傘式資訊提供者」，並逐步開放私人資訊提供業者進入競爭。

2.視訊技術面考慮。電信局應研究訊務分析(Traffic Analysis)，並應結合專家、學者研究資料庫結構、資料更新、終端機數目、成本減低等技術問題。

3.視訊行銷面考慮。哪些階層的人會使用？何種資訊適當？如何收費？這些在試驗階段，都必須徹底研究。建議先從特殊團體考慮，如CAI教學、成人補習教育等，特殊服務先做一段時間，累積經驗後，再擴大服務層面。

4.隱私權考慮。電子式資訊在傳輸中容易被竊取、個人在銀行或商店的電子式資訊容易被誤用，對於電腦中心安全與保密的政策法令規章必須及早訂立，以配合資訊化社會的來臨。

5.著作權考慮。視訊的內容與軟體著作權應否保護之範圍等必須全盤及早考慮，儘速立法或就現法加以修正。

6.市場開放或獨占問題。發展之初，可先由電信局先試驗提供新聞、政令、宣導等與大眾有關的資訊，成功後，可考慮開放資訊提供者租用電信局資料庫，建立多樣化內容的資訊，滿足社會大眾的需求。在事先規劃的開放環境之下，促成創新與新技術的產生。

7.社會對資訊擷取的習慣問題。如何改變社會大眾對資訊擷取的習慣，並進而使大眾不畏懼硬體，學習新技術，提升資訊文化水準是一個很重要的政策目標。應結合資訊界及通訊界之有關單位共同合作進行。

發展電傳視訊是帶動社會邁入資訊時代之大勢所趨，自不必在意短期的有形的投資報酬，應將眼光放在長遠的發展上。

# 第二節　關貿網路之應用

國內近年來，經貿成長迅速，進出口貿易快速成長，報單量大增，

各商業業者無不希望能快速通關，財政部乃在民國79年擬定「貨物通關全面自動化方案」，計畫二年內完成空運貨物通關自動化，四年內完成海空運貨物通關全面自動化。目前空運部分已如期於81年在臺北關稅局實施，而海運亦如期於民國83年在基隆關稅局實施。

「貨物通關自動化」，即海關全面採用電腦自動處理貨物通關資料，取代人工作業，並推動與通關有關之業者（包括航運業、倉儲業、報關業、銀行及進出口業等等）以及相關機關（包括經濟部國際貿易局、商品檢驗局、行政院農業委員會、衛生署、環境保護署、新聞局及港口之港務局等等）之電腦系統透過通關網路與海關電腦連線，相互傳輸通關 EDI 電子資料訊息，取代人工遞送書面資料，以達成海空運貨物通關手續（包括艙單申報、貨物報關、繳稅、放行及相關作業）全面無紙化，快速通關之作業方式。

國內通關全面自動化電子資料交換加值網路，取名為 Trade-VAN（T／V）。其目標在近程方面為減免通關文件，中程方面則為減免貿易管理文件，遠程則為邁向國際貿易無紙化（Paperless Trading）的電子商務（Electronic Commerce）時代。關貿網路作業範圍涵蓋航運業、承攬業、倉儲業、貨櫃場站、報關行、進出口業等相關業者及金資中心（銀行）、國貿局、海關等有關單位之貨物進出口通關業務。以下即就 Trade-VAN 之系統組成加以探討。

貨物通關自動化系統，主要透過關貿網路（Trade-VAN, T／V）而使相關業者與機構能與海關連線。如圖 10–3 所示。

關貿網路（T／V）係一個開放性之加值網路，初期以貨物通關為營運之主要對象，以後要逐步擴大至貿易、運輸、保險、金融、監理……等方面，達到社會資訊共享的最終極目標。

而貨物通關自動化系統其子系統有二，說明如下：

    1.貨物通關系統。包括航運業（含承攬業）連線子系統、倉儲業連

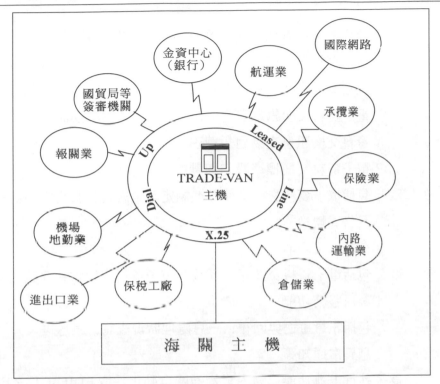

圖10-3　貨物通關自動化系統連線架構

線子系統、報關業連線子系統、銀行連線子系統、國貿局等簽審機關連線子系統、進出口業連線子系統及海關連線子系統等七個子系統。

海關內部資訊系統則包括報單審核分系統、稅則貨名審核分系統、報單抽、派驗分系統、徵課會計分系統、法令查詢分系統、退關或逾期貨分系統及其他有關分系統等七個分系統。

2.加值網路系統。包括網路轉接子系統、存證服務子系統、公共資訊資料庫子系統、EDI格式子系統及業界資訊處理服務子系統等五個子系統。

至於通關自動化資訊網路功能，則可分為電子資料交換（EDI）系統功能、網路加值服務系統功能及網路中心管理系統功能等三項，分別說明如下：

1.電子資料交換系統功能：可分爲以下四點說明。

(1)電子資料訊息交換

包括電子資料交換訊息接收／傳送、電子資料交換訊息分發、電子資料交換訊息安全與監督、電子資料交換訊息審查及電子資料交換訊息交易對象管理等。

(2)電子資料交換標準設定與轉換

包括電子資料交換文件標準制定及金融資訊服務中心網路轉接及格式轉換等。

(3)存證作業功能

包括電子資料交換訊息存放及電子資料交換訊息存證查詢等。

(4)客戶服務功能

包括訊息重送與回復、訊息處理狀況查詢、訊息複製分送及訊息異常通知等。

爲了執行上述功能，國內貨物通關自動化採取 EDIFACT 之 EDI 標準，並依據其中之 CUSDEC, CUSRES 及 CUSCAR 等規定之規格，制定了海運貨物通關所需之訊息共五十五種，表格三十八種、計進口通關共使用四十六種、出口通關共使用三十八種、轉運（口）通關共使用十九種，並編成《海運通關自動化報關手冊》以供相關業者使用。

2.網路加值服務系統功能：可分爲以下五點說明。

(1)公共資料庫查詢

包括國家幣別、每旬匯率、簽審規定、空運航次、納稅辦法、稅則稅率、進出口貿易等。

(2)電子資料交換訊息資料庫查詢

包括 UN／EDIFACT 標準、通關文件訊息等。

(3)全文檢索查詢

包括法規、行政公告、貨名稅則等等。

(4)外接資料庫服務

　　海關資料庫查詢，包括廠商資料、進／出口通關流程、進／出口補單資料、進／出口貨物進倉資料、出口押匯查詢（供銀行查詢用）、報關人擔保餘額、紡織品出口簽證（紡拓會）及商建費欠費查詢等。

(5)電子佈告欄服務

　　包括政令公告、貿易機會及通關網路服務介紹等。

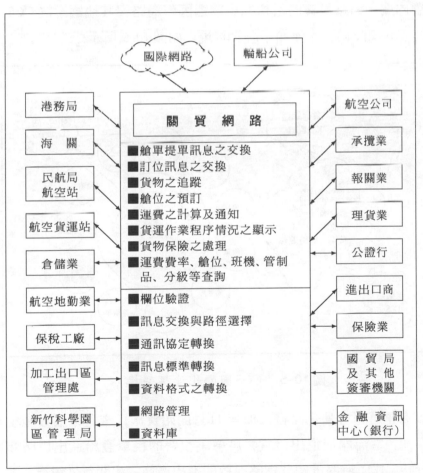

圖10-4　貨運業自動化系統

3.網路中心管理系統功能: 可分為以下三點說明。

(1)經營管理作業。

(2)客戶後檯服務作業(Help Desk)。

(3)加值服務支援作業。

國際貿易無紙化之達成, 貨物通關自動化只是一個起步, 透過 EDI 之功能而使各相關業者互通資訊, 達到貨運業自動化(Cargo Community System, CCS)之目標, 如圖 10–4 所示:

國內關貿網路最終的目標乃是透過國際網路與其他國家之 CCS 連線, 落實我國成為亞太運輸中心之實現。如圖 10–5 所示:

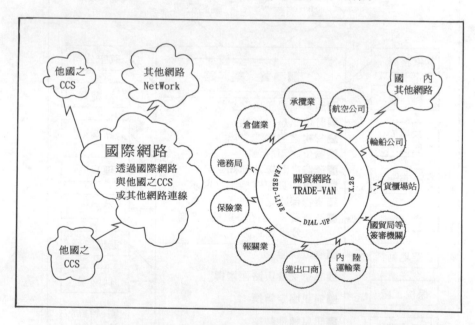

圖 10–5　CCS 國際化連線架構

以海運通關自動化而言, 83 年 11 月開始實施, 透過電腦實施稅費支付系統, 當海關把進出口貨物應繳納稅費的稅單發給進出口廠商或報關行時, 凡與海關以關貿網路連線的進出廠商、報關行、銀行、進出

口廠商或報關行，即可透過關貿網路利用個人電腦對銀行下達轉帳的指令，而銀行接到下達撥款指示的訊息後，即自動將其帳戶的存款，透過電腦連線完成資金轉帳完成各項稅費的繳納手續。此一措施具備節省進出口廠商與報關行作業資金的功能，同時紓解銀行櫃臺作業的壓力。

另關稅自動化線上扣繳作業，是銀行與進出口業，報關業者透過關貿網路，利用資訊傳送，直接從進口業者設在銀行的帳戶扣繳納的稅費。第一家使用線上自動扣繳系統的大同公司，就該公司使用自動化線上扣繳作業的成效，估計以平均每月進口量三十公噸到五十公噸材料零件，每月約可節省新臺幣十萬元，一年共可節省上百萬的新臺幣。

# 第三節　　國際電腦網路之應用

1969 年美國軍方成立了 ARPA NET，將軍方所屬各研究單位之電腦網路成功的整合在一起。1983 年美國國防部把TCP／IP（傳輸控制協定／網際協定，即 Transmission Control Protocol／Internet Protocol）標準化，有了此共通之通訊標準後，許多區域性網路、廣域性網路皆紛紛與 ARPA NET 連上。此網路愈連愈大，目前已在全球跨越超過一百個國家，初期只屬於高科技研發人員所用，但在 1980 年代，加入了許多的功能，而逐漸普及於一般人的生活中。目前全世界約十分鐘便有一個新的網路連上 Internet，共有 2500 萬的用戶。

從技術應用之觀點而言，Internet 的功能有以下幾種：

### 1.E-Mail（電子郵件）

這是 Internet 被使用得最多的服務。它允許使用者用它來傳送電子訊息給其他 Internet 之成員，亦可透過郵件轉接而傳給非 Internet 的其他網路成員。

### 2.FTP（檔案傳輸）

這是 TCP／IP 網路上用來傳輸檔案的一種通信協定，使用者透過 FTP 協定所提出的檔案傳輸要求，把檔案內容傳輸到指定的電腦上去。一般而言，在 Internet 上會有許多熱心的機構成為 FTP 儲存中心，提供機器給使用者上載程式、文件，並加以分類管理，而開放給使用者進入取檔。

### 3.TELNET（遠端主機連線）

此種功能允許使用者在自己主機上，透過網路連上其他之電腦。這個功能提供了線上服務，例如 BBS （電子布告欄系統）、GOPHER、WWW、線上資料庫查詢及線上電玩系統等。

1992 年美國提出建議開放 Internet 連線至企業與家庭用戶後，Internet 已朝向商用化轉型。目前已受到許多企業之使用，截至 1994 年 4 月，全球已有超過 1 萬 4 仟個商用企業的網路連上 Internet，而 Internet 骨幹部分也從 T1, T3 而躍升到 155M 之頻寬，以因應多元化商業需求及多媒體檔案傳送之所需。

在 Internet 的服務中，從交通量而言，WWW 已成為最多資料量的服務。WWW 即 World Wide Web（全球資訊網）或稱 W3，它允許文字、聲音、動畫檔的連接。這個新的電子媒體，已成為電子貿易的新利器，如圖 10–6 所示。

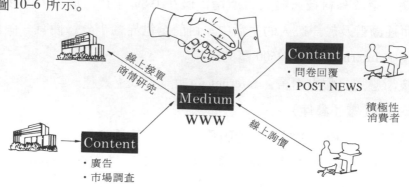

資料來源：羅澤生，〈Internet 商用化〉，《資訊與電腦》，1995 年 7 月。

**圖 10–6　WWW 之電子貿易**

　　國外大型網路公司如 MCI 的 WWW 虛擬購物商場，預估經由網路的購物每年有 500 億美金的營業額。以下分別就 Internet 商業之應用說明如下：

　　1.電子辦公室：企業利用 Internet 經濟的通訊費率，連接 Internet 作為與海外分公司或客戶之聯繫，而取代了傳統的書面傳真、包裹快遞、電話等。

　　2.電子商場：以 Meckle Web 為最有名，它吸引了各類型的企業透過此商場，提供產品型錄、規格、公司簡介或年報等。而各方網路上之使用者可自由上線詢價、洽購。目前 Meckle Web 進一步提供電子線上轉帳的服務。

　　3.電子報攤：目前 Electronic Newsstand 提供了包括科技、經濟、歷史、地理、人文、法律等刊物超過一百種。可以提供讀者依照自己的興趣而過濾出相關的文章以及新聞，讀者也可透過網路而訂閱這些刊物。

　　4.旅遊代理：利用 WWW 上之聲音及動畫等服務，而由旅遊業者設計導覽系統，並配合租車業及旅館業等結合促銷，並提供線上訂位系統，亦可出版電子旅遊快報等服務。

　　5.房屋仲介：做圖片展示外，可結合相關連鎖店之資料庫，提供地域、價位之查詢及檢索。

　　6.線上展覽：大型展覽會可透過 WWW 供註冊、散布會展動態消息，並刊載廠商之展示品、及與廠商 Home-page 連線等。

　　目前國內對於 Internet 的應用仍以 BBS 及電子郵件為主，對於電子商場之行銷方式仍有待努力發展。而在國際化的趨勢下，使用 Internet 以拓展商務是一個必然的趨勢。

# 習 題

1.何謂電傳視訊?

2.電傳視訊提供哪些服務?

3.如果您家中已有一部 PC, 試問必須具備何種條件才可成為電傳
　視訊之用戶?

4.簡述國內關貿加值網路(Trade-VAN)之功能。

5.何謂 Internet?

6.Internet 提供了哪些功能?

7.試討論Internet 商業化之應用領域。

# 第十一章　物流自動化應用

## 第一節　物流之意義

物流中心乃新興之經營管理型態，因其具有降低流通成本及滿足市場「多樣少量」之需求，因此，許多業者如製造商、批發商及零售商等紛紛設立物流中心，以因應市場之趨勢。

首先，我們先來探討物流之意義。廣義而言，物流是由原料製成成品，再經過配送，流通而至消費者手中之所有程序。而從狹義的觀點，物流指的是產品從製造者至消費者手中之實體活動。我們以圖 11–1 來表示物流之意義。

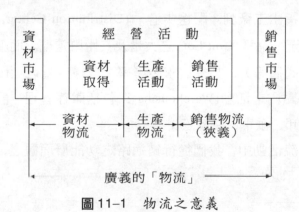

圖 11–1　物流之意義

　　從圖 11–1 中，廣義的物流包括了資材物流、生產物流與銷售物流等基本活動。這三種基本活動其目標可敘述如下:

　　1.確保以正確的時間和地點提供生產功能必要的投入。

　　2.保證生產的流動達到及時與有效率。

　　3.準確達成產品交付至指定地點。

　　4.在效益與效率的要求下儲存產品。

　　一般而言，物流的活動包括了裝卸、包裝、保管、輸送、資訊及流通加工等。我們以圖 11–2 說明之。

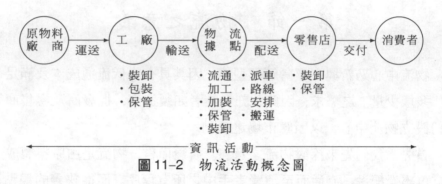

圖 11–2　物流活動概念圖

　　從物流據點之觀點，這些活動之特性可以說明如下❶:

　　1.區分「輸送」(Transportation) 與「配送」(Distribution) 之特性及原則: 輸送是指由工廠到「配送中心」(Distribution Center, D.C.)，必須追求少品種甚至一品種(Unit Lot) 之大量及長距離運輸。而配送則由 D.C. 到客戶（經銷商店等），必須追求多頻率、多樣少量之短距離配送。

　　2.物流據點內之活動(Warehousing): 包括庫存管理、訂貨處理、搬運、揀貨、裝卸、派車、路線安排等。

　　在整個物流活動中，我們從行銷通路之功能層面觀之，物流之流程可以圖 11–3 表示之。

---

❶　黃惠煐，〈物流中心管理〉，1993 年 5 月。

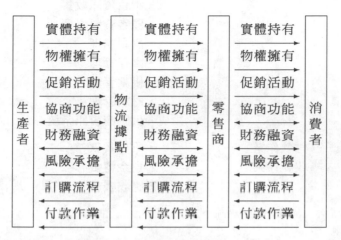

資料來源：黃思明，〈臺灣物流業者的類型與核心管理技術〉，1994 年 12 月。

圖 11-3　行銷通路流程

而在這個流程中，我們將通路功能及其通路作業整理如圖11-4所示。

| 通路功能 | 通路作業 |
|---|---|
| 物流 ── 實體持有 | ・運送　・揀貨<br>・裝卸　・分裝加工<br>・搬運　・路線安排<br>・倉儲　・派車<br>　　　　・配送<br>　　　　・上架<br>　　　　・其他 |
| 商流 ── 物權擁有與轉存<br>　　　　協商<br>　　　　財務融資<br>　　　　風險承擔 | ・商品企劃<br>・市場開發<br>・交易談判（採購、銷售）<br>・資金融通<br>・風險分擔<br>・物權轉移 |
| 資訊流 ── 促銷活動<br>　　　　　訂購流程 | ・商品管理<br>・促銷資訊傳遞 |

　　　　　　　　　　　　　　　　　　　· 銷售資訊收集
　　　　　　　　　　　　　　　　　　　· 顧客資料管理
　　　　　　　　　　　　　　　　　　　· 訂單處理
　　　　　　　　　　　　　　　　　　　· 庫存管理
　　　　　　　　　　　　　　　　　　　· 帳款管理
　　　　　　　　　　　　　　　　　　　· 財務管理
　　　　　　　　　　　　　　　　　　　· 供應商資訊系統

金流 —— 付款作業　　　　　　　　　· 收付貨款
　　　　收款作業　　　　　　　　　　· 資金轉帳
　　　　　　　　　　　　　　　　　　　· 應收帳款

資料來源: 同圖 11-3, 並加修正。

**圖 11-4　物流通路功能**

　　從圖中可以看出物流活動一直存於企業經營中, 又加上物流發展的速度及量之劇增, 為了滿足市場之需求與及時化之目標, 企業對物流活動之關切、管理、推動、控制等措施, 已成為刻不容緩的趨勢。事實上物流活動已包含了物流、商流、資訊流及金流。企業必須將物流機能加入傳統的行銷機能與生產機能中, 並且將物流管理之層次從作業控制之層次, 提升至管理控制之層次。

# 第二節　物流管理之挑戰

　　傳統的物流通路是由不同的製造商輸送商品至不同的批發商, 再配送至不同的零售店, 以圖 11-5 表示。

　　而九〇年代以後, 由於以下幾個因素之衝擊, 促成了物流管理產生了變革:

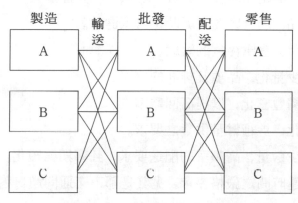

**圖 11-5　傳統之物流通路**

## （一）消費時代的來臨

　　消費者的需求隨著經濟的發展，而走向追求便利性、快適性與流行性。傳統的批發倉儲運輸業無法適應。表 11-1 為 GNP 與消費者需求之關係，消費者已走向「少量多樣」的型態。

**表 11-1　GNP 與消費者需求**

| GNP | 消費者需求重點 |
|---|---|
| 200 美元 | 物質 |
| 500 美元 | 廉價 |
| 1000 美元 | 品質 |
| 2000 美元 | 便利性 |
| 3000 美元 | 快適性 |
| 5000 美元 | 流行性 |

資料來源：賴杉桂，〈我國商業發展現況與展望〉，1994 年 12 月。

## （二）零售業壓力的增強

　　零售業在多樣化的消費需求下，面臨了以下之壓力：

1.暢銷品、滯銷品的及時發現，以減少「機會損失」。

2.進貨商品、進貨廠商的隨時檢討與評估。

3.店鋪庫存、倉庫存貨的緊縮。

4.進貨的少量化，品項及排面的擴充。

5.商品結構豐富化，以提高回轉率。

6.小包裝化，拆箱零星供貨之要求。

7.多品項少數量，高頻率的配送要求，且導期縮短化。

8.指定送達時間之嚴格要求，尤其是都市交通問題日趨嚴重，更是
　迫切。

9.零缺貨之要求。

面對這些壓力，零售業相對的也需求與期盼批發業或倉儲運輸業提供更好的配送服務，更短的配送時間，更佳的配送品質及更低的配送成本，即所謂的 STOC（Service 服務、Time 時間、Quality 品質、Cost 成本）的挑戰。

## （三）資訊科技 (C&C) 的創新

由於電腦資訊與通訊技術不斷創新，使得不易管理的少量、多樣、多頻率出貨的倉儲配運工作，得以迎刃而解。例如，銷售點管理系統 (POS)、電子訂貨系統 (EOS)、以及加值網路系統 (VAN) 等的開發與應用，都給新發展的「物流中心」帶來更有效率和更大的發展空間。

## （四）通路革命之衝擊

由於科技的發達，各廠商所生產的產品差異性不大，而價格又因市場競爭而使利潤下降。因此，通路戰已成為各流通業者的新策略，「誰掌握通路，誰就擁有市場」。因此廠商對新通路與消費群的開發不遺餘力，通路發展由傳統經銷體制已引伸出更多樣的通路型態，如：重要

客戶通路、特販通路、公司行號、機關團體、電話行銷、型錄行銷、直銷、連鎖通路等等，此即所謂的通路革命。在此種競爭加劇之下，掌握配送通路的配銷者將愈占議價優勢。又加上配送複雜度的日益增加，促成了一些專業配送服務的產業之興起。

在上述的大環境之衝擊下，物流管理變成企業非常重要的活動，所謂的物流管理已有了新的意義，我們可以定義爲：「對原料、半成品、製成品及其相關資訊的流動與儲存，從其起運點至其消耗點之間，執行講求效率與節省成本的規劃、執行與控制的程序，以符合顧客的要求。」

從上述之定義，可以歸納出物流管理之特性如下❷：

1.注重行銷導向，即以滿足客戶爲終極目標。留住客戶，使其重複性購買，並爭取客源，才是永續經營的基礎。

2.物流活動貫穿企業體的不同部門，如訂單處理、存貨管理、生產排程、倉儲配送、售後服務等等。因此，物流管理也需要跨不同企業部門之間的協調。

3.物流活動在廠商創造附加價值的活動中占有極大的比重，有效率的物流管理節省下的物流成本與提高的物流績效，可轉換成企業之附加價值面的競爭優勢。

4.講求效率化作業的物流系統，必須與現代化的科技應用結合。亦有所謂強調3T，即 Technology, Transportation and Telecommunications，即科技、運輸與通訊技術整合的應用。

有許多企業，爲了因應日益重要的物流管理的挑戰，而有了一些新作法，如下所述：

1.倉儲地點盡量接近消費者。

---

❷　韓復華，〈由推動亞太營運中心談物流的重要與發展方向〉，1994 年 12 月。

2.存貨系統與主要客戶連線，以提供及時查詢與定購。

3.利用 EDI 處理訂貨和規格。

4.利用倉儲自動化降低訂單處理時間。

5.利用整合顧客或供應商的資訊系統以強化協調活動。

6.專業物流活動外包給其他企業。

7.重新設計物流作業。

8.物流主管的地位提升。

例如 Benetton 運動休閒公司就是一個成功的利用物流管理而達到提升競爭優勢之目標[3]。它在全球六十個國家擁有超過五千家零售店面，每年由義大利供應輸出約五千萬套的服裝。為快速回應各零售店的訂單要求，該公司使用 EDI 電子資料交換網路將所有的零售店、運送商、倉儲點、生產工廠與總公司相互連接，並且設計出一套快速編織、印染的自動化生產程序。經由此一系統，訂單可以直接由零售點傳送至電腦控制的編織或印染機器上，依照訂單要求的式樣、尺寸製作其需求的數量。Benetton 公司全球化配送時間的服務標準為對有庫存的訂單是一星期；對沒有庫存的訂單則必須在四週內完成製作與配送。

總而言之，企業在規劃階段時，物流規劃應提升其重要性至行銷規劃與生產規劃之間，而一個物流規劃必須考慮以下五個層面[4]：

1.*位置網路層面*：此層面主要是決定作業點的位置。

2.*協調組織層面*：乃對整個物流程序之活動作通盤與整體的評估，適當規劃後配合組織權責的重新設計，而達到最大的效益。

3.*顧客服務層面*：乃在滿足顧客的需求，達到最大的顧客滿意度 (Customer Satisfaction, CS)，通常顧客關切的物流服務項目可能為：

(1)訂貨供應率

---

[3] 同[2]。

[4] 尤克強，〈整合物流管理系統 ── 模式與策略〉，1994 年 12 月。

⑵訂貨完全性與正確性

⑶對抱怨的反應

⑷顧客直接查詢訂單或存貨狀態

⑸售後服務

⑹準時交貨之績效

⑺包裝之便利性

⑻緊急需求的反應

⑼存貨水準

⑽產品之損壞率

一個良好的物流規劃必須滿足並解決以上的服務問題。

4.整合存貨層面：過去存貨管理是以成本導向，現在已漸漸的轉變成為反應時間導向，而一個理想的存貨管理是先將產品及顧客分級，對於重要並且產品替代性高的顧客要用較高的安全存量或較快的運送，並且使用較貴而可靠的配送通路；對於議價能力低或是沒有選擇的顧客可用較低的安全存量而在期限內能補貨就可以了。對於容易發生急速變化的需求要有應變計畫，如果因存貨不足，而產生了缺貨成本，不但失去交易，也可能失去了客戶與形象。

5.資訊技術層面：由於電腦與通訊的結合 (C&C)，造成了資訊技術已成為企業競爭中之策略武器。一般而言，資訊技術在物流管理上可以歸納於圖11–6中。

企業在引進這些資訊科技時，必須從經濟性、管理性與技術性等來考量。所謂經濟性即是成本／效益分析，決定是否合算；而管理性則是人員阻力的管理問題；至於技術性則是考慮是否有足夠的技術人員或維護人員來執行與管理這個系統。

MRP = 物料需求規劃
　　　(Material Requirement Planning)
JIT ＝ 自動化物流管理系統
　　　(Just In-Time System)
DRP＝ 物流需求規劃
　　　(Distribution Requirement Planning)

圖11-6　資訊技術應用於物流管理

# 第三節　物流中心之發展與分類

　　在上節中，曾談到零售業在消費者多樣化的需求下，面臨了許多壓力。對於零售業而言，如何提高整體通路的效益，連結上游製造業，滿足多樣少量的市場需求以及縮短通路及其成本，已成為零售業刻不容緩的目標。因此利用電腦化的支援，行銷通路的控制，更整合生產管理、資訊系統、行銷機能等綜效 (Synergy)，使得物流成為高層次之策略考慮要素。我們以圖 11-7 說明傳統的企業經營結構，而圖 11-8 則是現代企業經營結構。

　　為有效達成商品流通的任務，必然要有成品進貨、儲存、加工、撿取、包裝、分類、裝卸及主動配送的功能。而為了達成上述之功能，結合軟、硬體設施、人員及技術等所成立之組織，即稱為物流中心 (Distribution Center, D.C.)。

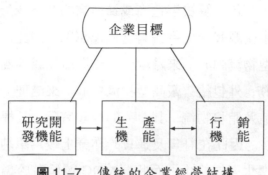

圖11-7　傳統的企業經營結構

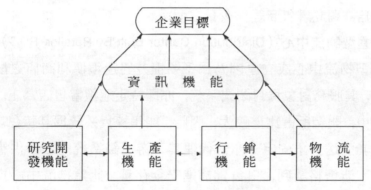

資料來源：黃惠瑛，〈物流中心管理〉，1993 年 5 月。

圖11-8　現代化企業經營結構

　　由於物流中心兼具批發商、倉儲業者及運輸業者之功能，故許多業者如製造商、進口商、經銷商、零售商甚至貨運業者，紛紛設立物流中心。我們可以依照業態、特性及其他等三種分類法來說明之。

## （一）按照業態分類

　　物流中心的設立有其不同的背景，所以其任務與特性也不盡相同，按照業態而言（即按投資者背景），可分爲以下四種：

### 1.廠商型物流中心（Distribution Center Built By Maker, MDC）

廠商型物流中心係以解決製造商或進口商的倉儲或配運問題爲主。一般而言，本國生產廠商皆自行擁有倉儲及車隊，因此，只將部分物流工作委由「廠商型物流中心」來處理。至於進口商或外商公司，則大多將倉儲及配運業務，外包給「廠商型物流中心」來處理。廠商型物流中心連結了生產物流及銷售物流，其產品的種類有限，且提供的產品較爲固定，變化性較少。因此在訂貨及進貨的作業上較爲單純，以棧板或成箱爲主，易於標準化與規格化。而此類 MDC 較偏向於調節型的倉儲中心，如配送給倉儲、量販、其他物流中心及大型超市等，一般很少直接對小型商店、獨立零售商等作少量之配送。

### 2.零售型物流中心（Distribution Center Built By Retailer, RDC）

零售型物流中心成立原因乃爲了要提升對連鎖便利商店之配送效益，因此，其服務對象爲封閉式系統，亦即特定連鎖零售店爲主。而其出貨方式中，開箱所占比重較大，因此，開箱揀貨系統爲其特色之一。同時，因其配送對象固定，亦常代理其下游連鎖系統向上游供應商訂貨，亦即不涉價格談判，只負責補進安全存量。此類物流中心投資金額較大，須具有規模經濟，才易生存。而其作業系統，因是爲特定企業服務，屬封閉式。換言之，因客源固定，致其經營重點在於物流管理技術，而對業務開發較不重視。

由於 RDC 乃由零售商所主導，又加上產品種類繁多，且零售商對產品種類、數量等之需求不定。因此，RDC 較不易作價格標準化，但其客戶較爲固定。對訂單處理、配送作業、財務會計等作業較單純。

### 3.批發型物流中心 (Distribution Center Built By Wholesaler, WDC)

批發型物流中心係扮演商流與物流合一的角色，先向上游廠商進貨，再轉賣給零售單位。其利基乃在於以現代化的管理效率，來取代傳統經銷商或盤商的市場地位。因此，其出貨方式以成箱與開箱二種並

重。由於其涉及商流買賣行為，亦稱為「行銷公司」。此類型物流中心的上游進貨廠商及下游配銷對象並不特定，為一開放式系統。

一般而言，WDC 是介於 MDC 與 RDC 間之經營型態，在產品特性與客戶層面上兼具 MDC 與 RDC 之特色。其成立原因大都因貨運業者擁有大量的物流據點及車隊，而多角化經營，成立了 WDC。

**4. 貨運型物流中心 (Distribution Center Built By Trucker, TDC)**

貨運型物流中心乃提供全程物流作業系統中某一部分之服務，且著重於配送與運輸為主。其服務對象較模糊。

## （二）按照特性分類

按照特性而言，物流中心可分為以下二種：

1. 倉儲型：設備和管理著重商品之較大量，較長期之貯放和配送。
2. 流通型：設備和管理著重商品之集中、分配和再配送。

## （三）其他分類

物流中心的分類，亦可依其他不同標準加以分類。如以產品類別分成食品物流、資訊物流、日用品物流……等；又可依儲運溫度不同可分成常溫物流、低溫物流……等；亦可依產品國別，分成臺灣盤物流、進口盤物流……等；又可依經營知識來源分成本土物流、日系物流、美系物流……等；或依商物流關係分成純物流與行銷物流等。

國內目前較具代表性之物流中心大都以消費品為主，表 11-2 列出了國內較具代表性之物流中心。

從表中可看出，按業態而言，MDC，WDC 與 RDC 是最常見的物流中心，我們也以表 11-3 列出這三種物流中心所需考慮的需求比較。

表 11-2 我國主要物流業者之經營現況

| 公司名稱 | 成立日期 | 投資金額 | 面　　積 | 地　　點 | 配送對象 | 種　　類 |
|---|---|---|---|---|---|---|
| 捷盟行銷（統一） | 79.10.1 | 5000 萬 | 中壢倉庫 1300 坪，辦公室 120 坪<br>永康: 800 坪<br>臺中: 2000 坪 | 中壢、永康、臺中 | 統一超商 | 食品 |
| 康國行銷（味全） | 78.4 | 1 億 5000 萬 | 林口: 1200 坪<br>臺中: 600 坪 | 林口、臺中、斗六 | 連鎖超市、超商、零售店、大賣場 | 總合配送（2,500 種品項） |
| 全臺物流（國產實業） | 78.5 | 2 億 | 950 坪 | 五股 | 全家便利商店 | 常溫、低溫商品（約 1800 種品項） |
| 聲寶物洋 | 80.3 | 4 億（土地價值不計） | 林口: 7700 坪<br>新竹: 230 坪<br>臺中: 2600 坪<br>嘉義: 500 坪<br>岡山: 1600 坪<br>花蓮: 140 坪 | 林口、新竹、臺中潭子、嘉義市、高雄岡山、花蓮市 | 聲寶經銷商 | 全系列家電產品德 |
| 德紀洋行 | 81.3.1 正式運作 | 7 億 | 8000 坪 | 五堵 | 連鎖超商、超市、零售店、經銷商、大賣場 | 食品、日用品 ……專業物流公司結合倉儲與配送系統 |
| 彬泰流通（泰山） | 80.11～81.9 | 2 億以上（土地價值不計） | 2000 坪 | 大園工業區 | 福客多便利商店 | 食品、飲料 |
| 世達低溫物流（桂冠） | 80.4 | 3～4 億（土地價值不計） | 臺北: 1600 坪<br>臺中: 800 坪<br>臺南: 200 坪<br>高雄: 200 坪 | 臺北、臺中、臺南、高雄 | 超市系統、製造廠商 | 低溫（冷凍）食品 |
| 掬盟行盟（掬水軒） | 78.1.1 | 8000 萬 | 臺北: 1000 坪<br>桃園: 700 坪<br>新竹: 250 坪<br>臺中: 800 坪<br>嘉義: 350 坪 | 臺北、桃園、新竹、臺中、嘉義 | 各零售店、中盤商 | 食品 |

（續表 11-2）

| 公司名稱 | 成立日期 | 投資金額 | 面　　積 | 地　　點 | 配送對象 | 種　　類 |
|---|---|---|---|---|---|---|
| 什貿物流 | 76 | 35000萬 | 450坪 | 南崁、新竹 | 連鎖超市、便利商店、量販店、百貨附屬超市 | 廚房用品、洗濯、沐浴用品、工具、美妝…（約1100種） |
| 銘美行銷 | 79.8 | 4000萬 | 新莊：370坪 三重：400坪 | 新莊、三重 | 超市20%利商店20%價中心50%利機關10% | 糖果、餅乾 |
| 惠康物流中心 | 80.12.20 | 第一階段：5000萬 第二階段：1億 | 1萬坪（初期完成3000坪） | 大園 | 惠康頂好超市 | 目前約可容納4000種商品 |
| 環緯流通管理中心 | 79.9.21 | 1千200萬 | 庫存中心2000坪 配送中心200坪 | 蘆洲 | 食品、國內廠商、進口商、超市、批發商 | 食品、日用品、化妝品 |
| 龍鳳 | 78開始籌備 | 3億 | 450坪 | 林口 | 一般通路、量販店、上、中、下游零售 | 低溫、冷凍、冷藏食品 |
| 禎祥食品 | 80.4 | 6000萬 | 1800坪 | 五股 | 超市、零售店、百貨附屬超市、量販店、特殊通路 | 食品（低溫冷凍 -30℃～ -15℃ 為主 |
| 翁財記統倉物流 | | 5000萬 | 300坪 | 桃園 | 營業所經銷批發 | 800餘種產品、傳統食品 |
| 資生堂物流中心 | 80.12.16啓用 | 6億 | 2400餘坪 | 中壢 | 資生堂連鎖店 | 化妝品 |
| 安麗公司 | 80.12 | 不詳 | 2600餘坪 | 南崁 | 直銷商 | 安麗公司系列產品 |

（續表 11-2）

| 公司名稱 | 成立日期 | 投資金額 | 面　　　積 | 地　　　　點 | 配送對象 | 種　　類 |
|---|---|---|---|---|---|---|
| 大手心物流中心（小豆苗） | 80.11 開始籌設 | 1億元 | 彰化：　1800餘坪<br>五股：　300坪<br>永康：　800坪 | 彰化<br>五股<br>永康 | 便利商店<br>經銷店<br>直營店 | 休閒食品文具等 |
| 久津物流（久津實業） | 80.10 開始籌設 | 1億1000餘萬 | 2500坪 | 臺中工業區 | 經銷店 | 飲料 |
| 大榮貨運 | 81 | | | 林口、歸仁 | 各經銷店、店頭 | 食品 |

資料來源：1993年《經濟日報》，《中華民國經濟年鑑》並修改。

表 11-3　三種物流中心需求考慮因素

| 種類 | M、D、C | W、D、C | R、D、C |
|---|---|---|---|
| 共同要素 | 1.足夠的土地，財力資源，適當的地點（以時間來衡量）。<br>2.充足的人力資源。<br>3.專業的經營技術，管理人員。<br>4.足以維持損益兩平的業務量。<br>5.謹守中立的態度。<br>6.訂貨、庫管、帳款收付已電腦化，倉儲、揀貨已省力化。 | | |
| 特殊需求要素 | 1.夠廣的產品線（透過自行開發或 OEM）<br>2.全國性商標<br>3.至少擁有數個第一品牌的產品<br>4.垂直整合程度深<br>5.上下游電腦連線<br>6.善用物流中心提供之資訊做生產排程的依據 | 1.上、下游關係良好<br>2.下游客戶多且穩定<br>3.擁有各種暢銷商品令零售商只須訂一次貨<br>4.成為製造商與零售商的良好溝通橋梁 | 1.得到零售商的全力配合<br>2.進貨量大到可以說服廠商<br>3.零售商之同質化高<br>4.讓 RDC 對內有完全的控制權<br>5.所有零售商的貨物均要透過 RDC 配送 |

資料來源：張榮華，〈物流中心自動化應用之探討〉。

# 第四節　個案分析——捷盟行銷公司

捷盟行銷公司乃是一個零售型之物流中心，係由統一超商所主導投資之物流中心。首先針對統一超商之沿革做一說明。

民國67年之前，統一企業以每店三、四十萬元設立一經銷商來銷售統一公司之食品及飲料，後因管理不易而成立直營所，以方便控制。然而由於國內超級市場大量興起，統一感到產品沒有最終出口，對產品上市、推動，有很大之無力感。當時之總經理高清愿先生，以最終出口為策略，於民國67年4月1日，集資一億元，成立「統一超級商店」，經過一年多的精心策劃，乃於民國68年5月17日，在全省推出十四家連鎖超商。初期以家庭主婦為目標市場，想以統一超商取代傳統雜貨店，但是因為全省統一的價格制度，使得價格沒有彈性且偏高，而家庭主婦之價格敏感度高，所以初期營運不善。

有鑑於統一零售業之經營背景不足，於是引進美國最大的連鎖便利商店 —— 美國南方公司(The Southland Corporation)之7–ELEVEN之經營技術及觀念，但由於國情不同，許多技術並無法於臺灣或統一超商所利用。至民國71年底，統一超商對零售通路運用、目標市場定位及商品計畫等之策略不明，使得虧損嚴重。於是統一超商在民國72年至73年間，重新訂定策略如下：

1. 目標市場：青年人、上班族、夜間人口及職業婦女為主。
2. 商品：配合母公司之產品出口，加入非競爭廠商之互補商品。
3. 價格：訂立一個可以接受之合理價。
4. 地點：人潮流量大之街頭、學校旁及三角窗等位置。
5. 促銷：統一集團於人、物、財力給予大量支援。
6. 後勤：考慮將分散各地小地區倉庫逐漸納編為十二個大形統倉，

形成整體作業。

統一超商更於73年開始販賣一些傳統雜貨店所無之特殊商品，以「簡速食品」為代表，以滿足目標市場多樣化的需求，民國77年更成立「消費服務中心」，確立服務以客為主的企業文化，並積極與社會脈動結合，如社會公益、環保活動配合。不僅大力提倡企業形象，更成為「您方便的好鄰居」。目前統一超商在全省已超過一千家連鎖店，已成為國內最大之便利商店。

以下我們針對捷盟物流中心之沿革、作業方式、績效指標及對統一超商之效益等項目加以說明。

## 壹、捷盟公司沿革

統一超商於68年成立十四家之時，配送方式只請廠商直接配送至各單點，但廠商配送量少且頻率高，多不願配合且不符效益。當店數達三十家之時，就以小倉庫做為部分廠商之倉庫來做配送，此時配送乃是超商之內的一個部門。當7-ELEVEN擴充至三百家時，不論倉庫容量，配送技術，整個倉儲均感不足，於是在民國79年10月間，引進日本三菱公司菱食配送之技術及資金，以合資（統一企業、統一超商、三菱公司、菱食公司）方式成立捷盟行銷公司。以承租統一麵包之土地做為倉儲及配送區。處理對象以選定配送及商品力差的製造商，由製造商直接運入捷盟來統一處理。目前處理及空間近乎滿載，所以不必承攬製造商進入捷盟統一配送，而是選擇7-ELEVEN要求之製造商，才進入中壢、臺中及永康的統倉。

## 貳、作業方式

目前捷盟配送到統一超商的商品以乾貨、雜貨為主，品項約有一千多種，並以顏色管理達到商品先進先出的目的。目前作業方式可以以圖

11–9表示之。

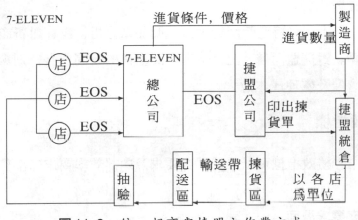

圖11–9　統一超商與捷盟之作業方式

對於捷盟之作業方式，我們分二點說明：

### 1.與製造商之作業方式

由圖11–9可知，每個產品價格及交貨的型式，由統一超商及製造商議定，再將條件及訂購交給捷盟一起向生產廠商訂貨，所以統一超商和製造商之間並無會計上的來往，而生產廠商只須與捷盟有貨款來往。

### 2.捷盟與統一超商之間

捷盟在將預定商品上市之前，與統一超商一起與廠商談妥條件，之後統一超商只要針對捷盟進行控制，因此，彼此之溝通方式爲：

　⑴訂貨：訂貨以電腦連線直接將各單點之個別商品訂購量及總量傳至捷盟，捷盟再視情形向廠商訂貨或自行至揀貨區依各單點之需求揀貨，統一超商只須負責採購政策及控制，將訂貨、管理存貨等交給捷盟。

　⑵配送：捷盟將各單店所需之物品揀好放入標準塑膠箱內，再送至各單店，直接以籃子送入，經店長簽收。

　⑶促銷：促銷特定商品前，先與捷盟溝通，以特定格位或空間先

進促銷品，於促銷前配送至各單點排列，包含店頭廣告皆要請
捷盟代勞。

(4)上、下市：特定時間針對每一商品做分析，或針對新商品做試
銷。對捷盟而言，上、下市之間重複的時間愈長，則愈不利，
倉儲及處理成本愈大。

## 參、績效指標

物流中心績效指標可以分為顧客要求及內部效率要求二部分，說明
如下：

### 1.顧客要求層面

由於零售是各單點之販賣，對於何地何時以何種方式銷售商品，視
為經營競爭的技術，所以捷盟可視為統一超商為應付臺灣製造商之商品
計畫不周全，以計畫生產而非訂單式生產。基本物流中心是零售商為確
保貨源，減少運送損失，避免來客流失的一種戰術及手段。捷盟以約定
的條件送到 7-ELEVEN 門市，所以統一超商對捷盟的評估為下列二點：

(1)缺貨率：包含送錯，未送之訂購商品之比率。

(2)延遲率：超過約定時間範圍送達之比率。

### 2.內部效率要求

而捷盟由於是獨立之企業個體，本身為一利潤中心，各項成本、
會計制度皆獨立計算。目前捷盟將進貨成本加成 4%，此為收入唯一來
源，所以只有透過不斷對成本分析及合理化，才可以使利潤率擴大，依
捷盟的計算，大約收取 2% 之進貨價格做為配送費用，大略可使變動成
本達到損益平衡。捷盟內部控制則以下列指標❺：

(1)物流活動效率指標：包括以下四種。

①配送一件所須時間＝行走時間／配送件數

---

❺　同❶。

（行走時間＝「到達時間」減「出發時刻」）

②實車比率＝$\dfrac{\text{實車（有裝載）距離 (km)}}{\text{行走距離 (km)}}$

③輸送率＝$\dfrac{\text{裝載 km · TON（噸）}}{\text{能力 km · TON（噸）}}$

④裝載率＝$\dfrac{\text{裝載實績}}{\text{裝載能力}}$

⑵倉儲效率指標：包括以下四種。

①裝載率＝$\dfrac{\text{缺貨件數}}{\text{訂貨件數}}$

②保管效率＝$\dfrac{\text{庫存金額}}{\text{倉庫面積}}$

③庫存回轉率＝$\dfrac{\text{出貨金額}}{\text{平均庫存金額}}$

④生產力＝$\dfrac{\text{出貨金額}}{\text{投入人員 · 日數}}$

對於多項多頻率之配送技術，日本菱食公司所採用之零星開箱揀貨技術，對於捷盟內部之效率有顯著之幫助。

## 肆、捷盟對統一超商之效益

綜合而言，捷盟對統一超商之效益，可分以下幾點說明之：

1. 貨源之掌握。

2. 廠商之整合。

3. 減少門市之負擔：包含訂貨、交易、品管、催貨、庫存等成本。

4. 會計系統之簡化。

5. 控制特定單品之上、下市時間。

6. 控制送貨之時間，避免造成來店客人困擾。

7.對各門市之貨品有雙重控制之依據。

8.7-ELEVEN可以瞭解物流中心還有多少空間可以利用，衡量各商品之周轉率後，可以計算出前置時間，減少彼此之磨擦及成本。

9.特定地區之進入，捷盟以強大之後勤配合，可利用商店形象在新地區迅速建立。

10.利用完善的後勤補給，做爲號召加盟之另一武器。

目前捷盟乃屬於零售支援系統，在整個物流業界具重要之示範體。未來可朝一個全方位之批發物流中心努力，客戶可不限只有7-ELEVEN，應包括一些業務之間不具競爭性之零售業者，甚至可販售經營技術、物流配送之套裝軟體，以協助下游客戶之零售業之經營。

我們以圖11-10至圖11-13說明現場之情況。

圖11-10　物流中心之統倉

圖 11-11　物流中心自動化輸送帶

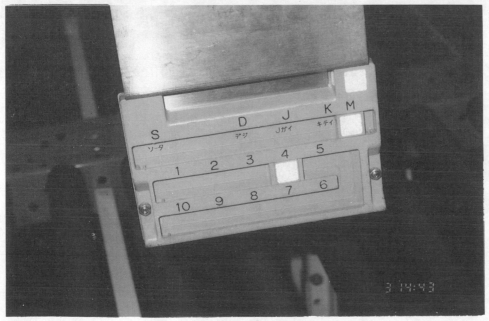

圖 11-12　揀貨箱之識別系統

圖 11-13　揀貨箱通過掃描設備後自動分流

# 第五節　物流中心之管理

　　從行銷通路的觀點而言，物流中心扮演了簡化從製造到零售之間的通路路徑，以圖 11-14 表示。

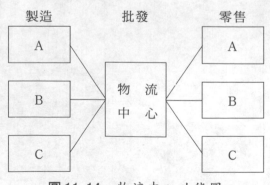

圖 11-14　物流中心功能圖

　　而一個典型的物流中心系統，我們以圖11-15表示之。圖中可以看出，採購管理、入庫管理、儲存管理、出庫管理、庫存管理、訂單／銷售管理及帳務管理等子系統爲物流中心之主要作業。

　　我們將整個物流中心之子系統分爲二十個功能說明如表11-4。

　　總之，物流中心的管理主要乃是在成本最小化與顧客服務之最適化之追求。而自動化設備如無人搬運車、輸送帶、堆高機、電子揀貨系統、掌上型終端機等配合電子訂貨系統、加值網路及 EDI 等系統之使用，就是在實現成本最小化與顧客服務之最適化之境界。

### 表11-4　物流中心功能單元表

| 編號 | 功能單元 | 說　　　明 | 子　系　統 |
|---|---|---|---|
| 1 | 接單 | 訂單處理，包括訂單查詢、建立、維護，及出貨單之列印 | 訂單／銷售管理 |
| 2 | 庫存 | 出入庫資料之管理 | 庫存管理 |
| 3 | 物流管理 | 進貨驗收、出貨檢查、裝貨配送 | 入庫、儲存、出庫管理 |
| 4 | 補貨 | 補貨單列印、採購單建立 | 採購管理 |
| 5 | 揀貨 | 速取、分類等作業 | 儲存、出庫管理 |
| 6 | 派車計畫 | 裝貨、配送 | 出庫管理 |
| 7 | 發單 | 採購單核准、發行 | 採購管理 |
| 8 | 驗收 | 進貨驗收單列印 | 入庫管理 |
| 9 | 應付帳款 | 應付帳款檔案維護 | 帳務管理 |
| 10 | 退貨 | 進貨退出維護 | 入庫管理 |
| 11 | 銷售實績 | 銷售實績檔案維護 | 銷售管理 |
| 12 | 應收帳款 | 應收帳款檔案維護 | 帳務系統 |
| 13 | 財務管理 | 財務分析 | 財務系統 |
| 14 | 銷售管理 | 客層、客戶購買力分析等 | 訂單／銷售管理 |
| 15 | 商品分析 | 排行榜、坪效等，商品力分析 | 銷售管理 |
| 16 | 顧客資訊系統 | 顧客資料庫 | 訂單／銷售管理 |
| 17 | 供應商資訊系統 | 廠商資料庫 | 採購管理 |
| 18 | 生產力分析 | 單位生產力分析 | 人力資源管理 |
| 19 | 成本費用分析 | 單位成本分析 | 財務系統 |
| 20 | 經營決策 | 主管資訊系統 (EIS) | 策略分析 |

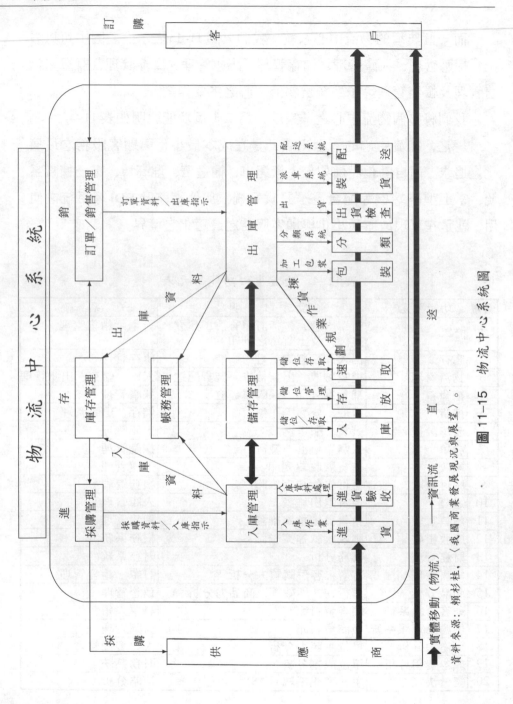

圖 11-15 物流中心系統圖

資料來源: 賴杉桂, 〈我國商業發展現況與展望〉。

→ 資訊流

━━ 實體移動 (物流)

而這些自動化設備可以分類如下❻：

1.物料處理之自動化：包括物料倉儲系統、自動存取系統、揀貨系統、輸送及分流系統、自動運搬車、棧板堆疊及穩固系統等。

2.資訊蒐集之自動化：包括條碼識別系統、電子資料交換等。

3.控制及管理系統之自動化：包括存量管制、卡車調度管理及安全系統等。

---

❻　陳文賢，〈物流中心自動化方案的選擇〉，1994年12月。

# 習 題

1.何謂廣義的物流與狹義的物流？

2.配送 (Distribution) 與輸送 (Transportation) 有何區別？

3.試列舉物流管理變革產生之因素。

4.試說明資訊技術如何應用於物流管理。

5.何謂物流中心 (Distribution Center, DC)？

6.按業態分類，物流中心有哪幾種？試比較之。

7.對一個物流中心而言，其績效衡量在滿足顧客要求之考量下，有哪些指標可供衡量？

# 本書主要參考文獻

1.汪雅康，〈我國流通業資訊化市場的應用〉，1994年12月。

　　　　〈我國流通業現況與發展趨勢〉，1994年2月。

2.林暉，〈商品條碼、EDI VAN在商業自動化的應用〉，1993年12月。

　　　〈商業自動化與國家資訊基礎建設〉，1994年12月。

3.賴杉桂，〈中華民國商業自動化專案計畫現況及未來展望〉，1994年
　2月。

　　　　〈我國商業發展現況與展望〉，1994年12月。

4.經濟部商業司，《商用標準表單技術實務手冊》（摘要）。

　　　　　　　《超級市場經營管理技術實務手冊》。

　　　　　　　《商業現代化雜誌》（雙月刊）。

　　　　　　　《商業自動化資訊手冊》。

　　　　　　　〈國內服務業關鍵技術相關理論與現況分析〉。

　　　　　　　《商業自動化資訊手冊》，1992年7月。

　　　　　　　《商店條碼作業實務手冊》。

　　　　　　　〈商業EDI簡介〉。

　　　　　　　《商業EDI／VAN活用手冊》。

　　　　　　　《商品條碼應用手冊》。

　　　　　　　〈物流中心說明資料〉。

5.行政院資訊發展小組,〈政府業務電腦化報告書〉, 民82年。

6.資訊工業策進會,《資訊工業年鑑》, 民82年。

〈我國流通業資訊化市場與應用〉, 民83年3月。

7.電信總局,〈中文電傳視訊簡介〉。

8.徐慧中、江衍勳,〈我國流通業資訊化概況〉,《資訊與電腦》, 1995年7月。

9.羅澤生,〈Internet 商用化〉,《資訊與電腦》, 1995年7月。

10.蕭美麗,〈超市加值型網路先導系統〉。

11.陳懷芬,〈流通業自動化系統分析〉,《經濟日報》, 民83 年 12月28日。

12.吳思華,〈專業經理人與企業發展關係之研究〉,《國科會專題 研究計畫報告》, 民78年。

13.吳美成,〈商業現代化中的整合性服務 — 電子訂貨〉。

14.IBM,〈明德春天百貨資訊系統規劃提案書〉, 民83年。

15.尤克強,〈整合物流管理系統 — 模式與策略〉, 1994年 12月。

16.陳文賢,〈物流中心自動化方案的選擇〉, 1994年12月。

17.韓復華,〈由推動亞太營運中心談物流的重要與發展方向〉, 1994年12月。

18.黃惠煐,〈物流中心管理〉, 1993年5月。

19.黃思明,〈臺灣物流業者的類型與核心管理技術〉, 1994年12月。

20.張榮華,〈物流中心自動化應用之探討〉, 1994年12月。

21.李良猷,〈IC卡在流通業的發展趨勢與應用〉, 1993年12月。

22.盧復國,〈臺灣IC卡發展概況〉(上)、(下),《產業經濟》, 140 及 141 期。

23.謝文欽,〈商業與金融EDI〉, 民83年。

24.陳章正,〈企業銀行概述〉。

25.黃華山，〈POS導入之效益及未來趨勢〉，全國商科教師商業現
　　代化專題研習會，彰化，民82年12月。

26.鄭創紀，國立中興大學企業管理研究所碩士論文，〈批發物流中
　　心管理系統內涵之探討〉，民81年6月。

27.蘇建勳，國立臺灣大學商學研究所碩士論文，〈臺灣連鎖便利商
　　店、超級市場使用物流中心之策略探討〉，民81年6月。

28.山下剛，《7-ELEVEN祕訣》，臺北國際商學出版社譯，民75年6月。

29.廖寶娟，〈我國流通業資訊化發展環境探索 — 以百貨、零售為
　　例，資訊工業透析〉，民79年11月。

30.張海琳，〈超商超市積極籌劃POS〉，《經濟日報》，民79年8月。

31.李孟熹，《流通》，商周文化事業股份有限公司，民79年6月。

32.〈信用卡滿意度中信花旗居冠亞軍〉，《工商時報》，民83年9月30日。

33.〈跨出以往的熟悉〉，《倚天雜誌》，pp.61-64，民80年。

34.〈IC卡技術與應用，現狀與未來〉，《資訊與教育雜誌》，1992年10月。

35.〈IC即將走天下〉，《資訊與電腦》，pp.26-28，1991年5月。

36.〈臺灣塑膠貨幣 — 聯合信用卡與IC卡之介紹〉，《產業經濟》，
　　132期產經專題。

37.〈IC卡〉，《天下雜誌》，1991年6月15日。

38.〈法國與挪威IC卡發展簡介〉，《資訊傳真》，pp.40-42，民82年
　　9月20日。

39.〈未來的IC卡〉，《臺北市銀月刊》，22卷第4期，pp. 99-103。

40.〈智慧IC卡在金融服務業的應用趨勢〉，《資訊與電腦》，pp.
　　106-109，1991年5月。

41.〈智慧卡能縱橫天下〉，《突破雜誌》，pp.44-49，79期，民81年2月。

42.〈金融資訊系統之建置及發展〉，《中信通訊》，pp.10-15，民
　　80年9月。

43.〈IC卡與IC卡應用系統〉,《科儀新知》,第13卷第1期,民80年8月。

44.〈IC卡與銷售點電子支付作業〉,《中信通訊》, 181期, pp.16–20,民80年9月。

45.〈九〇年代十大明星產品〉, 《天下雜誌》, 1991年6月15日。

46.生方幸夫,《VAN 時代》(林妙芳譯),遠流出版社。

47.〈迎接電子銀行的「新服務」〉,《資訊與電腦》,民76年12月。

48.齊藤環,《策略資訊系統》(褚先忠譯),建宏出版社。

49.今井武,《認識SIS》(楊秋月譯),小知堂文化。

50.蘇文山譯,《策略性資訊系統》,資訊與電腦出版社。

51.朱炳樹譯,《7-Eleven 物語》,時報文化出版社。

52.北澤博,《電子資料交換入門》(李明昌譯),全華科技圖書公司。

53.鄭西園,《金融百科》,時報文化出版社。

54.劉克明、王台貝,《塑膠貨幣》,商周文化出版社。

55.James C. Craig, Robert M. Grant, 《策略管理》, 小知堂文化譯。

56.榮泰生,《資訊管理》,松崗電腦圖書公司。

57.林真真,《電子銀行》,松崗電腦圖書公司。

58.陳信財,《零售業的戰略情報系統》,松崗電腦圖書公司。

59.徐熊健譯,《電子資料交換 ── EDI 實用導引》,資策會。

60.《聯合信用卡處理中心年報》, 1992年。

61.《商店自動化月刊》,第 16期。

# 三民電腦叢書書目

# 三民大專用書書目——經濟‧財政

| 書名 | 著者 | | 學校 |
|---|---|---|---|
| 經濟學新辭典 | 高叔康 | 編著 | |
| 經濟學通典 | 林華德 | 著 | 臺灣大學 |
| 經濟思想史 | 史考特 | 著 | |
| 西洋經濟思想史 | 林鐘雄 | 著 | 臺灣大學 |
| 歐洲經濟發展史 | 林鐘雄 | 著 | 臺灣大學 |
| 近代經濟學說 | 安格爾 | 著 | |
| 比較經濟制度 | 孫殿柏 | 著 | 政治大學 |
| 經濟學原理 | 密爾 | 著 | |
| 經濟學原理（增訂版） | 歐陽勛 | 著 | 政治大學 |
| 經濟學導論 | 徐育珠 | 著 | 南康乃狄克州立大學 |
| 經濟學概要 | 趙鳳培 | 著 | 政治大學 |
| 經濟學（增訂版） | 歐陽勛、黃仁德 | 著 | 政治大學 |
| 通俗經濟講話 | 邢慕寰 | 著 | 香港大學 |
| 經濟學（新修訂版）（上）（下） | 陸民仁 | 著 | 政治大學 |
| 經濟學概論 | 陸民仁 | 著 | 政治大學 |
| 國際經濟學 | 白俊男 | 著 | 東吳大學 |
| 國際經濟學 | 黃智輝 | 著 | 東吳大學 |
| 個體經濟學 | 劉盛男 | 著 | 臺北商專 |
| 個體經濟分析 | 趙鳳培 | 著 | 政治大學 |
| 總體經濟分析 | 趙鳳培 | 著 | 政治大學 |
| 總體經濟學 | 鐘甦生 | 著 | 西雅圖銀行 |
| 總體經濟學 | 張慶輝 | 著 | 政治大學 |
| 總體經濟理論 | 孫震 | 著 | 國防部 |
| 數理經濟分析 | 林大侯 | 著 | 臺灣大學 |
| 計量經濟學導論 | 林華德 | 著 | 臺灣大學 |
| 計量經濟學 | 陳正澄 | 著 | 臺灣大學 |
| 經濟政策 | 湯俊湘 | 著 | 中興大學 |
| 平均地權 | 王全祿 | 著 | 內政部 |
| 運銷合作 | 湯俊湘 | 著 | 中興大學 |
| 合作經濟概論 | 尹樹生 | 著 | 中興大學 |
| 農業經濟學 | 尹樹生 | 著 | 中興大學 |
| 凱因斯經濟學 | 趙鳳培 | 譯 | 政治大學 |
| 工程經濟 | 陳寬仁 | 著 | 中正理工學院 |
| 銀行法 | 金桐林 | 著 | 中興銀行 |

| 書名 | 作者 | 服務機關 |
|---|---|---|
| 銀行法釋義 | 楊承厚編著 | 銘傳管理學院 |
| 銀行學概要 | 林葭蕃著 | |
| 商業銀行之經營及實務 | 文大熙著 | |
| 商業銀行實務 | 解宏賓編著 | 中興大學 |
| 貨幣銀行學 | 何偉成著 | 中正理工學院 |
| 貨幣銀行學 | 白俊男著 | 東吳大學 |
| 貨幣銀行學 | 楊樹森著 | 文化大學 |
| 貨幣銀行學 | 李穎吾著 | 臺灣大學 |
| 貨幣銀行學 | 趙鳳培著 | 政治大學 |
| 貨幣銀行學 | 謝德宗著 | 臺灣大學 |
| 貨幣銀行——理論與實際 | 謝德宗著 | 臺灣大學 |
| 現代貨幣銀行學（上）（下）（合） | 柳復起著 | 澳洲新南威爾斯大學 |
| 貨幣學概要 | 楊承厚著 | 銘傳管理學院 |
| 貨幣銀行學概要 | 劉盛男著 | 臺北商專 |
| 金融市場概要 | 何顯重著 | |
| 金融市場 | 謝劍平著 | 政治大學 |
| 現代國際金融 | 柳復起著 | 澳洲新南威爾斯大學 |
| 國際金融理論與實際 | 康信鴻著 | 成功大學 |
| 國際金融理論與制度（修訂版） | 歐陽勛、黃仁德編著 | 政治大學 |
| 金融交換實務 | 李麗著 | 中央銀行 |
| 衍生性金融商品 | 李麗著 | 中央銀行 |
| 財政學 | 李厚高著 | 行政院 |
| 財政學 | 顧書桂著 | |
| 財政學（修訂版） | 林華德著 | 臺灣大學 |
| 財政學 | 吳家聲著 | 財政部 |
| 財政學原理 | 魏萼著 | 臺灣大學 |
| 財政學概要 | 張則堯著 | 政治大學 |
| 財政學表解 | 顧書桂著 | |
| 財務行政（含財務會審法規） | 莊義雄著 | 成功大學 |
| 商用英文 | 張錦源著 | 政治大學 |
| 商用英文 | 程振粵著 | 臺灣大學 |
| 貿易英文實務習題 | 張錦源著 | 政治大學 |
| 貿易契約理論與實務 | 張錦源著 | 政治大學 |
| 貿易英文實務 | 張錦源著 | 政治大學 |
| 貿易英文實務習題 | 張錦源著 | 政治大學 |
| 貿易英文實務題解 | 張錦源著 | 政治大學 |
| 信用狀理論與實務 | 蕭啟賢著 | 輔仁大學 |
| 信用狀理論與實務 | 張錦源著 | 政治大學 |